Sönke Müller-Lund

Objektorientierte Datenbankprogrammierung

Aus dem Bereich Programmierung und Softwareentwicklung

Sönke Müller-Lund

Objektorientierte Datenbank-Programmierung

Datenbankentwicklung unter Windows
mit C++ und der Object Windows Library

Die Deutsche Bibliothek - CIP-Einheitsaufnahme

Das in diesem Buch enthaltene Programm-Material ist mit keiner Verpflichtung oder Garantie irgendeiner Art verbunden. Der Autor und der Verlag übernehmen infolgedessen keine Verantwortung und werden keine daraus folgende oder sonstige Haftung übernehmen, die auf irgendeine Art aus der Benutzung dieses Programm-Materials oder Teilen davon entsteht.

Softcover reprint of the hardcover 1st edition 1995

Der Verlag Vieweg ist ein Unternehmen der Bertelsmann Fachinformation GmbH.

Gedruckt auf säurefreiem Papier

ISBN-13: 978-3-322-86816-9 e-ISBN-13: 978-3-322-86815-2
DOI: 10.1007/ 978-3-322-86815-2

Vorwort

Als Ende der 70er Jahre die ersten Computer in die Hobbykeller einiger Elektronik-Bastler einzogen und auch noch ein paar Jahre später, als die ersten Schüler Papas Fernsehgerät für den Commodore VC20 „mißbrauchten", war die Datenbankprogrammierung noch kein Thema, denn es gab sie praktisch nicht.

Die Regeln waren einfach: Als Massenspeicher diente weder Festplatte noch Diskettenlaufwerk[1] , sondern ein Kasettenrekorder oder Tonbandgerät. Um ein Programm zu laden, mußte das Band an die richtige Stelle gespult, dem Computer den Ladebefehl mitgeteilt und dann die Wiedergabetaste des Bandgeräts gedrückt werden. Mit einer Geschwindigkeit, die weit unter der eines 2400 Bps Modems lag, wurden die Daten in den Hauptspeicher (ein paar Kilobyte) des Rechners transportiert, was ein paar Minuten dauern konnte. Je länger die Übertragung dauerte, desto ergreifender war das Erlebnis, wenn man feststellen mußte, daß die Übertragung mißlungen ist, weil die eingestellte Lautstärke des Rekorders nicht stimmte.

Das Abspeichern war noch dramatischer, da man sich nie sicher sein konnte, ob die Daten zu einem späteren Zeitpunkt noch gelesen werden konnten. Es dürfte also klar sein, daß die damalige Methode keinen „wahlfreien" Zugriff (random access) auf den Datenträger zuließ[2] , d.h. Daten mußten „in einem Rutsch" gelesen und geschrieben werden. Dateien" durften daher nicht größer sein, als der Arbeitsspeicher des Rechners und wie wir alle wissen, war der Arbeitsspeicher im Vergleich zu heutigen Maßstäben sehr sehr winzig.

Der Einsatz von Disketten (und Festplatten) hat nicht nur den Gebrauch von Computern insofern revolutioniert, daß ein Computer

---

1 Sicher gab es schon Diskettenlaufwerke (man erinnere sich an die 8 Zoll Disketten), aber sie waren für den Hobbyisten zu teuer (von Feestplatten ganz zu schweigen)

2 Spezielle Datenrekorder (z.B. die sog. Datasette des VC20), deren Steuerung vom Rechner übernommen wurden, ließen gewisse Kompromisse zu.

nun über die Tastatur, statt über einen Kasettenrekorder bedient werden konnte, sondern daß mit dem möglichen wahlfreien Zugriff erstmals Dateien größer als der Arbeitsspeicher sein konnte und somit erschwingliche Geräte für den Einsatz von Datenbanken tauglich wurden.

Aber das Arbeiten mit Dateien, die die Größe des Hauptspeichers überschreiten oder überschreiten können, bereitet auch Probleme, wie z.B.

- langsamere Verarbeitungsgeschwindigkeit
- Arbeiten mit zum Schreiben geöffnete Dateien. Diese Methode ist unsicher, da ein Programmabsturz verheerende Folgen auf die Daten haben kann.
- Konflikte bei gemeinsamen Dateizugriff (im Netz sowie im Multitasking-Betrieb)

Heutzutage ist es nicht mehr nötig, das „was an Arbeitsspeicher fehlt, ersetzt die Festplatte" selbst zu programmieren, denn diese Aufgabe wird bereits von Betriebssystemen wie UNIX oder OS/2 übernommen. Die Nutzung von „virtuellen" Speicher (Speicher, der eigentlich gar nicht da ist) wird z.B. mit dem 80386-SX Prozessor und aufwärts möglich.

Anders unter DOS: Dieses Betriebssystem ist immer noch kompatibel zu den alten 8086/8088 gestützten Rechnern und der Einsatz eines Pentium-Computers unter DOS wäre etwa so, als würde man einem Überschallgeschwindigkeitsflugzeug die Flügel stutzen: Schnell, aber es fliegt trotzdem nicht!

Aber auch Windows (ob NT oder 3.x) verfügt über virtuellen Speicher, doch das scheinen einige (DOS-)Programmierer noch nicht so recht bemerkt zu haben. Einige Windows-Programme sind nur mit Gewalt (z.B. über RAM-Disk) zur Nutzung vorhandenen Speichers zu zwingen. Und es soll eines der Ziele dieses Buches sein, den (virtuellen) Speicher vorrangig zu behandeln. Es ist meine Meinung, daß Windows-Programmierer heute nicht mehr so tun müssen, als würden die User Windows auf einem 286er mit 2MB RAM fahren.

Danksagung

An dieser Stelle möchte ich mich für die vielseitige Unterstützung von meiner Lebensgefärtin Anja Buhrmann bedanken. Mein Dank gilt auch Wolfgang Müller, da von ihm wertvolle Hinweise zum Thema „Datenbanken" beigetragen wurden. Ferner bin ich den aktiven Teilnehmern des Maus-Netzes dankbar, da sie indirekt einige Programmier-Methoden mitgeprägt haben.

Für die technische Unterstützung bedanke ich mich bei den Mitarbeitern des Vieweg-Verlags, insbesondere bei Robert Schmitz.

Mein besonderer Dank gilt Dr. H.-B. Flöttman, da er mich durch seine Wünsche an besondere Problemstellungen der Datenbank-Programmierung herangeführt hat.

Hinweis: Der Autor kann weder eine Garantie für die Richtigkeit, bzw. Funktionalität der sich auf der Diskette befindenden oder der abgedruckten Programme geben noch die Haftung für eventuell durch die Verwendung dieser Programme hervorgerufenen Schäden übernehmen.

Die sich auf der Diskette befindenden Programme wurden alle unter Windows 3.1, einige unter Win32s, aber keines der Programme wurde unter Windows NT getestet.

Inhaltsverzeichnis

1 Einführung

1.1 Für wen ist dieses Buch?

Natürlich für Programmentwickler, die mit Borland C++ 4.0 arbeiten und Datenbank-Applikationen unter Windows ab Version 3.1 oder NT schreiben möchten. Aber da sich Borland im Gegensatz zu früheren Versionen mit der Version 4.0 an bestehende Standards (ANSI C++) hält, ist dieses Buch möglicherweise auch für User anderer C++ Entwicklungssysteme interessant. Die Voraussetzung für die Nutzung dieses Buches ist die OWL 2.0 und die Borland Template-Bibliothek.

Das vordergründige Thema in diesem Buch ist die Datenbank-Programmierung, C++ und Windows-Programmierung werden ebenfalls behandelt, aber sind nicht Hauptgegenstand. C++ - Kenntnisse sind sicherlich von Vorteil, aber inwieweit diese Kenntnisse erforderlich sind, um die Programme und Ideen aus diesem Buch zu nutzen, läßt sich so nicht beurteilen. Zumindest soll versucht werden, den Dschungel an Bibliotheken und Möglichkeiten von Borland C++ 4.0 ein wenig zu lichten. Allerdings sollte sich niemand scheuen, „Waffen“ wie Templates und Exceptions zu benutzen.

1.2 Warum Datenbank-Programmierung?

Wenn jemand Ihnen die Pistole auf die Brust hält und fordert, daß Sie schnellstmöglichst eine Datenbank-Applikation für Windows schreiben sollen, werden Sie vermutlich Paradox, MS-Access, SQL-Windows oder einem ähnlichen Datenbank-Entwicklungssystem den Vorzug geben. Wenn Sie allerdings ans „Eingemachte“ gehen, wie z.B. dynamische Tabellen oder direkte Manipulation von Datensätzen, werden Sie schnell merken, daß die sog. Standard-Anwendungen eher schwerfällig für spezielle Aufgaben zu handhaben sind.

Diesen Datenbank-Applikationen ist für solche Zwecke meistens eine Programmiersprache auferlegt worden (z.B. Access-Basic), aber auch diese Sprachen müssen erst erlernt werden und bieten nicht annähernd die Performance und Zugriffsmöglichkeiten wie C oder C++. Für ganz spezielle Zwecke, wie z.B. Erstellen einer Graphik in einem Fenster, stellen diverse Systeme über dynamische Link-Bibliotheken (DLL) eine Schnittstelle zu Programmiersprachen wie C oder C++ zur Verfügung.

Für die eigentliche Datenbank-Programmierung werden wir hauptsächlich die auf Templates basierende Container-Klassen und für das „Outfit“ (Masken und Kosmetik) die OWL 2.0 verwenden, viel mehr wird nicht benötigt.

ASCII-Tabellen

Wenn Sie mit einer Datenbank-Anwendung wie Paradox, DBASE oder Access arbeiten, kann die eigentliche Datenbank nur durch spezielle Programme sichtbar gemacht werden, da jedes dieser Programm-Pakete sein eigenen „Süppchen kocht“, d.h. jede Anwendung verwendet ein spezielles (binäres) Tabellen-Format. Wenn Programm A die Daten aus Programm B übernehmen (importieren) will, muß Programm A über einen Filter verfügen.

Auch wenn das DBASE-Tabellenformat quasi als Standard angesehen werden kann, bleibt das Problem der unterschiedlichen Tabellenformate bestehen und mit jeder weiteren Datenbank-Anwendung in der Ordnung von DBASE oder Access entsteht meistens auch ein neues Tabellenformat und der Bedarf eines oder mehrerer Filter. Anders bei ASCII-Tabellen: Dieses Buch zeigt Lösungen, wie Tabellen ohne großen Performance-Verlust als ASCII-Datei kodiert werden können. Es zeigt sich, daß ASCII-Tabellen neben der hohen Portabilität noch weitere Vorzüge besitzen.

Daß relativ wenig Quellcode für eine einfache ASCII-Adress-Verwaltung nötig ist, zeigen die Sourcen der Anwendung DBA01.EXE[3] :

1.2.1 Ein Beispiel

Das Programm DBA01.EXE leistet nicht viel und ist etwas schwerfällig in der Bedienung, aber es ist dennoch bereits eine vollständige Datenbank-Applikation.

---

3 Die zugehörigen Dateien sind mit der Projektdatei DBA**01.IDE** verbunden.

Maske der Anwendung **DBA01.EXE**

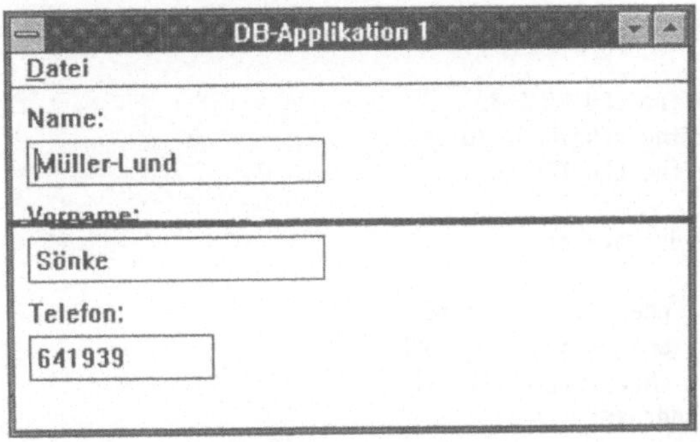

Das Programm DBA01.EXE lädt beim Start die ASCII-Datei ADRESS.DAT (die Tabellen-Datei), baut Menu und Maske auf und füllt die Maske mit den Daten des ersten Datensatzes. Die Funktionen des Menus erlauben Einfügen und Löschen von Adressen, Vor- und Zurückblättern in der Tabelle sowie eine Liste aller Datensätze. Die Tabelle, wird sofern die Datei ADRESS.DAT nicht existiert, neu angelegt. Geänderte Daten werden beim Beenden des Programms gespeichert.

Der Kern des Algorithmus dieses Beispiels besteht aus der auf der Templates basierenden Container-Klassen-Bibliothek von Borland. Das hört sich komplizierter an, als es eigentlich ist, denn der Datenbank liegt folgende Struktur zugrunde:

```
class TAddress
// Klassendeklaration für eine Adresse
{
 public:
     TAddress();

     enum {
          LEN_NAME = 30,
          LEN_VNAME = 30,
          LEN_TEL = 20
     };

     char Name[LEN_NAME+1];
     char VName[LEN_VNAME+1];
     char Tel[LEN_TEL+1];

     int operator == (const TAddress&) const;

     friend istream& operator >> (istream&,TAddress&);
     friend ostream& operator << (ostream&,const TAddress&);
};
```

In C würde man obige Klasse als Struktur etwa so deklarieren:

```
#define LEN_NAME 30
#define LEN_VNAME 30
#define LEN_TEL 20

typedef struct
{
    char Name[LEN_NAME+1];
    char VName[LEN_VNAME+1];
    char Tel[LEN_TEL+1];
} TAddress;
```

Wie dem auch sei, die verwaltende Klasse (sog. Container-Klasse) wird im obigen Beispiel in Abhängigkeit von *TAddress* durch eine Instanz der Klasse *TAddressArray* erzeugt, die wie folgt deklariert ist:

```
// Template-Klassen-Deklaration für ein Array, das Adressen
// verwaltet
typedef TArrayAsVector<TAddress> TAddressArray;
```

und die Basis der verwendeten Tabelle bildet.

Doch fangen wir lieber von vorne an:

1.3 Objekte

Man könnte meinen, daß der Begriff „Objekt" zum Modewort der EDV verkommen ist: Objekt-orientierte Programmierung (OOP), objekt-orientiertes Design (OOD), objekt-orientierte Datenbanken, Object Linking and Embedding (OLE).

Doch die „Orientierung am Objekt" bietet nicht nur dem Programmierer entscheidende Vorteile. Ein Beispiel für objekt-orientiertes Verhalten ist der Datei-Manager von Windows 3.1: Objekte in diesem Sinne sind Dateien, Verzeichnisse und Laufwerksangaben. Datei-Objekte sind durch die (in DOS) dreistellige Endung im Dateinamen klassifiziert. Wenn Sie z.B. innerhalb des Dateimanagers eine Datei mit der Endung .RC *Öffnen*, dann wird der Borland Ressource-Workshop mit dieser Datei gestartet. Das Objekt (die Datei) „weiß" also, wie es behandelt werden muß, wenn es aktiviert wird.

Ein weiteres Beispiel ist die sog. *Workplace-Shell* (die Benutzeroberfläche) von OS/2 2.x.

1.3.1 Was ist ein Objekt?

Einfach formuliert ist ein Objekt ein Gegenstand, und Gegenstände im Sinne der EDV sind Daten. Dabei können Daten Programme, Dateien, Strukturen, Hardware-Treiber etc. sein.

Allerdings sind Daten ohne ein verarbeitendes Programm völlig wertlos, unabhängig davon, ob die Daten verändert oder nur gelesen werden sollen. Deshalb beinhaltet ein Objekt im allgemeinen nicht nur Daten, sondern auch Methoden, die diese Daten verarbeiten können. Die Methode einer Ressourcen-Datei (.RC) im Beispiel des Datei-Managers ist das Programm WORKSHOP.EXE (der Borland Ressource-Workshop), allerdings ist diese Zuordnung nicht durch die Ressourcen-Datei selbst, sondern durch den Datei-Manager gegeben (also durch den User).

In der Programmierung führt die Verbindung von Daten mit Funktionen zur objekt-orientierten Programmierung.

1.3.2 Objektorientierte Programmierung

In einer „strukturierten“[4] Sprache gibt es keine Beziehungen zwischen den Daten und der Verarbeitung. Natürlich existieren Funktionen, die Daten auswerten oder ändern, aber dieser Bezug geht von den Funktionen, nicht von den Daten aus. Beispiel:

Für den (High-Level) Dateizugriff verwendet man in C:

```
FILE *fp;
```

Das Objekt „Datei“, d.h. der File-Pointer *fp* wird durch die Funktion *fopen()* initialisiert und alle Aufgaben bzgl. *fp* werden mittels Funktionen, die *fp* als Parameter erwarten, erledigt. So können z.B. über

```
fprintf( fp, "Hallo!\n" );
```

Daten an die betreffende Datei ausgegeben werden. Der Bezug „Funktion – Parameter“ ist jedoch künstlich und muß außerdem bei jedem Aufruf einer Datei-Funktion wiederhergestellt werden.

In der OOP werden die einzelnen Aufgaben eines Programms unter den verschiedenen Objekten aufgeteilt. Die Funktionen, die ein bestimmtes Objekt betreffen, werden diesem Objekt direkt zugeordnet. Daß diese Zuordnung mehrdeutig sein kann (meistens sogar ist), liegt auf der Hand. Daher zieht die OOP Begriffe wie *Verer-*

---

4 So werden i.A. die nicht objekt-orientierten Programmiersprachen genannt.

bung, Polymorphie, Mehrfachbeerbung und *Datenkapselung* nach sich, auf die wir später in diesem Buch eingehen werden.

Dateimanagment würde in C++ z.B. so aussehen:

```
ofstream OutStream( FileName );
OutStream << "Hallo!\n";
```

Die Ausgabe-Funktion (eine Operator-Funktion) wird hier vom Objekt *OutStream* aufgerufen.

Aber OOP kann nicht bedeuten, daß Daten und Programm zu einer Einheit (eine Datei für Alles) gebunden werden, auch wenn es in einigen Fällen vorteilhaft wäre. Z.B. wäre es denkbar, wenn die Daten eines Kunden-Verwaltungs-Programmes direkt mit dem Programm verknüpft wären (tatsächlich existieren solche Applikationen). Vielmehr findet die OOP während der Programmentwicklung statt und bleibt damit dem User verborgen, d.h., er profitiert natürlich von den Vorteilen, die Sie als Entwickler aus der OOP ziehen.

Es gibt kein C++ - Programm, welches man nicht auch in C schreiben könnte!

1.3.3 Objekte in C++

Unter „Objekte in C++“ suggeriert man zunächst den Begriff „Klasse“, denn die Klasse ist ja eine entscheidene „Neuerung“, die ein Umsteiger von C nach C++ erfährt. Aber zu Objekten in C++ zählen auch die Instanzen elementaren Datentypen wie *int, double, void** etc. und Strukturen[5] . Nun erlaubt diese Terminologie aber ein Durcheinander von Deklarationen und Instanzen.

Aber ein Objekt ist etwas „Lebendiges“, daher der folgende

Hinweis: Ein „Objekt“ in C++ wird in diesem Buch und auch ganz allgemein stets als eine Instanz (z.B. eine Variable) und nicht als bloße Deklaration (einer Klasse) verstanden!

5 C++ macht zwischen den Schlüsselwörtern *struct* und *class* fast keinen Unterschied: Die Elemente einer *struct*-Deklaration sind default *public*, bei einer *class*-Deklaration sind sie *private*.

2 Borland C++

Borland C++ 4.0 ist ohne Zweifel eines der leistungsfähigsten Programmentwicklungssysteme für DOS, Windows 3.1 und Windows NT. Damit spreche ich nicht nur die *integrierte Entwicklungsumgebung* (IDE) mit der stark verbesserten Projektverwaltung an, sondern insbesondere die Features eines modernen C++-Compilers wie *Templates, Exceptions* und Typenüberprüfung zur Laufzeit (RTTI). Zu den weiteren Stärken von BC++ 4.0 gehören die neue OWL 2.0 sowie die auf Templates gestützte Container-Klassen-Bibliothek.

2.1 Das System

2.1.1 Systemvoraussetzungen

Nach Angaben von Borland werden für die Windows 3.1 Programmentwicklung mindestens 4MB RAM und für die Erzeugung von 32-Bit-Anwendungen mindestens 8MB RAM benötigt. Das ist leider etwas tiefgestapelt, denn mit 4MB RAM kommt die Festplatte beim Betrieb der IDE kaum zur Ruhe, und möchte man mit 8MB die 32-Bit-Compilierung verwenden, muß der virtuelle Speicher mindestens weitere 8MB betragen. Deshalb muß man sagen, daß

- mindestens 8MB für die Entwicklung von 16-Bit-Programmen und
- mindestens 16MB für die Entwicklung von 32-Bit-Anwendungen benötigt werden.

2.1.2 OWL 2.0

OWL steht für Object-Windows-Library und bietet dem Programmierer

- Kapselung fast aller Windows-API-Funktionen[6]
- Damit Portierung 16-Bit <-> 32-Bit, praktisch ohne Änderung der Sourcen

6 DDE und OLE werden nicht berücksichtigt.

- ANSI C++-Kompatibilität
- Unterstützung von „Nicht-Standard-Windows-Elementen“ wie Mauspaletten, Statuszeilen und MS-3D-Dialogstile.

Mehr dazu im Kapitel „Die OWL 2.0“.

2.1.3 32-Bit-Unterstützung

Es ist schon ein trauriges Kapitel in der Geschichte der EDV, daß zwar seit Jahren praktisch nur noch 32-Bit-Computer angeboten werden, aber das am meisten verwendete Betriebssystem vor einem einfachen C-Konstrukt wie

```
void *p = malloc( 100000 );
```

kapituliert.

Mit BC++ 4.0 hat nun endlich auch Borland einen 32-Bit-Compiler entwickelt und die Tage der Segment-Offset-Quälerei dürften nun allmählich gezählt sein. Für den Einsatz von 32-Bit-Software ist aber nicht unbedingt das für den Einzelanwender völlig überladene Windows NT nötig, sondern der 32-Bit-Aufsatz Win32s reicht aus, solange spezielle NT-Features (z.B. Threading) nicht benötigt werden[7] .

2.2 Optionen

Projekte, die mit Borland C++ 4.0 erstellt werden, können mit einer Vielzahl von Optionen belegt werden. Das ist eigentlich nichts außergewöhnliches, und man könnte meinen, daß es ziemlich egal ist, welche Optionen gesetzt werden und welche nicht. Leider existieren insbesondere bei den Compiler-Optionen Kombinationen, die nicht nur problematisch sind, sondern auch Fehler erzeugen. Einige Kombinationen erzeugen schon beim compilieren Fehler, andere erst zur Laufzeit.

Für viele Anwendungen können die voreingestellten Optionen verwendet werden. Bei einigen Anwendungen ist es jedoch nötig, einige Optionen zu ändern.

---

7 Mit dem Update BC++ 4.02 wird auch ein sog. DOS-Extender von Borland geliefert. Durch temporäres Umschalten in den 386er Protected-Mode werden 32Bit-Applikationen selbst unter DOS möglich.

Sie können die voreingestellten Optionen ändern, indem die Optionen des leeren Projekts (kein Projekt ist geöffnet) ändern. Wenn Sie dann den Menu-Punkt „Projekt/Speichern“ auswählen, werden die Voreinstellungen persistent geändert.

2.2.1 Der Target Expert

Der Target Expert zählt aus der Sicht der integrierten Entwicklungsumgebung nicht direkt zu den Optionen, aber die vollzogenen Einstellungen haben direkten Einfluß auf die Compiler-Optionen.

Den Target Expert kann man nach dem Erstellen einer Ziel-Datei nur im aktiven Projekt-Fenster einschalten und ist deshalb für den Anfänger schwer zu finden. Die Wahl der Bibliotheken (statisches oder dynamisches Linken) hat direkten Einfluß auf die Definitionen, die zu den Compiler-Optionen gehören.

Die im Target Expert möglichen Kombinationen erweisen sich als unproblematisch, doch:

Beim Erzeugen von Win32-Anwendungen sollte man aufgrund des immensen Speicherhungers der Anwendung Bibliotheken statisch linken. Dadurch werden die Applikationen zwar größer, aber dafür werden ca. 2 MB Hauptspeicher zur Ausführung eingespart.

2.2.2 Compiler-Optionen

Definitionen Hier können Konstanten definiert werden, die für alle Quell-Dateien gültig sind. Einige Konstanten werden je nach den Einstellungen im Target-Expert bereits gesetzt:

- _OWLPCH; Beim Erstellen von OWL-Anwendungen oder OWL-Bibliotheken

  _RTLDLL; Beim Erstellen von Windows-Anwendungen oder Windows-Bibliotheken mit dynamischen Biliotheken.
- _BIDSDLL; Beim Erstellen von Windows-Anwendungen oder Windows-Bibliotheken mit dynamischen Biliotheken, die die Borland Klassenbibliotheken verwenden.
- _OWLDLL; Beim Erstellen von OWL-Anwendungen oder OWL-Bibliotheken mit dynamischen Biliotheken.
- _DEBUG=2; __TRACE=1; __WARN=1; Verwenden des Schalters „Diagnose“

Code-Generierung

„Enum als Integer behandeln“

Ist diese Option eingeschaltet, reserviert der Compiler für Aufzählungstypen immer Speicher der Größe *sizeof(int)*.

Ist diese Option ausgeschaltet, reserviert der Compiler den kleinsten Integer, der die Aufzählungswerte speichern kann, d.h. einen *unsigned* oder *signed char*, wenn die Werte der Aufzählung im Bereich von 0 bis 255 (Minimum) oder -128 bis 127 (Maximum) liegen, sonst einen *unsigned* oder *signed short*, wenn sich die Werte der Aufzählung im Bereich von 0 bis 65535 (Minimum) oder -32768 bis 32767 (Maximum) bewegen.

„Vorzeichenlose Zeichen“

Wenn diese Option eingeschaltet ist, sind die Typen *char* und *unsigned char* identisch, sonst sind *char* und *signed char* identisch.

„Doppelte Strings zusammenfassen“

Ist diese Option eingeschaltet, dann werden die Daten für identische String-Literale nur einmal erzeugt. D.h.

```
int pq()
{
   char *p = "abc";
   char *q = "abc";
   return p == q;
}
```

liefert den Wert 1.

Diese Option sollte immer eingeschaltet sein, denn sie reduziert die Größe des Daten-Segments.

In vielen (überwiegend von DOS stammenden) Sourcen findet man Zuweisungen wie z.B.:

```
char *p = "abc";
char *q = "abc";
strcpy( p, "xyz" );    // sehr kritisch!
```

Diese Zeilen führen unter DOS (mit eingeschalteter Option „Doppelte Strings zusammenfassen“) zu einem sog. Seiteneffekt (*q* zeigt auch auf "xyz") und unter modernen Betriebssystemen zum Programmabbruch! Soll wie oben ein gegebener String überschrieben werden, dann muß diesem String schreibbarer Speicherplatz zugewiesen bekommen:

```
char p[] = "abc";
strcpy( p, "xyz" );    // funktioniert immer!
```

„Fast this" (nur 16-Bit Anwendungen)

Ist diese Option eingeschaltet, erzeugt der Compiler Elementfunktionen, die ihren this-Zeiger in dem Register SI (oder in DS:SI bei 16-Bit Large Speichermodellen) erwarten.

Die Namen von Elementfunktionen, die mit dieser Option compiliert wurden, werden anders verschlüsselt als die Namen von Elementfunktionen, die nicht mit „Fast this" compiliert wurden, wodurch verhindert wird, daß diese durcheinander gebracht werden.

„Registervariablen"

Diese Optionen unterdrücken oder erlauben die Verwendung von Registervariablen.

Keine

Wählen Sie diese Option, um dem Compiler mitzuteilen, daß keine Registervariablen verwendet werden sollen, selbst wenn Sie das Schlüsselwort register angegeben haben.

Register-Schlüsselwort

Wählen Sie diese Option, um dem Compiler mitzuteilen, daß Registervariablen nur verwendet werden sollen, wenn Sie das Schlüsselwort register angegeben haben.

Die Angabe des Schlüsselworts *register* ist ein Wunsch des Programmierers. Der Compiler kann nur dann für eine Variable als Register erzeugen, wenn noch mindestens ein Register frei ist, die Größe der Variable in einem Register Platz findet und die Variable nicht referenziert wird.

Automatisch

Wählen Sie Automatisch, wenn der Compiler nach Möglichkeit automatisch Registervariablen verwenden soll, auch wenn Sie dies nicht explizit durch das Schlüsselwort *register* vorgegeben haben.

Gleitkomma

„Keine Gleitkommaoperationen"

Wählen Sie diese Option, wenn Sie keine Gleitkommazahlen verwenden. Es werden keine Gleitkomma-Bibliotheken hinzugelinkt.

Wenn Sie diese Option gewählt haben und doch Gleitkommaberechnungen in Ihrem Programm durchführen, verursacht dies Fehler beim Linken.

„Schnelle Gleitkommaoperationen"

Ist die Option Schnelle Gleitkommaoperationen gewählt, werden Gleitkommaberechnungen ohne Beachtung von expliziten oder impliziten Typprüfungen optimiert. Die Antwortzeiten können schneller sein als unter der ANSI Verarbeitung. Ist diese Option nicht gewählt, folgt der Compiler strikt den ANSI-Regeln für Gleitkomma-Umwandlungen.

Compiler-Ausgabe

„Informationen über automatische Abhängigkeiten"

Ist diese Option gewählt, prüft der Projektmanager automatisch die Abhängigkeiten für jede .OBJ Datei auf Festplatte, die eine zugehörige .C oder .CPP Quelldatei in der Projektliste besitzt. Der Projektmanager öffnet die .OBJ Datei und sucht nach Informationen über Dateien, in denen der entsprechende Quellcode enthalten ist. Diese Informationen werden beim Compilieren des Quellmoduls immer in die .OBJ Dateien mit aufgenommen.

Es wird Datum und Uhrzeit jeder Datei, die zur Erzeugung der .OBJ Datei verwendet wurde, mit den Datum- und Uhrzeitinformationen in der .OBJ Datei verglichen. Werden Unterschiede gefunden, wird die Quelldatei neu compiliert. Dies nennt man automatische Überprüfung von Abhängigkeiten.

Ist diese Option nicht gewählt, verwendet der Compiler diese Informationen über automatische Abhängigkeiten nicht. Enthält die Projektdatei gültige Informationen über Abhängigkeiten, führt der Projektmanager die automatische Abhängigkeitsüberprüfung unter Verwendung dieser Informationen durch. Dies ist bedeutend schneller als das Lesen jeder einzelnen .OBJ Datei.

„Unterstriche erzeugen"

Ist diese Option gewählt, stellt der Compiler jedem globalen Bezeichner (Funktionen und globalen Variablen) einen Unterstrich (_) vor. Pascal Bezeichner (mit dem Schlüsselwort *__pascal* definiert) werden in Großbuchstaben umgewandelt und erhalten keinen Unterstrich.

Schalten Sie diese Option immer ein, um Fehler zu vermeiden, wenn Sie die Standard Borland C++ Bibliotheken verwenden.

„COMDEFs erzeugen"

Ist diese Option eingeschaltet, werden für globale C Variablen, die nicht initialisiert oder als *static* oder *extern* deklariert wurden, gemeinsame Variablen (COMDEFs) erzeugt. So kann zum Beispiel eine Definition wie

```
int Array[256];
```

in einer Headerdatei erscheinen, die dann für mehrere Module verwendet werden. Der Compiler wird sie als gemeinsame Variable generieren (ein COMDEF- anstelle eines PUBDEF-Record). Sie können diese Option verwenden, um Code zu portieren, der ähnliche Funktionen wie in einer anderen Implementierung enthält.

Der Linker generiert dann nur eine Instanz dieser Variablen, so daß es nicht zu einem Linker-Fehler aufgrund einer Mehrfachdefinition kommt. Solange eine gegebene Variable nicht mit einem Wert ungleich Null initialisiert werden muß, müssen Sie dafür in keiner der Quelldateien eine Definition aufnehmen.

Definitionen in Header-Dateien wie oben haben in C(++)-Programmen nichts verloren, denn diese Option ist Borland-spezifisch. Niemand kann garantieren, daß Ihr künftiger Compiler über diese Option verfügt!

Quelltext

Mit diesen Einstellungen kann die Portabilität der Sourcen geprüft werden.

„Verschachtelte Kommentare"

Ist diese Option eingeschaltet, können Sie Kommentare in Ihren C und C++ Quelltexten verschachteln.

Verschachtelte Kommentare sind in Standard C-Implementierungen nicht erlaubt und auch nicht portierbar.

„Bezeichnerlänge" (nur C-Compiler)

Verwenden Sie diese Eingabezeile, um die Anzahl an signifikanten Zeichen in einem Bezeichner anzugeben. Gültige Eingaben sind 0 und 8-250, wobei 0 für die maximale Bezeichnerlänge von 250 Zeichen steht.

Borland C++ verwendet standardmäßig 32 Zeichen pro Bezeichner für "C"-Programme. Andere Systeme, unter anderem einige UNIX Compiler, ignorieren alle Zeichen außer den ersten acht. Vor der Portierung in andere Umgebungen können Sie Ihren Code durch diese Option mit einer kleineren Anzahl von signifikanten Stellen compilieren, wodurch Sie Namenkonflikte durch das Abschneiden der Bezeichner lokalisieren können.

„Sprachumfang"

Hier geben Sie an, wie der Compiler Schlüsselwörter in Ihren Programmen erkennen soll.

Borland Erweiterungen

Diese Option weist den Compiler an, spezielle (nichtstandartisierte) Schlüsselwörter zu erkennen, wie z.B. die Schlüsselwörter *near*, *far*, etc.

ANSI

Diese Option weist den Compiler an, C und C++ Code nach ANSI zu compilieren, wodurch der höchste Grad an Portierbarkeit erreicht wird.

UNIX V

Diese Option weist den Compiler an, nur UNIX V-Schlüsselwörter zu erkennen und jedes erweiterte Borland C++ Schlüsselwort als normalen Bezeichner zu behandeln.

Kernighan und Ritchie

Diese Option weist den Compiler an, nur die erweiterten K&R-Schlüsselwörter zu erkennen und jedes erweiterte Borland C++ Schlüsselwort als normalen Bezeichner zu behandeln.

Hier sollte die Einstellung „Borland“ gewählt werden, da sonst weder die Header-Dateien der Klassenbibliothek, noch die der OWL korrekt kompiliert werden können.

Debugger

Diese Optionen sind nützlich, wenn sich Ihr Programm noch in der Test-Phase befindet. Einige Einstellungen sind darüber hinaus auch noch sinnvoll, wie z.B. „Test auf Stack-Overflow“.

„Standard Stack-Frame“

Ist diese Option gewählt, erzeugt der Compiler einen Standard Stack-Frame (Standard Funktions-Entry/Exitcode).

Dies ist hilfreich beim Debuggen, da es das Zurückverfolgen aufgerufener Unterfunktionen über den Aufrufstack vereinfacht.

Ist diese Option nicht eingeschaltet, wird jede Funktion, die keine lokalen Variablen und keine Parameter hat, mit verkürztem Eintritts- und Rücksprungcode kompiliert. Dadurch wird der Code kürzer und schneller.

„Test auf Stack-Überlauf“

Ist diese Option eingeschaltet, erzeugt der Compiler für jede Funktion Eintrittscode, der zur Laufzeit auf Stack-Überlauf prüft. Hierdurch wird eine Stack-Überlauf-Nachricht ausgegeben, wenn ein Stack-Überlauf auftritt.

Auch wenn dies Speicher und Zeit in einem Programm kostet, kann diese Option ein echte Hilfe sein, da ein Stack-Überlauf-Fehler sehr schwer zurückzuverfolgen ist. Wird ein Überlauf festgestellt, wird die Nachricht "Stack-Überlauf!" ausgegeben und das Programm beendet mit einem Exit-Code von 1.

„Inline Funktionen ignorieren“

Ist diese Option ausgeschaltet, werden Inline Funktionen auch als Inline behandelt, d.h. ihr Code wird an der Stelle ihres Aufrufs direkt eingefügt und es wird kein eigener Funktionsrumpf erzeugt.

Ist diese Option eingeschaltet, verhalten sich Inline Funktionen wie echte Funktionen. Es wird ein eigener Funktionsrumpf erzeugt und ein Aufruf dieser Funktion ausgeführt.

„Zeilennummern"

Ist diese Option eingeschaltet, nimmt der Compiler automatisch Zeilennummern in die Objekt und Objekt-Map Dateien auf (letztere zur Verwendung mit einem symbolischen Debugger).

Ist die Option Zeilennummern eingeschaltet, sollten Sie die Option Sprungoptimierung (unter Optimierungen | Größe) ausschalten. Andernfalls könnte der Compiler Code, der sich über mehrere Zeilen des Quelltextes erstreckt, während der Sprungoptimierung zusammenfassen oder neu anordnen (was das Nachverfolgen über Zeilennummern erschwert).

„Debug-Information in .OBJ-Dateien“

Ist diese Option eingeschaltet, werden Debug-Informationen in Objekt (.OBJ)-Dateien aufgenommen. Der Compiler übergibt diese Option auch dem Linker, so daß die Debug-Informationen auch in die .EXE-Datei aufgenommen werden.

Beim Debuggen werden durch diese Option C++ Inline-Funktionen wie normale Funktionen behandelt. Sie benötigen diese Debug-Informationen, um den integrierten oder den Stand-Alone Debuggger anwenden zu können.

Ist diese Option ausgeschaltet, können Sie größere Objektdateien erstellen und linken. Zwar beeinflußt diese Einstellung nicht die Ausführungsgeschwindigkeit, aber die Compilierdauer.

„Informationen für Symbolanzeige in .OBJ-Dateien“

Ist diese Option eingeschaltet, werden Anzeige-Informationen in Objekt (.OBJ)-Dateien aufgenommen. Sie benötigen diese Anzeige-Informationen, um Ihren Code mit dem Symbolanzeige zu untersuchen.

Wie die Einstellung „Debug-Informationen" beeinflußt diese Einstellung nicht die Ausführungsgeschwindigkeit, sondern die Compilierdauer.

Vorkompilierte Header

Vorkompilierte Header-Dateien können die Compiliergeschwindigkeit drastisch erhöhen, indem ein Abbild der Symboltabelle in einer Datei auf Platte gespeichert wird, das nachher wieder von Platte geladen wird, anstatt alle Header-Dateien nochmals zu untersuchen.

Die Symboltabelle direkt von Platte zu laden, ist um einiges schneller, als den Text der Headerdateien zu parsen, besonders wenn mehrere Quelldateien die gleiche Headerdatei benutzen.

2.2.3 16-Bit Compiler-Optionen

Diese Optionen nehmen nur Einfluß auf den 16-Bit Compiler. Hierzu gehört u.A. die Wahl des Speichermodells.

Prozessor

„Befehlssatz"

Hier kann angegeben werden, ob der Compiler 286er, 386er oder 486er Code erzeugen soll.

Hinsichtlich der praktisch nicht mehr vorhandenen 286er PC's kann ungeniert 386er Code-Erzeugung angegeben werden. Dieser Code ist übrigenz effizienter, da bei vielen Operationen die 32Bit-Breite der Register ausgenutzt werden kann.

„Datenausrichtung"

Wird „Wort" angegeben, legt der Compiler alle Daten (bis auf *char* oder *char*-Arrays) an einer geraden Adresse an. Strukturen werden zwar möglicherweise größer, aber aufgrund der Prozessor-Architektur beschleunigt diese Einstellung den Zugriff auf die Daten.

Aufruf-Konvention

Diese Einstellungen bestimmen die Aufrufsequenz, die der Compiler für Funktionsaufrufe erzeugen soll. Die C, Pascal und Register Aufrufkonventionen unterscheiden sich in der Freigabe des Stack, der Reihenfolge der Parameter, Unterscheidung von Groß- und Kleinschreibung und Vorzeichen (Unterstrich) globaler Bezeichner.

„C"

Diese Option weist den Compiler an, eine C-Aufrufsequenz für Funktionsaufrufe zu erzeugen (Erzeugen von Unterstrichen, Unterscheidung von Groß-/Kleinschreibung, Aufrufer räumt den Stack auf, Parameter werden von rechts nach links auf den Stack gelegt). Dies entspricht der Deklaration aller Unterroutinen und Funktionen mit dem Schlüsselwort *__cdecl*, die resultierenden Funktionsaufrufe sind jedoch kleiner und schneller.

„Pascal"

Diese Option weist den Compiler an, eine Pascal-Aufrufsequenz für Funktionsaufrufe zu erzeugen (Unterstriche werden nicht erzeugt, nur Großschreibung, Aufrufer räumt den Stack auf, Parameter werden von links nach rechts auf den Stack gelegt). Dies entspricht der Deklaration aller Unterroutinen und Funktionen mit dem Schlüsselwort *__pascal*, die resultierenden Funktionsaufrufe sind jedoch kleiner und schneller. Im Unterschied zu normalem C, müssen Funktionen die korrekte Anzahl und den korrekten Typ von Argumenten übergeben.

„Register"

Diese Option bestimmt die fastcall Parameter-Übergabe Konvention. Diese Option weist den Compiler an, für alle Unterroutinen und Funktionsaufrufe die neue fastcall Parameterübergabe-Konvention zu verwenden. Dies entspricht der Deklaration aller Unterroutinen und Funktionen mit dem Schlüsselwort *__fastcall.* Ist diese Option gewählt, erwarten Funktionen und Routinen die Übergabe von Parametern in den Registern.

Sie können die Schlüsselwörter *__cdelc*, *__pascal* oder *__fastcall* verwenden, um für die Deklaration einer einzelnen Funktion oder Unterroutine eine andere Aufrufkonvention zu vereinbaren.

Die Verwendung der Pseudo-Schlüsselwörter *__cdelc*, *__pascal* oder *__fastcall* ist auf jeden Fall einer globalen Änderung der Standard-Einstellung „C" vorzuziehen.

Speichermodell

Die Wahl eines „Speichermodells" ist einem UNIX-Programmierer[8] völlig fremd. Das Speichermodell bestimmt, wie ein 16Bit-Programm

8 OS/2-Programmierer kennen diese Problematik schon eher, da sie oftmals aus der DOS-Szene stammen.

unter DOS oder Windows mit Zeigern und Segmenten umgehen soll.

Ein Segment ist salopp formuliert ein Speicherbereich. Unabhängig vom verwendeten Betriebssystem unterscheidet man zwischen Daten- und Code-Segmenten.

Daß der sog. Offset-Teil eines Zeigers unter DOS nur 16Bit groß ist, ist das Grundproblem der Speicherverwaltung unter DOS, denn diese Einschränkung verbietet einen linearen Zugriff auf Speicherbereiche, die größer als 64KB sind. Oder anders ausgedrückt: Ein Segment kann maximal 64KB groß sein.

Man hilft sich nun über dieses Dilemma hinweg, indem man je nach Wahl des Speichermodells mehrere Segmente für Daten und Code erzeugt. In diesem Fall muß ein Zeiger *far* sein, d.h. er muß den 16-Bit Segment-Teil mitführen, andernfalls ist ein Zeiger *near*.

Ein Programm benötigt Speicher für den Code, für Variablen (initialisierte und nicht initialisierte), für den Stapel und für den Heap[9]. Die sechs verschiedenen Speichermodelle teilen Speicherbedarf und Segmente unterschiedlich auf.

„tiny“

Dieses Speichermodell ist unkompliziert, denn es verwendet für alle Aufgaben nur ein einziges Segment und alle Zeiger sind *near*. Programme, die mit diesem Speicher-Modell erzeugt werden sollen, dürfen in der Summe aller Aufgaben (Stapel, Heap, Code, Daten) 64KB nicht überschreiten.

tiny kann für Windows-Programme nicht verwendet werden.

„small“

In diesem Modell wird ein Segment für Code und eines für Daten, Stapel und Heap erzeugt. Auch hier sind alle Zeiger *near*. Dies ist das kleinste Modell, das für Windows-Programme benutzt werden kann.

9 Heap (Haufen) ist die Quelle dynamisch angeforderten Speichers.

„medium“

Wie *small*, aber es können mehrere Code-Segmente (durch mehrere Quelltext-Module) erzeugt werden. Daten-Zeiger sind *near*, Code-Zeiger hingegen *far*.

„compact“

Dieses Modell erzeugt jeweils ein Segment für Code, Daten und Stapel. Code-Zeiger sind *near* und Daten-Zeiger *far*. Der Heap ist zwar immer noch durch Segment-Grenzen, aber insgesamt nicht mehr auf 64KB beschränkt. Unter DOS ist die Größe des Heap's durch die 640KB-Grenze, unter Windows durch die Größe des Extendend-Memory's (XMS) beschränkt.

„large“

Wie *medium* und *compact* zuammen: Jeweils Segmente für Daten und Stapel, „unbeschränkter“ Heap und mehrere Code-Segmente. Daten- und Code-Zeiger sind *far*.

„huge“

Wie *large*, aber es wird pro Modul ein Segment für Daten erzeugt. Dieses Modell steht für Windows-Programme nicht zur Verfügung, da Windows-Programme nur ein Segment für Daten besitzen sollten.

C++-Programme erzeugen mit zunehmendem Umfang viele (meistens kleine) Objekte. Es kann daher schnell passieren, daß damit das 64KB-Limit der Speichermodelle mit *near* Daten-Zeigern überschritten wird. Andererseits wächst der Code von C++-Programmen durch Konstruktoren, Templates und *inline*-Funktionen schneller an als beispielweise durch C. Deshalb sollten C++-Programme unter 16-Bit grundsätzlich mit dem Speichermodell *large* erzeugt werden.

Einige Autoren weisen darauf hin, daß das Speichermodell *large* nicht für Windows-Programme eingesetzt werden sollte. Hierbei ist zu berücksichtigen, daß Microsoft-Compiler die Speichermodelle anders definieren: MS-*large* erzeugt mehrere Segmente für Daten und ist daher eher mit dem Borland-*huge* vergleichbar.

	tiny	small	medium	compact	large	huge
Code-Zeiger	near	near	far	near	far	far
Daten-Zeiger	near	near	near	far	far	far
unbeschränkter Heap	nein	nein	nein	ja	ja	ja
unabhängiges Stapel-Segment	nein	nein	nein	ja	ja	ja
mehrere Code-Segmente	nein	nein	ja	nein	ja	ja
mehrere Daten-Segmente	nein	nein	nein	nein	nein	ja

Speichermodelle in der Übersicht

Es gibt noch weitere Optionen, die Einfluß auf Zeiger und Segmente nehmen:

„SS gleich DS"

Diese Option bestimmt, unter welchen Bedingungen Stapel und Daten einem einzigen Segment zugeteilt werden. Wenn sich Stapel und Variablen ein Segment teilen, kann angenommen werden, daß die beiden Segment-Register SS (Stack-Segment) und DS (Data-Segment) identisch sind.

Standard; Das verwendete Speichermodell bestimmt, ob SS gleich DS ist. Der Compiler nimmt an, daß bei den Speichermodellen *tiny*, *small* und *medium* (außer bei DLL's) SS gleich DS ist.

Nie; Der Compiler nimmt an, daß SS und DS verschieden sind. Dies ist bei den Speichermodellen *compact*, *large* und *huge* und beim Erzeugen einer DLL der Fall.

Diese Einstellung ändert die Segment-Zuteilung der Speichermodelle *tiny*, *small* und *medium*. Verschiedene Segmente für Stapel und Daten implizieren, daß Programme nun explizit mit *far*-Zeigern arbeiten müssen. Z.B. erzeugt

```
void f()
{
   int y;
   int *py = &y;
}
```

mit dieser Einstellung einen Fehler, der nur durch

```
   int far *py = &y;
```

im Quelltext beseitigt werden kann.

Immer; Der Compiler nimmt an, daß in allen Speichermodellen SS gleich DS ist. Diese Option bewirkt, daß das Startmodul C0x.OBJ durch C0Fx.OBJ ersetzt und den Stack im Datensegment anlegt.

Auch diese Einstellung wirkt auf die Segment-Zuteilung des gewählten Speichermodells, allerdings weniger fatal. Programme, die mit den Speichermodell *compact*, *large* oder *huge* erstellt worden sind, müssen nun mit weniger Speicher für Stapel und Daten auskommen.

„Konstante Strings im Codesegment speichern"

Durch diese Option werden im Quelltext definierte String-Literale im Code-Segment anstatt im Daten-Segment abgelegt. Der Versuch, den Inhalt eines String-Literals zu ändern, würde unter Windows nicht nur zu einem Seiteneffekt (siehe „doppelte Strings zusammenfassen"), sondern zu einer Schutzverletzung führen.

Diese Option nicht bei den Speichermodellen Small oder Medium verwenden, da durch diese Einstellung die Zeiger auf literale Strings nicht mehr durch DS repräsentiert werden. Im Tiny-Modell kann wegen DS=CS diese Option zwar benutzt werden, ist aber auch aus genau diesem Grund wirkungslos.

Der Einsatz dieser Option wäre durchaus empfehlenswert, würden nicht dadurch Anwendungen, die mit dem Application-Expert erstellt wurden, verlorengehen. Der Aufruf des Info-Dialogs einer Application-Expert Anwendung erzeugt eine Schutzverletzung, da die API-Funktion *VerQueryValue*() versucht, ein String-Literal zu ändern.

Dieser Bug ist allerding korrigierbar (siehe Bugfixes).

„Virtuelle Tabellen als Far"

Diese Option sorgt wie die Option „Konstante Strings im Codesegment speichern" ebenfalls für eine Entlastung im Daten-Segment, da die Tabellen für virtuelle Funktionen von Klassen bei eingeschalteter Option im Codesegment gespeichert werden.

Diese Option muß ausgeschaltet sein, wenn Anwendungen oder DLL's erzeugt werden, die statische Bibliotheken verwenden. Entsprechend muß sie eingeschaltet sein, wenn Anwendungen oder DLL's dynamische Bibliotheken verwenden.

Wenn Sie die Fehlermeldung „Trying to derive a far class from the huge base Basis" oder ähnliche erhalten, ist meistens diese Option die Ursache.

„Automatische Far-Daten"

Mit dieser Option kann erreicht werden, daß statische Daten auf mehrere Segmente verteilt werden. Überschreitet ein Datenobjekt die durch den Schwellenwert (siehe unten) gegebene Größe, wird dieses Objekt in einem anderen Segment abgelegt. Ist diese Option nicht gewählt, wird der Eintrag Schwellenwert ignoriert.

„Schnelle Huge-Zeiger"

Durch diese Option werden Huge-Zeiger nur dann normalisiert, wenn im Offset-Anteil des Zeigers ein Überlauf auftritt. Dadurch wird die Berechnung von Ausdrücken mit Huge-Zeigern deutlich beschleunigt.

Die Option muß jedoch mit Vorsicht angewendet werden, da für Huge-Arrays Probleme auftauchen können, wenn ein Element eine Segmentgrenze überschreitet.

„Schwellenwert für Far-Daten"

Geben Sie hier den Wert an, ab dem sich die Option „Automatische Far-Daten" auswirkt. Ist die Option „Automatische Far-Daten" ausgeschaltet, wird dieser Wert ignoriert.

Segment-Namen

Daten- und Code-Segmente erhalten vom Compiler eigene Namen, damit der Linker weiß, welche Daten zusammengefaßt werden können. Mit diesen Einstellungen haben Sie die Möglichkeit, die Namen der Segmente zu ändern.

Dem Autor ist kein Fall bekannt, wo eine Änderung der Segment-Namen einen Vorteil erbracht hätte. Auch Borland warnt vor Eingriffen dieser Art.

Entry- und Exit-Code

Mit dieser Option wird der Eingangs- und Ausgangs-Code von Funktionen in Windows-Programmen festgelegt (auf DOS-Programme hat die Einstellung keinen Einfluß). Diese Einstellung bestimmt die globale Exportierbarkeit von Funktionen.

Eine Funktion muß exportierbar sein, wenn sie von einem anderen Modul (DLL, DRV oder EXE) aufgerufen werden soll.

„Windows, alle Funktionen exportierbar“

Mit dieser Option wird jede Funktion exportierbar.

„Windows, explizite Funktionen exportieren“

Funktionen sind nur dann exportierbar, wenn sie entweder mit dem Pseudo-Schlüsselwort *_export* versehen sind oder in der Definitions-Datei des Projekts eingetragen sind.

„Windows, intelligente Callbacks“

Wenn der Compiler davon ausgehen kann, daß DS = SS (siehe entsprechende Option) für alle Funktionen des Moduls gilt, dann ist diese Einstellung die geeignetste Lösung. Alle Funktionen sind exportierbar und um einen Funktions-Handle zu erhalten, braucht dic API-Funktion *MakeProcInstance*() nicht aufgerufen zu werden.

„Windows, intelligente Callbacks, explizite Funktionen exportierbar“

Wie oben, nur daß hier nur bestimmte Funktionen exportierbar sind.

„Windows DLL, alle Funktionen exportierbar“

Wie „Windows, alle Funktionen exportierbar“, jedoch nur für DLL's.

„Windows DLL, explizite Funktionen exportieren“

Wie „Windows, expliziete Funktionen exportierbar“, jedoch nur für DLL's.

2.2.4 32-Bit Compiler-Optionen

Sofern Ihr System es gestattet, ist die Erzeugung von 32Bit-Anwendungen die bessere Wahl. Es existiert hier nur ein einziges Speichermodell, nämlich Flat (flaches Modell). Hier bestehen nun keine 64KB-Grenzen mehr, sondern die maximale Größe eines Segments beträgt hier 4 GigaByte.

Aus diesem Grunde entfallen Hilfsmittel wie *far*- oder *huge*-Zeiger, *far*-Segmente, Segmentnamen oder Entry- und Exit-Code. Dementsprechend gibt es auch weniger Compiler-Optionen.

Befehlssatz

Code für 286er PC's kann natürlich nicht mehr erzegut werden. Mit dieser Option kann zwischen 386er, 486er und Pentium-Code geschaltet werden.

Datenausrichtung

Entsprechend der Option für 16Bit-Compiler kann hier die Ausrichtung der Daten an beliebigen, geraden oder durch 4 teilbaren Adressen gewählt werden. Letztere Einstellung erzeugt möglicherweise den ungünstigsten Code, gestattet aber aufgrund der Prozessor-Architektur den schnellsten Zugriff.

Die Einstellung „Ausrichtung Doppelwort" führt leider zur Schutzverletzung in OWL-Programmen, die die Klasse *TDocManager* verwenden. Das geschieht z.B. bei Anwendungen, die durch den Application-Expert erzeugt werden und die Bearbeitung von Texten zulassen.

Aufrufkonventionen

Diese Option entspricht weitgehend den entsprechenden Einstellungen des 16Bit-Compilers. Zusätzlich existiert hier der Modifizierer:

„Standard"

Diese Option weist den Compiler an, eine *cdecl*-artige Namenskonvention und Pascal-artige Parameterübergabe zu verwenden, um Funktionsaufrufe zu erzeugen. Parameter werden von links nach rechts auf den Stack gelegt. Der Compiler stellt Namen gemäß der C Aufrufkonvention dar, verwendet jedoch keine Unterstriche und verkürzt die Namen nicht.

2.2.5 C++ Optionen

Diese Optionen steuern die Code-Generierung von den speziellen Spracheigenschaften der Programmiersprache C++. Bei allen möglichen Einstellungen ist zu beachten, daß sie wirklich nur dann geändert werden sollten, wenn das Programm sonst nicht zu übersetzen ist.

Wenn C++ - Optionen geändert werden, können möglicherweise OWL-Programme und Anwendungen, die die Klassenbibliothek benutzen, nicht mehr richtig übersetzt werden. Die Änderung der Option „C++ Kompatibilität / Virtuelle Basiszeiger" von „Immer near" in „gleiche Größe wie this-Zeiger" führt manchmal in OWL-Programmen sogar zur Schutzverletzung (unhandled Exception). Solche Fehler sind sehr schwer zu lokalisieren, da der Sourcecode i.A. völlig korrekt ist.

2.2.6 Optimierungen

Während der Entwicklungsphase ist es günstiger, alle Optimierungen auszuschalten, doch „steht" das Programm erst einmal, dann können einige Optimierungs-Optionen durchaus Vorteile bringen.

Allerdings sind die Optimierungs-Optionen mit größter Vorsicht zu genießen, da der Compiler durch einige eingeschalteten Optimierungen einen falschen Code erzeugen kann!

Spezielle Optimierungen

„Code-Optimierung hinsichtlich"

Programmgeschwindigkeit

Mit dieser Einstellung wählt der Compiler den schnellstmöglichen Codeabschnitt für eine gegebene Aufgabe. Dabei entscheidet er, ob er den Code zur Ausführung einer *rep movsw*[10] Anweisung zuverlässig erzeugen kann, anstatt eine Hilfsfunktion aufzurufen, die den Kopiervorgang übernimmt. Dadurch werden von Strukturen und Unions, die eine Länge von acht Bytes überschreiten, schneller Kopien erzeugt als durch den Aufruf der Hilfsfunktion.

Programmgröße

Ist diese Option eingeschaltet, dann optimiert der Compiler den Code auf Programmgröße, indem der erzeugte Code nach mehrfach auftretenden Folgen vom Programm-Code durchsucht wird. Wenn es der Code erlaubt, ersetzt der Optimierer eine Codefolge durch einen Sprung zu der anderen und entfernt den

10 Assembler-Anweisungen

ersten Codeabschnitt. Dieser Umstand tritt am häufigsten bei *switch*-Anweisungen auf.

„Gemeinsame Teilausdrücke"

Mit dieser Einstellung kann festgelegt werden, wie der Compiler mit Ausdrücken umgeht, die mehrfach vorkommen.

Nicht optimieren

Es findet keine Optimierung bzgl. gemeinsamer Ausdrücke statt.

Lokal optimieren

Der Compiler entfernt gemeinsame Teilausdrücke innerhalb einer Gruppe von Anweisungen, die keine Sprünge enthält (Basisblock).

Global optimieren

Der Compiler entfernt gemeinsame Teilausdrücke innerhalb einer ganzen Funktion.

„Kein Alias für Zeiger"

Der Compiler geht bei gesetzter Option davon aus, daß bei der Auswertung gemeinsamer Teilausdrücke keine Zeigerausdrücke ersetzt werden.

Die Verwendung eines Alias für einen Zeiger kann Fehler verursachen, die schwer zu lokalisieren sind. Daher sollte diese Option gesetzt sein, wenn die Option „Gemeinsame Teilausdrücke" verwendet wird.

Größen-Optimierung

„Sprungoptimierung"

Der Compiler sucht nach überflüssigen Sprüngen und entfernt diese.

„Schleifenoptimierung"

Der Compiler erkennt Schleifen mit elementaren Zuweisungen und erzeugt Code unter Verwendung der *rep*-Assembler-Anweisung. Beispiel:

```
void f()
{
   char x[100];

   for ( unsigned i=0; i<sizeof(x); i++ ) x[i] = 5;
}
```

wird übersetzt in

```
mov cx,50
lea    di,word ptr [bp-100]
pushss
pop    es
mov    ax,1285  ; entspricht 0505h
rep stosw
```

„Keine redundanten Ladeoperationen"

Wenn diese Option gesetzt ist, unterdrückt der Compiler das erneute Laden von Registern, indem er sich die Inhalte der Register merkt und sie so oft wie möglich wiederverwendet.

Der Compiler kann nicht erkennen, ob ein Wert indirekt durch einen Zeiger verändert wurde. Daher diese Option nur lokal einsetzen!

„Entfernung überflüssiger Anweisungen"

Wenn die Option Entfernung überflüssiger Anweisungen eingeschaltet ist, sucht der Compiler nach Variablen, die möglicherweise nicht benötigt werden.

Diese Option sollte man eigentlich niemals benötigen, da ein guter Programmierer nur dann Variablen einführt, wenn sie auch benötigt werden.

„Windows Prolog/Epilog" (nur 16Bit-Windows)

Wenn Windows-*far*-Funktionen erzeugt werden, wird normalerweise beim Eintritt

```
inc bp
```

und zum Austritt

```
dec bp
```

generiert.

Diese Option soll eigentlich diese Anweisungen unterdrücken, sie bleibt jedoch wirkungslos.

„Globale Registerzuweisung"

Ist diese Option markiert, wird die Globale Registerzuweisung und die Analyse der Lebensdauer von Variablen aktiviert. Dadurch wird ermöglicht, daß mehr Variablen durch Register ersetzt werden.

Laut Borland erzeugt der Compiler mit dieser Option einen deutlich besseren Code. Tatsache ist aber, daß der Code, der Dank dieser Option tatsächlich viel kleiner geworden ist, durch diese Option zerstört wird.

Geschwindigkeits-Optimierung

„Intrinsische Funktionen als Inline"

Wenn diese Option eingeschaltet ist, fügt der Compiler den Code für ihm bekannte String- und Speicherfunktionen wie zum Beispiel *strcpy()* direkt dem Code zu, anstatt wie sonst einen Aufruf an die Funktion zu erzeugen.

Für die Funktionen, die per Inline-Code erzeugt werden sollen, muß jeweils der Prototyp existieren[11] .

„Verschiebung von invariantem Code"

Mit dieser Option wird der Compiler veranlaßt, Code aus Schleifen heraus zu verschieben, wenn dieser nicht von den Schleifenvariablen abhängt.

Ein geübter Programmierer wird diese Option jedoch niemals benötigen.

„Kopien verwenden"

Diese Option ist mit der Option „Keine redundanten Ladeoperationen" ähnlich und verhindert, daß bereits ausgewertete Ausdrücke abermals ausgewertet und geladen werden müssen. Diese Option steht daher mit der Einstellung „Gemeinsame Teilausdrücke" im engen Zusammenhang.

11 Dies ist bei C++ - Programmen sowieso stets der Fall.

„Entfernung von Induktionsvariablen“

Diese Option bewirkt, daß der Compiler Schleifen-Variablen, die für die Indizierung von Arrays benötigt werden, durch Zeiger-Variablen ersetzt werden. Durch diese Optimierung wird die Multiplikation, die sonst erforderlich wäre, eingespart.

2.2.7 Meldungen

Generell gilt: Schalten Sie alle Meldungen ein!

Natürlich können „lästige“ Warnungen durch diese Optionen unterdrückt werden, doch damit bestraft sich der Programmierer am Ende selbst.

2.3 Sprachelemente

In diesem Abschnitt werden Sprachelemente diskutiert, die noch nicht in allen Lehrbüchern zu finden sind.

Noch in der Version 3.1 von BC++ lief Borland dem Status Quo des C++ Sprachstandards hinterher. Mit der Version 4.0 hat Borland aber bzgl. des Sprachumfangs die meisten Konkurrenten hinter sich gelassen.

2.3.1 Typenüberprüfung zur Laufzeit

Ein mit BC++ 4.0 und RTTI (RunTime Type Identification) erstelltes Programm kann zur Laufzeit den Typ eines Objekts ermitteln oder Informationen eines bekannten Typs ausgeben.

Der Operator *typeid()* kann sowohl auf Objekte als auch auf Typen angewandt werden. Ein Operator mit diesen Eigenschaften kann nicht durch die Sprache C++ deklariert werden, deshalb ist die Interpretation des Schlüsselworts *typeid* reine Aufgabe des Compilers.

Wenn ein Objekt oder ein Typ auf *typeid()* angewandt wird, erzeugt der Compiler für diesen Typ ein statisches Objekt der Klasse *Type_info* im Code-Segment und *typeid()* liefert eine konstante Referenz auf dieses Objekt. Je öfter also der Operator *typeid()* verwendet wird, desto größer wird der Code der Anwendung.

Die Klasse *Type_info* besitzt einen Zeiger auf ein ebenfalls statisches Objekt der Klasse *tpid*. Die Elemente der Klasse *tpid* sind unbekannt, aber jedes Objekt der Klasse *tpid* enthält u.a. den Namen des Typs als nullterminierten String.

Das bedeutet, daß die Namensgebung von Typen, auf die *typeid()* angewendet wird, tatsächlich Einfluß auf die Code-Erzeugung hat.

Beispiel:

```
#include <iostream.h>
#include <typeinfo.h>

class TMyClass {};
typedef int INT;

int main()
{
   const Type_info &tChar = typeid( char );
   const Type_info &tInt  = typeid( int );
   const Type_info &tINT  = typeid( INT );
   const Type_info &tMC   = typeid( TMyClass );

   cout
      << tChar.name() << endl
      << tInt.name() << endl
      << tINT.name() << endl
      << tMC.name() << endl;

   return 0;
}
```

Dieses Programm erzeugt folgende Ausgabe:

```
char
int
int
TMyClass
```

Dieses Programm zeigt auch, daß durch *typedef* kein neuer Typ im Sinne von *typeid()* erzeugt wird.

Die Klasse *Type_info* verfügt über den „==“- sowie über den „!=“-Operator. Damit können Typen miteinander verglichen werden.

Welchen Nutzen kann man aus *typeid()* überhaupt ziehen? Es ist zwar offensichtlich, daß

```
typeid( char ) == typeid( float )
```

immer 0 liefert, aber wer braucht schon solche Vergleiche?

typeid() kann sinnvoll verwendet werden, um Objekte auseinanderzuhalten, deren Typen von einer gemeinsamen Basis abgeleitet wurden. Anwendungen von RTTI finden Sie im Kapitel „Dateiorientierte Tabellen“.

Das folgende Beispiel soll auch Objekte vergleichen, deren Typen von einer gemeinsamen Basisklasse stammen:

Polymorphe Klassen

Wenn wir das Programm

```
class Base {};
class A : public Base{};
class B : public Base{};

void CompareTypes(Base *pObj1,Base *pObj2)
{
   if ( typeid( *pObj1 ) == typeid( *pObj2 ) )
      cout << "Objekte sind identisch!\n";
   else
      cout << "Objekte sind verschieden!\n";
}
int main()
{
   A a1,a2;
   B b;

   CompareTypes( &a1, &a2 );
   CompareTypes( &a1, &b );
   CompareTypes( &a2, &b );

   return 0;
}
```

laufen lassen, erwarten wir, daß die Ausgabe

```
Objekte sind identisch!
Objekte sind verschieden!
Objekte sind verschieden!
```

lautet. Aber der Compiler meldet bereits, daß die Parameter *pObj1* und *pObj2* nicht benutzt werden, obwohl die Funktion *CompareTypes* den Operator *typeid* auf diese anwendet. Ignorieren wir die Warnungen, liefert das Programm:

```
Objekte sind identisch!
Objekte sind identisch!
Objekte sind identisch!
```

Was ist falsch gelaufen? Funktioniert RTTI nur, wenn der Objekt-Zeiger mit dem Typ übereinstimmt? Ist RTTI nur dazu da, um die Produkt-Beschreibung von BC++ 4.0 zu verlängern?

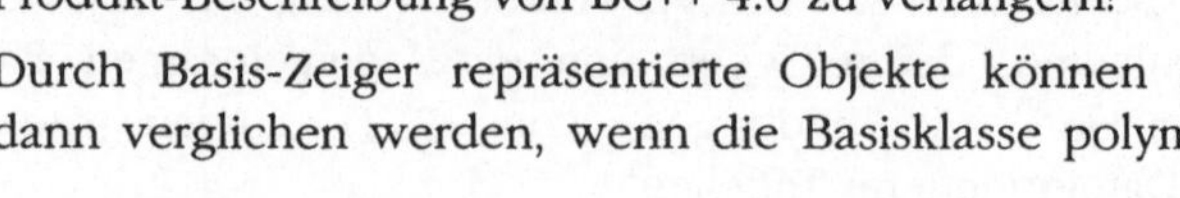

Durch Basis-Zeiger repräsentierte Objekte können mit RTTI nur dann verglichen werden, wenn die Basisklasse polymorph ist, d.h.

mindestens eine virtuelle Funktion besitzt. Ersetzen wir die Klassendeklaration von *Base* durch

```
class Base
{
   virtual void MakeClassPolymorph() {}
};
```

erhalten wir keine Warnungen mehr und die Ausgabe des Programms ist richtig.

Rangordnung

Neben *name()* existiert für die Klasse *Type_info* die Elementfunktion *before()*. Sie vergleicht Namen von Objekten oder Typen unter der Verwendung der Funktion *strcmp()*.

Die Funktionen *name()* und *before()* können außer zu Debug-Zwecken nicht sinnvoll eingesetzt werden.

2.3.2 Casting

„Casten" heißt „Typen umwandeln" und ist in C eine unumgängliche Programmierpraxis. In C++ kann unkontrolliertes Casting das gesamte OOP-Konzept zerstören, da über Casting konstante Objekte oder geschützte Elemente eines Objekts manipuliert werden können. Oftmals kann aber auch in C++ nicht aufs Casting verzichtet werden; deshalb bemühen sich Compiler-Bauer um „Schadensbegrenzung" und stellen zum „sicheren" Casten vier verschiedene Cast-Operatoren zur Verfügung. Die Operatoren *static_cast*, *dynamic_cast*, *const_cast* und *reinterpret_cast* sind Schlüsselwörter und deshalb in keiner Header-Datei deklariert.

static_cast

Der Operator

```
static_cast<T>(arg)
```

konvertiert das durch *arg* gegebene Objekt in ein Objekt des Typs *T*. *static_cast* erlaubt nur sichere Umwandlungen.

```
class Base {};
class A : public Base{};
class B : virtual public Base{};
class Base2 {};
class C : public Base, virtual public Base2 {};

enum ENUM {};

   A a;
   B b;
```

```
C c;
Base base;
Base2 base2;
ENUM e;
int i;
```

Folgende Umwandlungen sind erlaubt:

```
static_cast<Base>(a);
   // Konvertierung in Basisklassen-Objekt

static_cast<A*>(&base);
   // Umkehrung mit Zeigern möglich

static_cast<Base>(b);
   // Möglich, auch wenn Basis virtuell ist

static_cast<C*>(&base);
   // Möglich, auch wenn mehrere Basen existieren

(char*)&base;
   // Gefahr! Zugriff auf geschützte Elemente!

static_cast<ENUM>(i);
static_cast<int>(e);
   // Umwandlungen von enum- in Integer-Typen
   // und umgekehrt.
```

Folgende Umwandlungen sind verboten:

```
static_cast<B*>(&base);
   // Base ist virtuelle Basis-Klasse

static_cast<C*>(&base2);
   // Base2 ist virtuelle Basis-Klasse

static_cast<char*>(&base);
   // (char*) ist kein "verwandter" Typ
   // von Base
```

dynamic_cast Manchmal jedoch ist es notwendig, einen Zeiger auf ein Objekt vom Typ einer virtuellen Basis-Klasse in den Zeigertyp einer abgeleiteten Klasse zu konvertieren. Dazu dient der Operator:

```
dynamic_cast<T>(arg)
```

Um ihn auf Objekt-Zeiger virtueller Basis-Klassen anzuwenden, muß die Basisklasse polymorph sein, und RTTI muß eingeschaltet sein (siehe auch vorherigen Abschnitt).

```
class Base
{
   virtual void mcp() {}
};
//...
dynamic_cast<B*>(&base);
// ist ok!
```

dynamic_cast kann wie *static_cast* auf Zeiger angewandt werden, aber nicht auf Objekte:

```
dynamic_cast<Base*>(&a);    // ok!
dynamic_cast<Base>(a);      // Fehler!
dynamic_cast<ENUM>(i);      // Fehler!
```

const_cast

Der Operator

```
const_cast<T>(arg)
```

konvertiert das durch *arg* gegebene Objekt in ein bis auf die Bezeichner *const* und *volatile* identisches Objekt des Typs *T*. Es wird dazu benutzt, die Schlüsselwörter *const* und *volatile* zu entfernen oder hinzuzufügen (Siehe auch Online-Hilfe zu *const_cast*).

Eine Konvertierung eines *const*-Objekts in ein nicht-*const*-Objekt, ist im Sinne der OOP immer problematisch.

reinterpret_cast

Der Operator

```
reinterpret_cast<T>(arg)
```

konvertiert das durch *arg* gegebene Objekt in ein beliebiges Objekt des Typs *T* (Siehe auch Online-Hilfe zu *reinterpret_cast*).

Dieser Cast wird eingesetzt, wenn *(T)arg* „unsicher“ ist. Tatsache aber ist, daß die Verwendung von *reinterpret_cast* das OOP-Konzept am stärksten gefährdet.

Allgemein kann man sagen, daß zur Typen-Umwandlung *static_cast* und *dynamic_cast* verwendet werden sollte. *const_cast*, *reinterpret_cast* oder direktes Casting sollte nur in „Notfällen“ eingesetzt werden.

3 Die Borland Klassenbibliothek

3.1 Datums- und Zeit-Klassen

Zum Lieferumfang der Borland-Klassenbibliothek gehören die Klassen *TTime* und *TDate.* Diese dienen nicht in erster Linie dazu, die Systemzeit zu ermitteln, sondern sie stellen bestimmte Service-Funktionen zur Verfügung, wie z.B. das Ermitteln des Wochentages eines gegebenen Datums.

Doch nun die Beschreibung dieser Klassen im einzelnen:

3.1.1 Die Klasse TTime

„It's TTime, Sir!"

Die Klasse *TTime* kapselt Zeit-Mechanismen. Genaugenommen speichert sie nicht nur die Zeit, sondern auch das Datum, und zwar in Sekunden in einer einzigen Variablen vom Typ *unsigned long* (*ClockTy,* siehe unten). Daß das funktioniert, zeigt die folgende Rechnung:

Ein Tag hat `60 * 60 * 24 = 86400` Sekunden. Ein Jahr hat dann ungefähr (Nicht-Schaltjahre alle 100 Jahre, aber nicht alle 400 Jahre nicht berücksichtigt) `86400 * 365.25 = 31557600` Sekunden. Die größte Zahl vom Typ unsigned long ist $2^{32}-1$ = 4294967295 (ca. 4,3 Milliarden). Diese Zahl geteilt durch die Anzahl der Sekunden in einem Jahr (ca. 31,6 Millionen) ergibt die Anzahl der Jahre, die mit der Darstellung durch unsigned long auskommt, nämlich 136,1.

Also selbst wenn der „Tag 0" der Klasse *TTime* schon der 01.01.1901 ist (wie es in vorliegender Implementation auch der Fall ist), reicht obige Darstellung bis zum Jahre 2037, und dann dürfte die Bit-Breite von long-Variablen sicherlich 64, 128 oder noch größer sein.

Include-Datei <classlib\time.h>

Typendefinitionen

```
typedef unsigned HourTy;
typedef unsigned MinuteTy;
typedef unsigned SecondTy;
```

```
typedef unsigned long ClockTy;
```

Öffentliche Konstruktoren

```
TTime();
```

Erzeugt TTime mit der aktuellen Uhrzeit.

```
TTime(ClockTy s);
```

Erzeugt TTime aus den Sekunden seit dem 1. Januar 1901.

```
TTime(HourTy h,MinuteTy m,SecondTy s = 0);
```

Erzeugt TTime mit der angegebenen Zeit und dem aktuellen Datum.

```
TTime(const TDate&,HourTy h=0,MinuteTy m=0,SecondTy s=0);
```

Erzeugt TTime mit der angegebenen Zeit und dem angegebenen Datum. Der Kopier-Konstruktor ist implizit.

Öffentliche Elementfunktionen

```
string AsString() const;
```

Liefert ein *string*-Objekt zurück, das die Zeitangabe enthält.

```
static TTime BeginDST(unsigned year);
```

Liefert den Beginn der Sommerzeit für das angegebene Jahr zurück.

Hierbei ist anzumerken, daß sich diese Angabe nicht auf die deutsche bzw. mitteleuropäische Sommerzeit bezieht, sondern vermutlich auf Regeln der Vereinigten Staaten. Damit sind diese und alle weiteren Funktionen, die sich auf die Sommerzeit beziehen, unbrauchbar.

```
int Between(const TTime& a,const TTime& b) const;
```

Liefert den Wert 1 zurück, falls die TTime-Zeitangabe zwischen a und b liegt, sonst 0.

```
int CompareTo(const TTime* t) const;
```

Vergleichsfunktion. Sie liefert:

```
0,  falls   *this == *t
1,  falls   *this > *t    (*t liegt vor *this)
-1, falls   *this < *t    (*t liegt hinter *this)
```

```
static TTime EndDST( unsigned year );
```

Liefert das Ende der Sommerzeit für das angegebene Jahr zurück (siehe auch *BeginDST*()).

```
unsigned Hash() const;
```

Laut Borland liefert diese Funktion die Sekunden seit dem 1.Januar 1901 zurück. Das ist aber nur dann richtig, wenn

```
sizeof(unsigned)==sizeof(ClockTy)
```

gilt, also wenn die 32Bit-Kompilierung eingeschaltet ist. Unter der 16Bit-Kompilierung fehlen die oberen 16 Bit der Sekundenangabe und ist damit nur für die Verwendung in Hash-Tabellen (siehe Abschnitt: Container-Klassen) geeignet.

```
HourTy Hour() const;
MinuteTy Minute() const
```

Liefern den Stundenwert bzw. den Minutenwert zurück, gemäß der Werteübergabe des 3. bzw. 4. Konstruktors (lokale Zeit). Im Gegensatz dazu liefern die Funktionen

```
HourTy HourGMT() const;
MinuteTy MinuteGMT() const;
```

den Stundenwert bzw. Minutenwert in Greenwich Mean Time (GMT) zurück.

Die GMT-Funktionen haben nur dann eine praktische Bedeutung, wenn die OS-Umgebungsvariable TZ (Timezone) gesetzt ist. Sie verwenden die globale C-Variable *_timezone*, die aber nicht ANSI-konform ist. Wer also portable programmieren möchte, sollte also auf die GMT-Funktionen dieser Klasse verzichten.

```
int IsDST() const;
```

Liefert 1 zurück, wenn Sommerzeit ist, sonst 0 (siehe auch *BeginDST*()).

```
int IsValid() const;
```

Liefert 1 zurück, wenn TTime eine gültige Zeit enthält, sonst 0. Diese Funktion ist durch

```
inline int TTime::IsValid() const
{
    return Sec > 0;
}
```

realisiert, was auch völlig ausreicht, denn die eigentlichen Gültigkeitsprüfungen werden vom 4. Konstruktor vorgenommen (der 3. Konstruktor ruft den 4. auf).

```
TTime Max(const TTime& t) const;
TTime Min(const TTime& t) const;
```

Liefern Maximum bzw. Minimum von *t* und **this* zurück.

```
static int PrintDate(int flag);
```

Gibt nicht, wie in der Online-Hilfe von Borland beschrieben, das Datum oder die Zeit aus, sondern mit dieser Funktion wird für alle Objekte von *TTime* die Art der Ausgabe bestimmt. Enthält flag also den Wert 1, so wird bei künftigen Ausgaben (z.B. durch *AsString*() oder durch den <<-Operator) das Datum zusammen mit der Zeit ausgegeben, bei 0 wird nur die Zeit ausgegeben. Die alte Einstellung wird zurückgeliefert.

```
SecondTy Second() const;
```

Liefert den Sekundenwert zurück.

```
ClockTy Seconds() const;
```

Liefert die Sekunden seit dem 1.Januar 1901 zurück. Da Datum und Zeit nur durch diese Angabe repräsentiert wird, gibt diese Funktion sozusagen den tatsächlichen Wert eines *TTime*-Objekts zurück.

Operatoren

Vergleichsoperatoren:

```
int operator <(const TTime& t) const;
int operator <=(const TTime& t) const;
int operator >(const TTime& t) const;
int operator >=(const TTime& t) const;
int operator ==(const TTime& t) const;
int operator !=(const TTime& t) const;
```

Die Realisierung ist äußerst einfach, denn es müssen nur *unsigned long*-Werte miteinander verglichen werden.

Arithmetik:

```
void operator++();
void operator--();
void operator+=(long s);
void operator-=(long s);
friend TTime operator +(const TTime& t,long s);
```

```
friend TTime operator +(long s,const TTime& t);
friend TTime operator -(const TTime& t,long s);
friend TTime operator -(long s,const TTime& t);
```

TTime-Objekte können mit Sekunden addiert und von Sekunden subtrahiert werden. Sekunden sind hier nicht vom Typ *ClockTy*, sondern vom Typ *long*, da negative Sekundenwerte erlaubt sind.

Operatoren für (persistente) Streams:

```
friend ostream& operator <<(ostream& os,const TTime& t);
friend opstream& operator <<(opstream& s, const TTime& d);
friend ipstream& operator >>(ipstream& s, TTime& d);
```

Eine Operator-Funktion >>" für istream liegt nicht vor.

Geschützte Datenelemente

```
static const TDate MaxDate;
static const TDate RefDate;
```

MaxDate repräsentiert das späteste gültige Datum (5.2.2037) und *RefDate* das früheste gültige Datum (1.1.1901) für Objekte von *TTime*.

Geschützte Elementfunktionen

```
static int AssertDate(const TDate& d);
```

Liefert 1 zurück, falls *d* zwischen dem frühesten (*RefDate*) und dem spätesten gültigen Datum (*MaxDate*) liegt.

Typische Anwendungen

Die Klasse *TTime* bietet die einfachste Möglichkeit, die Systemzeit abzufragen. Überdies eignet sie sich zum Element anderer Klassen oder als (weitere) Basis, da sie als Objekt nur den Speicherplatz eines *long*-Typs belegt. Da *TTime* auch Datumsangaben bis einschließlich den 5.2.2037 repräsentiert, erübrigt sich dann auch die Speicherung eines Datums.

Eine weitere Anwendung findet *TTime* in der eindeutigen und sogar persistenten Identifizierung von Objekten. Die Gefahr der Doppeldeutigkeit besteht nur dann, wenn der Benutzer mehr als ein Objekt in einer Sekunde erstellt oder mit der Systemuhr herumgespielt wird.

Die wichtigsten Zugriffsfunktionen sind

```
HourTy Hour() const;
MinuteTy Minute() const;
```

und

```
SecondTy Second() const;
```

denn sie liefern die Werte zurück, die durch die Konstruktoren

```
TTime(HourTy h,MinuteTy m,SecondTy s = 0);
```

und

```
TTime(const TDate&,HourTy h=0,MinuteTy m=0,SecondTy s=0);
```

erzeugt wurden.

3.1.2 Die Klasse TDate

Wie aus der Beschreibung der Klasse *TTime* ersichtlich, ist die Klasse *TDate* mit *TTime* sehr verwandt, wenn auch nicht im Sinne von OOP. Natürlich wird ein *TDate*-Objekt nicht in Sekunden, sondern in Tagen ausgedrückt, was nun eine Darstellungsweite von ca. 11,76 Millionen Jahren induziert.

Der „Tag 0" ist hier nicht der 1.1.1901, sondern der Beginn des gregorianischen Kalenders, der 14. September 1752.

Include-Datei <classlib\date.h>

Typendefinitionen

```
typedef unsigned DayTy;
enum HowToPrint{ Normal, Terse, Numbers, EuropeanNumbers,
     European };
typedef unsigned long JulTy;
typedef unsigned MonthTy;
typedef unsigned YearTy;
```

Öffentliche Konstruktoren

```
TDate();
```

Erzeugt ein *TDate*-Objekt mit dem aktuellen Datum.

```
TDate(DayTy day,YearTy year);
```

Erzeugt ein *TDate*-Objekt mit dem angegebenen Tag *day* und Jahr *year*. Das Basisdatum für diese Berechnung ist der 31.Dezember des vorigen Jahres. Für *year* == 0 und *day* == 0 wird das Datum 1. Januar 1901 als „Tag 0" erzeugt. Beispiel:

```
TDate( -1, 0 ); // = 31. Dezember 1900 und
TDate( 1, 0 );  // = 2. Januar 1901
```

```
TDate(DayTy day,const char* month,YearTy year);
```

Erzeugt ein *TDate*-Objekt mit den angegebenen Parametern *day*, *month* und *year*.

```
TDate(DayTy day,MonthTy month,YearTy year);
```

Erzeugt ein *TDate*-Objekt mit den angegebenen Parametern *day*, *month* und *year*.

```
TDate(istream& is);
```

Erzeugt ein *TDate*-Objekt, wobei das Datum aus dem Eingabe-Stream *is* gelesen wird.

```
TDate(const TTime& time);
```

Erzeugt ein *TDate*-Objekt aus einem *TTime*-Objekt.

Der Kopier-Konstruktor ist implizit.

Öffentliche Elementfunktionen

```
string AsString() const;
```

Liefert ein *string*-Objekt zurück, das die Datumsangabe enthält.

```
int Between(const TDate& a,const TDate& b) const;
```

Liefert den Wert 1 zurück, falls die *TDate*-Zeitangabe zwischen *a* und *b* liegt, sonst 0.

```
int CompareTo(const TDate* d) const;
```

Vergleichsfunktion. Sie liefert:

```
0,  falls  *this == *d
1,  falls  *this > *d    (*d liegt vor *this)
-1, falls  *this < *d    (*d liegt hinter *this)
```

```
DayTy Day() const;
```

Liefert den Tag des Jahres (1 - 365) zurück.

```
static const char *DayName(DayTy weekDayNumber);
```

Liefert den Namen des Wochentages als String, wobei Montag der Zahl 1 und Sonntag der Zahl 7 entspricht.

```
DayTy DayOfMonth() const;
```

Liefert den Tag des Monats (1 - 31) zurück.

```
static DayTy DayOfWeek(const char* dayName);
```

Liefert die Tagesnummer zurück, die zum übergebenen String gehört. Der Wert 1 entspricht dabei Montag, der Wert 7 entspricht Sonntag.

Wenn Sie diese Funktion verwenden möchten, müssen Sie englische Tagesnamen als Parameter übergeben.

```
static DayTy DaysInYear(YearTy);
```

Liefert die Anzahl der Tage im angegebenen Jahr (365 oder 366).

```
static int DayWithinMonth(MonthTy,DayTy,YearTy);
```

Liefert 1 zurück, falls der angegebene Tag innerhalb des angegebenen Monats des angegebenen Jahres liegt, sonst 0 .

Diese Funktion kann dazu benutzt werden, um die Anzahl der Tage eines gegebenen Monats zu ermitteln. Eine direkte Funktion dafür steht leider nicht zur Verfügung.

```
DayTy FirstDayOfMonth() const;
DayTy FirstDayOfMonth(MonthTy month) const;
```

Liefert die Nummer (1 - 7) des ersten Tages des angegebenen Monats. Wenn *month* nicht im Bereich von 1 bis 12 liegt, dann wird der Wert 0 zurückgeliefert.

```
unsigned Hash() const;
```

Liefert die julianische Nummer von *TDate.*

Siehe dazu die Bemerkung zu *TTime::Hash()*.

```
static MonthTy IndexOfMonth(const char *monthName);
```

Liefert die Monatsnummer (1 - 12) des Monats *monthName.*

Diese Funktion arbeitet nur mit englischen Monatsnamen korrekt.

```
int IsValid() const;
```

Liefert den Wert 1 zurück, wenn das *TDate*-Objekt ein gültiges Datum enthält, sonst 0.

```
static JulTy Jday(MonthTy,DayTy,YearTy);
```

Konvertiert das gegebene (gregorianische) Datum in die entsprechende julianische Tagesnummer. Der gregorianische Kalender beginnt mit dem 14. September 1752. Diese Funktion ist für ältere Datumswerte nicht gültig. Für ungültige Datumswerte wird 0 zurückgeliefert.

„Nicht gültig" im Sinne von älteren Datumsangaben (< 14.09.1752) bedeutet nicht, daß dann 0 zurückgeliefert wird, sondern es wird schon ein Tageswert zurückgeliefert, der aber nicht korrekt ist.

```
int Leap() const;
```

Liefert 1 zurück, wenn das Jahr ein Schaltjahr ist, sonst 0.

```
TDate Max(const TDate& d) const;
TDate Min(const TDate& d) const;
```

Vergleicht das *TDate*-Datum mit *d* und liefert das Datum mit dem größeren bzw. kleineren julianischen Tageswert zurück.

```
MonthTy Month() const;
```

Liefert den Monat (1 - 12) zurück.

```
static const char *MonthName(MonthTy monthNumber);
```

Liefert einen String mit dem Monatsnamen für die übergebene Monatsnummer *monthNumber* zurück. Bei ungültigen Monatsnummern wird 0 zurückgeliefert.

```
const char *NameOfDay() const;
```

Liefert den Tagesnamen des *TDate*-Objektes zurück.

```
const char *NameOfMonth() const;
```

Liefert den Monatsnamen des *TDate*-Objektes zurück.

```
TDate Previous(const char *dayName) const;
TDate Previous(DayTy d) const;
```

Liefert *TDate* des vorhergehenden Tages, gegeben durch *dayName* oder *d*, zurück.

```
static HowToPrint SetPrintOption(HowToPrint h);
```

Legt das Ausgabeformat für alle TDate-Objekte fest und liefert die alte Einstellung zurück. Die möglichen Parameter sind die *TDate*-enum-Werte: *Normal*, *Terse*, *Numbers*, *EuropeanNumbers*, *European*.

```
DayTy WeekDay() const;
```

Liefert 1 (Montag) bis 7 (Sonntag) zurück.

```
YearTy Year() const;
```

Liefert das Jahr des TDate-Objektes zurück.

Operatoren

Vergleichsoperatoren.

```
int operator < (const TDate& date) const;
int operator <= (const TDate& date) const;
int operator > (const TDate& date) const;
int operator >= (const TDate& date) const;
int operator == (const TDate& date) const;
int operator != (const TDate& date) const;
```

Folgende Operatoren erklären eine Arithmetik von *TDate*-Objekten mit Tagen. Beachten Sie, daß der Tag-Parameter vom Typ *int* ist.

```
JulTy operator - (const TDate& dt) const;
friend TDate operator + (const TDate& dt,int dd);
friend TDate operator + (int dd,const TDate& dt);
friend TDate operator - (const TDate& dt,int dd);
void operator ++();
void operator --();
void operator += (int dd);
void operator -= (int dd);
```

Stream-Operatoren:

```
friend ostream& operator << (ostream& os,const TDate& date);
friend istream& operator >> (istream& is,TDate& date);
friend opstream& operator << (opstream& os,const TDate& date);
friend ipstream& operator >> (ipstream& is,TDate& date);
```

Der Operator

```
ostream& operator << ()
```

verwendet den Ausgabemodus, der durch die Funktion *SetPrintOption*() gesetzt wird.

Die Operatorfunktion *ostream& operator<<* arbeitet fehlerhaft, wenn

```
TDate::SetPrintOption( TDate::European );
```

aufgerufen wurde!

Geschützte Elementfunktionen

```
static int AssertIndexOfMonth(MonthTy m);
static int AssertWeekDayNumber(DayTy d);
```

Diese Funktionen prüfen die Gültigkeit von Monaten im Jahr und Tagen in der Woche. Sie liefern 1 zurück, wenn der angegebene Tag oder Monat gültig ist, sonst 0.

3.2 Container-Klassen

Grob gesagt werden durch die Container-Klassenbibliothek Klassen gebildet, die Objekte (fast) beliebiger Art verwalten. Da die Container-Klassen durch Templates realisiert sind, verlangt die Definition eines Objektes aller Container-Klassen mindestens einen Typen-Parameter, und zwar den Typ des Objektes, der durch diese Klasse verwaltet werden soll. Beispiel:

```
// Implementierung eines Stacks für 1000 double-Werte
#include <classlib\stacks.h>

TStackAsList<double> DoubleStack( 1000 );
```

Die Container-Klassen stellen hierfür Algorithmen zur Verfügung, die in nicht-objektorientierten Sprachen wie C extra programmiert werden müßten. Diese Algorithmen fallen unter dem Begriff FDS (Fundamentale Datenstrukturen) und beinhalten:

- Binärbäume
- Einfach und doppelt verkettete Listen
- Hash-Tabellen
- Vektoren

3.2.1 ADS und FDS

Die Container-Klassen werden nicht durch die FDS, sondern durch die ADS (Abstrakte Datenstrukturen) beschrieben. Dazu gehören:

- Felder (Arrays)
- Beutel (Bags)
- einfache und doppelte Queues
- Wörterbücher (Dictionaries)
- Mengen (Sets)
- Stapel (Stacks)

Die ADS bedienen sich dabei den Algorithmen der FDS. So kann zum Beispiel eine Queue durch einen Vektor oder durch eine doppelt verkettete Liste implementiert werden. Welcher Algorithmus zu bevorzugen ist, hängt natürlich von der Anwendung ab.

Nicht jede FDS ist einer ADS zugeordnet, folgende Tabelle zeigt eine Übersicht der ADS/FDS-Beziehungen[12] :

ADS \ FDS	Vektor	einfache Liste	doppelte Liste	Hash-Tabelle
Array	X			
Bag	X			
Deque	X		X	
Dictionary				X
Queue	X		X	
Set	X			
Stack	X	X		

3.2.2 Objekte

Die Borland Container-Klassen-Templates verlangen stets einen Typen-Parameter *T*. Der Typ *T* kann ein elementarer Datentyp (*float*, *long*) sein, ist aber i.A. eine Klasse.

Die Anforderungen, die an die Klasse *T* gestellt wird, hängen von der verwendeten Container-Klasse ab. Zu den Anforderungen gehören die Existenzen von Standard- und Kopier-Konstruktor, Zuweisungs-Operator, Vergleichs-Operatoren „==" und „<" sowie die Elementfunktion *Hash*(). Für die Konstruktoren und den Zuwei-

12 Andere Beziehungen lassen sich natürlich programmieren

sungs-Operator erzeugt der Compiler je nach Design der Klasse Defaults, d.h. oftmals ist es nicht notwendig, explizite Konstruktoren und Zuweisungs-Operator einer Klasse zu deklarieren.

Der Zuweisungs-Operator

```
X& operator = (const X&);
```

einer Klasse *X* definiert den Inhalt des links stehenden Objekts neu. Diese Funktion muß **this* zurückgeben. Per Default erzeugt der Compiler einen Code, der für alle nichtstatischen Elemente den Zuweisungs-Operator aufruft. Besitzt die Klasse *X* aber Zeiger auf Objekte, dann muß der Zuweisungs-Operator überschrieben werden.

Der Kopier-Konstruktor ist dem Zuweisungs-Operator ähnlich. Per Default werden die Kopier-Konstruktoren der nichtstatischen Elemente aufgerufen und er muß überschrieben werden, wenn *X* Zeiger auf Objekte enthält. Allerdings ist im Gegensatz zum Zuweisungs-Operator das Objekt auf der „linken" Seite noch nicht konstruiert.

Das folgende Beispiel (Objekte > 64KB unter Windows) illustriert den Unterschied zwischen Kopier-Konstruktor und Zuweisungs-Operator[13] :

```
#include <windows.h>
#include <string.h>

// Arrays > 64KB mittel GlobalAlloc

class THugeArray
{
   private:
      void *TheArray;
      DWORD Size;
      HGLOBAL h;

   protected:
      void Copy(const THugeArray&);

   public:
      THugeArray();
      THugeArray(DWORD);
      THugeArray(const THugeArray&);
```

13 Das Array eines Objekts der Klasse *THugeArray* kann über den *void**-Operator angesprochen werden.

```
        ~THugeArray();

        THugeArray& operator = (const THugeArray&);
        operator int() const
           { return TheArray != 0; }
        operator void*() const
           { return TheArray; }

        int Alloc(DWORD);
        void Free();
};
```

Der Standard-Konstruktor erzeugt ein „leeres“ Objekt, d.h. kein Speicher wurde mit *GlobalAlloc()* reserviert.

```
inline THugeArray::THugeArray()
{
   TheArray = 0;
}
```

Der Destruktor gibt evtl. reservierten Speicher durch den Aufruf von *Free()* frei.

```
inline THugeArray::~THugeArray()
{
   Free();
}
```

Dieser Konstruktor erzeugt ein Array durch den Aufruf von *Alloc()*.

```
THugeArray::THugeArray(DWORD s) :
   Size( s ),
   TheArray( 0 )
{
   Alloc( s );
}
```

Der Kopier-Konstruktor ruft bei Bedarf *Copy()* auf.

```
THugeArray::THugeArray(const THugeArray& ha) :
   Size( ha.Size ),
   TheArray( 0 )
{
   if ( ha.TheArray ) Copy( ha );
}
```

Der Zuweisungs-Operator räumt durch den Aufruf von *Free()* das Objekt auf, bevor *Copy()* aufgerufen wird.

```
THugeArray& THugeArray::operator = (const THugeArray& ha)
{
```

```
      Size = ha.Size;
      Free();
      if ( ha.TheArray ) Copy( ha );

      return *this;
   }
```

Die Kopier-Funktion:

```
void THugeArray::Copy(const THugeArray& ha)
{
   Alloc( Size );

   if ( TheArray )
   {
      const size_t BL = 0x8000;
      size_t Blocks = size_t( Size / BL );
      size_t Rem = size_t( Size % BL );
      char huge *sp = (char huge *)ha.TheArray;
      char huge *dp = (char huge *)TheArray;

      for ( size_t i=0; i<Blocks; i++ )
      {
         memcpy( dp, sp, BL );
         sp += BL;
         dp += BL;
      }
      if ( Rem ) memcpy( dp, sp, Rem );
   }
}
```

Allozierung:

```
int THugeArray::Alloc(DWORD s)
{
   Size = s;
   h = GlobalAlloc( GMEM_SHARE, Size );
   if ( h ) TheArray = GlobalLock( h );
   return TheArray != 0;
}
```

Freigabe:

```
void THugeArray::Free()
{
   if ( TheArray )
   {
```

```
        GlobalUnlock( h );
        GlobalFree( h );
    }
    TheArray = 0;
}
```

Vorsicht bei der Verwendung von elementaren Datentypen als Template-Parameter! Bei der Klassengenerierung durch Templates kann es zu Compiler-Fehlern kommen, wenn z.B. der Typ *int* als Template-Parameter gewählt wird, da es dann zu Mehrdeutigkeiten in den Element-Funktionen der Container-Klassen kommen kann. Beispiel:

```
#include <classlib\arrays.h>
TArrayAsVector<int> a( 100, 0 );
```

erzeugt die Fehlermeldung:

```
Ambiguity between 'TDArrayAsVectorImp<TMCVectorImp<int,TStandardAllocator>,int>
   ::Detach(const int &)' and 'TDArrayAsVectorImp<TMCVectorImp<int,TStandardAllocator>,int>
   ::Detach(int)'
```

Der „Übeltäter" ist die Funktion *Destroy*(), da der Compiler nun nicht weiß, ob er den Code für *Detach*(*const T*&) (was ja in diesem Falle *Detach*(*const int*&) entspricht) oder für *Detach*(*int*) erzeugen soll. Hier hilft auch kein Casting!

3.2.3 Klassifizierungen

Die Borland Container-Klassen unterscheiden in der Methode, wie die Objekte aufgenommen werden (direkt oder indirekt durch Zeiger) und in der Wahl der Speicherallozierung. Indirekte Objektverwaltung wird durch ein „I" und die Verwendung einer eigenen Speicherklasse durch ein „M" gekennzeichnet. Beispiel:

```
// Stapel als Liste
TStackAsList

// Stapel als Liste indirekt
TIStackAsList

// Stapel als Liste mit eigener Speicherklasse
TMStackAsList

// dito, aber indirekt
TMIStackAsList
```

Vektor-Klassen kennen außerdem die Kennung „C“ (abgezählt). Abgezählte Vektor-Klassen sind direkt von den „nichtabgezählten“ Klassen abgeleitet, aber im Gegensatz zu den restlichen Vektoren in ihrer Größe veränderbar.

Die Kennung „S“ steht für sortierte Klassen. Sie existiert für die Array- Vektor- und Listen-Klassen. Die Sortierung hängt von den zu verwaltenden Objekten ab. Für diese Klassen muß dann der „<“-Operator der Objekte erklärt sein.

Die Reihenfolge der Klassifizierungssymbole lautet:

M,I,S,C

und ist daher recht gut zu merken.

3.2.4 Iteratoren

Zu jeder Container-Klasse existiert eine Iterator-Klasse. Die Iterator-Klasse liefert einen Zugriffsmechanismus der Objekte der Container-Klasse. Die Container-Klasse wird dann üblicherweise mit dem Operator „++“ durchwandert, der als Post-Inkrement sowie Prä-Inkrement implementiert wird.

Beispiel:

```
#include <classlib\arrays.h>

TArrayAsVector<double> a( 100, 0 );
TArrayAsVectorIterator<double> i( a );

int main()
{
   for ( int j=0; j<100; j++ )
   {
      double x = 10.0 / (j+1);
      a.AddAt( x, j );
   }
   for ( j=0; j<100; j++ ) cout << i++ << endl;

   return 0;
}
```

Einige Iterator-Klassen verfügen zusätzlich über den „--“-Operator (ebenfalls als Post- oder Prä-Dekrement), nämlich immer dann, wenn der Container in beide Richtungen durchlaufen werden kann (z.B. in einer doppelt verketteten Liste).

Da das Durchwandern des Containers die einzige Aufgabe des Iterators ist, besitzen alle Iterator-Klassen die gleichen Elementfunktionen. Dabei seien *C* die Container-Klasse und *CI* die Iterator-Klasse:

Konstruktor

```
CI<T>(const C<T>&);
```

Erzeugt einen Iterator der Klasse *C*.

Elementfunktionen

```
const T& Current()
```

Liefert das aktuelle Objekt zurück.

```
void Restart()
```

Diese Funktion setzt die interne Iterator-Position auf den Startwert, d.h. der Iterator ist nach diesem Aufruf in dem gleichen Zustand wie direkt nach seiner Erzeugung.

```
operator int()
```

Dieser Konvertierungsoperator liefert 1, falls noch Objekte „im Iterator sind", sonst 0.

Wir kommen nun zur Beschreibung der einzelnen Container-Klassen. Da die Elementfunktionen aller Container-Klassen im Prinzip ähnlich sind (siehe Abschnitt: „Gemeinsame Elementfunktionen"), werden nur die klassenspezifischen Funktionen und Elemente gelistet.

Destruktoren (wenn vorhanden) werden nicht weiter erwähnt, denn ihre Erklärung ist redundant.

3.2.5 Vektoren

Vektoren sind Container statischer Größe. Der verwendete Speicherbereich für die Objekte eines Vektors ist zusammenhängend. Wenn die Größe eines Vektors geändert werden soll, so muß ein neuer zusammenhängender Speicherbereich in der gewünschten Größe alloziert (angefordert) werden, bevor der vorherige Speicherbereich freigegeben werden kann.

Vektoren gehören zu den FDS (siehe oben) und bilden die Basis-Struktur für folgende abstrakte Klassen:

- Arrays
- Bags
- Queues
- Sets
- Stacks

Vektoren können natürlich auch direkt benutzt werden. Der Klassenname lautet *TVectorImp*, wobei folgende

Klassifizierungen zugelassen sind:

M, MC, C, MS, S, MI, I, MIC, IC, MIS, IS

Konstruktoren

```
TVectorImp();
```

Erzeugt einen leeren Vektor.

```
TVectorImp(unsigned Size,unsigned d=0);
```

Erzeugt einen Vektor der Größe Size.

Entgegen der Beschreibung von Borland werden die Elemente des Vektors, d.h. die Objekte weder mit 0 noch überhaupt irgendwie initialisiert, denn das ist einzig Angelegenheit des Objekts.

Der Parameter *d* wird nur von abgezählten Vektoren verwendet (Klassifizierung C) und gibt an, um viele Objekte ein Vektor bei Vergrößerung erhöht wird.

```
TVectorImp(const TVectorImp<T>& v);
```

Kopier-Konstruktor.

Geschützte Elemente

```
T* Data;
```

Eigentlicher Vektor vom Typ *T*. Wird vom Standard-Konstruktor auf 0 gesetzt.

```
unsigned Lim;
```

Größe des Vektors.

```
unsigned Delta;
```

Nur bei „C“-Vektoren! Siehe *TVectorImp(unsigned Size,unsigned d=0)*.

```
unsigned Count_;
```

Nur bei „C“-Vektoren! Anzahl der Objekte im Vektor. Dieser Wert kann durchaus kleiner als Lim sein.

Elementfunktionen

```
unsigned Limit() const;
```

Rückgabe von Lim.

```
virtual unsigned Top() const;
```

Liefert die Obergrenze eines Vektors, nämlich *Count_* bei „C“-Vektoren, sonst *Lim*.

```
virtual unsigned Count() const;
```

Liefert die Anzahl der Objekte eines Vektors, nämlich *Count_* bei „C“-Vektoren, sonst *Lim*.

```
int Resize(unsigned newSz,unsigned offset=0);
```

Diese Funktion wird eigentlich nur von den „C“-Vektoren verwendet (und ist auch nur dann wirksam), steht aber merkwürdigerweise allen Vektor-Klassen zur Verfügung. Sie ändert die Größe des Vektors auf *newSz*. Der Parameter offset bezeichnet die Position im neuen Vektor, die das erste Element des alten Vektors aufnehmen soll. Dies ist notwendig, wenn der Vektor nach unten erweitert werden soll.

Resize() liefert bei Erfolg 1, sonst 0.

```
virtual unsigned GetDelta() const;
```

Auch diese Funktion wird nur von „C“-Vektoren verwendet und liefert dann Delta und für alle anderen Vektoren stets 0.

Alle weiteren Funktionen dieser Klasse sind in der allgemeinen Funktionsbeschreibung der Container-Klassen gelistet.

3.2.6 Listen

Es gibt kaum ein größeres Programm, das nicht ohne einfach oder mehrfach verkettete Listen auskommt. Insbesondere unter Hochsprachen, die keine dynamischen Vektoren anbieten, sind Listen unentbehrlich.

Der Aufbau einer verketteten Liste ist in fast jedem Programmierhandbuch erläutert, wir verzichten deshalb darauf.

Einfach- und doppelt-verkettete Listen gehören zu den FDS und bilden die Basis-Struktur für folgende abstrakte

Klassen

- Queues (doppelte Liste)
- Stacks (einfache Liste)

Der Klassenname für einfache Listen lautet *TListImp* und der für doppelte Listen *TDoubleListImp*. Die folgenden Klassifizierungen sind für beide Familien zulässig:

M, MS, S, MI, I, MIS, IS

Objekte, die durch die Klassen *TListImp* und *TDoubleListImp* verwaltet werden, benötigen einen Standardkonstruktor, eine Kopiervorrichtung und den Vergleichsoperator == (bzw. < für sortierte Listen. Es wäre zu erwarten, daß die Objekte einen (bzw. zwei) Zeiger auf sich selbst besitzen müssen, damit überhaupt eine Liste gebildet werden kann. Diese Aufgabe wird jedoch durch Templates gelöst: Für einfache Listen wird die Hilfsklasse *TMListElement<T,Alloc>* und für doppelte Listen *TMDoubleListElement<T,Alloc>* erzeugt. Die Verwendung dieser Hilfsklassen findet intern statt, Sie brauchen sich also um die Objekte nicht zu kümmern.

Konstruktoren

```
TListImp();
```

Erzeugt eine leere einfach verkette Liste.

```
TDoubleListImp();
```

Erzeugt eine leere doppelt verkette Liste.

Geschützte Elemente

```
int ItemsInContainer;
```

Anzahl der Objekte in der Liste. Wird durch die Funktion *GetItemsInContainer()* zurückgeliefert (siehe: Gemeinsame Elementfunktionen).

Dieses Element ist vom Typ *int*, d.h. unter der 16Bit-Compilierung kann eine Liste höchstens 32767 Objekte enthalten.

```
TMListElement<T,Alloc> Head, Tail;
TMDoubleListElement<T,Alloc> Head, Tail;
```

Diese Elemente repräsentieren Anfang und Ende der Liste.

Elementfunktionen

```
const T& PeekHead() const;
T *PeekHead() const;  // indirekte Verwaltung
```

Liefert das erste Objekt aus der Liste, ohne es aus der Liste zu entfernen. Falls die Liste leer ist, wird eine Referenz (oder ein Zeiger) auf *Tail* zurückgeliefert.

```
const T& PeekTail() const;
T *PeekTail() const;  // indirekte Verwaltung
```

Nur für doppelte Listen! Liefert das letzte Objekt aus der Liste, ohne es aus der Liste zu entfernen. Falls die Liste leer ist, wird eine Referenz (oder ein Zeiger) auf *Head* zurückgeliefert.

```
int AddAtHead(const T& t);
int AddAtHead(T *t);  // indirekte Verwaltung
```

Diese Funktion existiert nur für unsortierte doppelte Listen und ist äquivalent mit *Add()* (siehe: Gemeinsame Elementfunktionen).

```
int AddAtTail(const T& t);
int AddAtTail(T *t);  // indirekte Verwaltung
```

Diese Funktion füllt die Liste am Ende auf und ist ebenfalls nur für unsortierte doppelte Listen verfügbar.

```
int DetachAtHead();
int DetachAtHead(int del=0);  // indirekte Verwaltung
int DetachAtTail();
int DetachAtTail(int del=0);  // indirekte Verwaltung
```

DetachAtHead() entfernt das erste und *DetachAtTail()* (nur für doppelte Listen) das letzte Element der Liste (siehe auch: Gemeinsame Elementfunktionen, *Detach*).

Geschützte Elementfunktionen

```
virtual TMListElement<T,Alloc> *FindPred(const T& t);
virtual TMDoubleListElement<T,Alloc> *FindPred(const T& t);
virtual TMListElement<TVoidPointer,Alloc>
        *FindPred(const TVoidPointer&);
virtual TMDoubleListElement<TVoidPointer,Alloc>
        *FindPred(const TVoidPointer&);
```

Diese Funktion findet, sofern *t* in der Liste ist, den Vorgänger von *t* und liefert einen Zeiger auf das zugehörige Listenobjekt zurück. *FindPred()* überprüft nicht, ob sich das Objekt t in der Liste befindet.

```
virtual TMListElement<T,Alloc> *FindDetach(const T& t);
virtual TMDoubleListElement<T,Alloc> *FindDetach(const T& t);
virtual TMListElement<TVoidPointer,Alloc>
        *FindDetach(const TVoidPointer&);
virtual TMDoubleListElement<TVoidPointer,Alloc>
        *FindDetach(const TVoidPointer&);
```

FindDetach() liefert wie *FindPred()* einen Zeiger auf den Vorgänger von *t* zurück, falls *t* in der Liste enthalten ist.

Entgegen der Beschreibung von Borland findet eine Prüfung nach Vorhandensein des Objekts *t* nicht unbedingt statt. Ist *FindDetach()* nicht äquivalent mit *FindPred()*, dann liefert *FindPred()* bei erfolgloser Suche nicht 0, sondern einen Zeiger auf *Tail*.

Es existieren noch weitere geschützte Elementfunktionen, wie z.B. *DoDetachAtTail()*, die aber keine Vorteile gegenüber den entsprechenden öffentlichen Elementfunktionen dieser Klasse bringen.

Alle weiteren Funktionen dieser Klasse sind in der allgemeinen Funktionsbeschreibung der Container-Klassen gelistet.

3.2.7 Hash-Tabellen

Die Borland Hash-Tabellen und Binärbäume sind für die Verwaltung größerer Container geeignet und kommen einer Tabellen-/Datenbank-Implementation recht nahe.

Der sog. Hash-Wert eines Datensatzes bildet die Ausgangslage der Hash-Tabelle. Der Hash-Wert liefert unmittelbar den Index des Datensatzes in der Tabelle, d.h. der Datensatz muß nicht gesucht werden, da seine Position bekannt ist.

Die Bildung des Hash-Wertes ist das eigentliche Problem, denn er soll möglichst eindeutig aus den vorhandenen Daten des Datensatzes gebildet werden können. Eine Kundendatenbank könnte z.B. Name, Vorname und Anschrift nehmen, um aus diesen Daten den Hash-Wert zu bilden. Diese Daten liegen in der Form von Zeichen vor, und wir wissen, daß ein Zeichen durch 8 Bits repräsentiert werden[14] . Name, Vorname und Anschrift von insgesamt 80 Zeichen würde einen Hash-Wert im Bereich 0 bis 2640 erzeugen (entspricht einer Zahl bis zu 193 Dezimalstellen), der eindeutig ist. Eine eindeutige Identifizierung durch den Hash-Wert würde aber implizieren, daß die Hash-Tabelle mindestens soviele Einträge besitzen müßte, wie verschiedene Hash-Werte möglich wären. Glücklicherweise wird die Eindeutigkeit von Hash-Werten überhaupt nicht verlangt, sondern ist allenfalls wünschenswert. Überdies kann die Bildung eines Hash-Wertes geschickter angestellt werden (siehe Beispiel).

Die Borland Hash-Tabellen bestehen aus einem Vektor, deren Einträge Zeiger auf einfach verkettete Listen sind. In dieser Liste werden dann die Datensätze mit identischem Hash-Wert gespeichert. Die Elementfunktion *Add*() der Hash-Tabelle verdeutlich die Funktionsweise:

```
template <class T,class Alloc>
int TMHashTableImp<T,Alloc>::Add( const T& t )
{
   unsigned index = GetHashValue(t);
   TMListImp<T,Alloc> *list = Table[index];
   if( list == 0 )
   {
      list = Table[index] = new(*this)TMListImp<T,Alloc>;
   }
   if( list == 0 ) return 0;
   else
   {
      list->Add(t);
      ItemsInContainer++;
      return 1;
   }
}
```

14 Werden sog. „wide-char“ Zeichensätze verwendet (z.B. unter Windows NT), dann wird ein Zeichen durch 16 Bits repräsentiert.

Diese Implementation einer Hash-Tabelle bietet (auch wenn etwas zweckentfremdet) eine Basis zur Gestaltung relationaler Datenbanken:

In einer Kunden-Datenbank z.B. würde jeder Kunde eine eindeutige Kundennummer zugeordnet bekommen. Bestehende Aufträge, Rechnungen etc. sind in der Regel pro Kunde quantitativ völlig verschieden, besitzen aber als Gemeinsamkeit und Unterscheidungkriterium die Kundennummer, die durch den Hash-Wert repräsentiert wird.

Für Hash-Tabellen existieren nur die Klassifizierungen

- I, M, MI

Hash-Tabellen bilden die FDS für die Klasse

- TDictionaryAsHashTable

Objekte, die durch Hash-Tabellen verwaltet werden sollen, müssen die Elementfunktion

```
unsigned HashValue() const;
```

besitzen, die einen Wert zur Identifizierung der Objekte (z.B. eine Kundennummer) zurückliefern sollte. Um Mehrdeutigkeiten zu vermeiden (siehe Konstruktor), sollte der Rückgabewert < *size* sein, also nicht größer als die maximale Anzahl der verketteten Listen in der Tabelle.

Konstruktor

```
THashTableImp(unsigned size=DEFAULT_HASH_TABLE_SIZE);
```

Erzeugt eine Hash-Tabelle mit size Einträgen. Die Konstante DEFAULT_HASH_TABLE_SIZE beträgt 111.

Der Konstruktor erzeugt den Vektor *Table* (siehe unten). Dieser Vektor wird niemals erweitert, da die Klasse *THashTableImp* die private Elementfunktion *GetHashValue()* zur Erzeugung der Indexwerte aufruft, die durch

```
unsigned GetHashValue(const T& t) const
{
   return HashValue(t) % TableSize();
}
```

implementiert ist und somit stets einen Index < *size* liefert.

Öffentliche Elementfunktionen

Für Hash-Tabellen existieren keine besonderen Elementfunktionen. Die vorhandenen Elementfunktionen sind im Abschnitt „Gemeinsame Elementfunktionen" beschrieben.

3.2.8 Binäre Bäume

Sortierte Vektoren können schneller als Listen nach bestimmten Datensätzen durchsucht werden, Listen hingegen können leichter als Vektoren erweitert werden. Binäre Bäume vereinigen die Vorzüge von Listen und Vektoren.

Über binäre (und *n*-äre) Bäume gibt es mehrer Bände an Literatur (siehe z.B. Knuth oder Sedgewick). Es kann nicht das Ziel des Buches sein, auf binäre Bäume detailliert einzugehen. Glücklicherweise wird dem Programmierer die Leistung binärer Bäume zur Verfügung gestellt, ohne daß dieser profunde Kenntnisse über die innere Struktur der Bäume haben muß.

Für die Klasse *TBinarySearchTreeImp* existiert nur der Modifizierer I. Ferner existiert für diese Klasse nur der Standardkonstruktor, der einen leeren Binärbaum erzeugt.

Geschützte Elementfunktionen

```
virtual int EqualTo(BinNode *n1,BinNode *n2);
```

Prüft die Gleichheit zweier sog. Knoten. Liefert 1 bei Erfolg, sonst 0.

```
virtual int LessThan(BinNode *n1,BinNode *n2);
```

Überprüft, ob Knoten *n*1 kleiner ist als Knoten *n*2. Liefert 1 bei Erfolg, sonst 0.

```
virtual void DeleteNode(BinNode *node,int del);
```

Löscht den Knoten *node*. Der zweite Parameter gibt den Besitzerstatus an und wird nur bei der Klasse *TIBinarySearchTreeImp* berücksichtigt.

Alle drei virtuelle Funktionen verwenden Zeiger auf Instanzen der Klasse *TBinarySearchTreeImp::BinNode*, die die Basis der Template-Klasse *TBinaryNodeImp<T>* ist. Um auf die Template-Klasse zu casten, sollte das Makro STATIC_CAST verwendet werden. Für besondere Ableitungen steht das geschützte Datenelement

```
BinNode *Root;
```

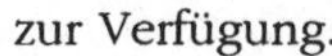
zur Verfügung.

Die Benutzung binärer Bäume, d.h. der Iteratoren führt zum Absturz des Programms oder sogar zum Systemabsturz unter DOS! Dieser Fehler kann merkwürdigerweise vermieden werden, wenn das Modul BINIMP.CPP direkt in das Projekt eingebunden wird.

3.2.9 Arrays

Arrays gehören zu den ADS und sind durch Vektoren implementiert.

Die wesentlichen Eigenschaften von Arrays sind:

- Durch den überladenen Operator `[]` wird diesem Container die Funktionalität von C/C++ - Arrays vermittelt.
- Die untere Array-Grenze muß nicht 0 sein. Das erspart u.U. lästige Indextransformationen.
- Arrays können nach oben und sogar nach unten erweitert werden

Der Klassenname ist *TArrayAsVector*, wobei folgende Klassifizierungen zugelassen sind:

M, I, S, IS, MI, MS, MIS

Ebenfalls zugelassen sind die Kurzformen:

- TArray, TSArray

sowie die Iteratorklassen

- TArrayIterator, TSArrayIterator

Konstruktoren

```
TArrayAsVector(int upper,int lower=0,int delta=0);
```

Erzeugt ein Array in den Grenzen von *lower* bis einschließlich *upper*. Wird *delta*>0 angegeben, so kann das Array erweitert werden.

Selbstverständlich muß *lower<=upper* gelten!

Es gibt keine leeren Einträge in einem Array, denn der Konstruktor ruft den Standardkonstruktor des Objekts auf!

Öffentliche Elemente

```
Vect Data;
```

Eigentliches Array für Objekte des Typs *T.* Der Typ *Vect* ist ein Template-Parameter. Er repräsentiert die zugrundeliegende Vektor-Klasse.

Das Element *Data* enthält auch die Informationen über Größe und Delta-Wert des Arrays.

```
int Lowerbound;
```

Untere Grenze des Arrays.

Elementfunktionen

```
int AddAt(const T& t,int loc);
int AddAt(T* t,int loc);  // Indirekte Verwaltung
```

Diese Funktion fügt das Objekt unter Aufruf von *Data.AddAt()* das Objekt *t* dem Array zu.

```
int LowerBound() const;
```

Rückgabe von *Lowerbound.*

```
int UpperBound() const;
```

Liefert die Obergrenze des Arrays. Dieser Wert ist nur dann gleich der Größe des Vektors, wenn Lowerbound==0 gilt.

```
unsigned ArraySize() const;
```

Liefert die Größe des Vektors Data, d.h. die Anzahl der Objekte, die in diesem Array ohne Größenanpassung Platz finden.

Es gilt

```
ArraySize() == UpperBound() - LowerBound() + 1
```

Die folgenden Elementfunktionen sollen laut Borland geschützt sein, doch nach dem Inhalt der Datei CLASSLIB\ARRAYS.H sind diese Funktionen öffentlich, was aufgrund der Wirksamkeit dieser Funktionen nicht sein sollte.

```
void Reallocate(unsigned sz,unsigned offset=0);
```

Diese Funktion ruft

```
Data.Resize( sz, offset );
```

auf und ändert somit die Größe des Arrays (siehe: Vektoren, *Resize*).

```
void SetData(int loc,const T& t);
```

Füllt das Array mit *t* an der Indexposition *loc*.

SetData() steht auch sortierten Arrays zur Verfügung und ermöglicht deshalb ein Chaos bzgl. der Sortierung. Daher:

Nur mit Vorsicht anwenden!

```
void RemoveEntry(int loc);
```

Entfernt den Eintrag an der Indexposition *loc*.

Diese Funktion ruft *Data.Detach*() auf, ohne Angabe des Besitzerstatus des Objekts. Bei Arrays mit indirekter Verwaltung der Objekte wird das betreffende Objekt selbst nicht gelöscht (siehe auch: Gemeinsame Elementfunktionen *Detach*).

```
void SqueezeEntry(unsigned loc);
```

Wie *RemoveEntry*(), aber die Indexposition bezieht sich nicht auf die Arraygrenzen, sondern direkt auf den Vektor *Data*.

```
unsigned ZeroBase(int loc) const;
```

Indextransformation für Arrays mit *Lowerbound*<>0. Die Funktion konvertiert den Arrayindex in den Vektorindex.

```
int BoundBase(unsigned loc) const;
```

Umkehrung von *ZeroBase*(). Transformiert den Vektorindex *loc* in den Arrayindex.

```
void Grow(int loc);
```

Das Array ggf. wird so erweitert, daß *loc* stets ein gültiger Arrayindex ist.

Das Array wird nicht erweitert, wenn *delta* (siehe Konstruktor) 0 ist.

Geschützte Elementfunktionen

Die einzige geschützte Elementfunktion von Array-Klassen ist

```
const T& ItemAt(int loc) const;
const T*& ItemAt(int loc) const;  // Indirekte Verwaltung
```

und liefert eine Referenz auf das Objekt (bzw. eine Referenz auf den Zeiger des Objekts) an der Indexposition *loc*.

Operatoren

```
T& operator [](int loc);
T*& operator [](int loc);  // indirekte Verwaltung
```

Dieser Operator liefert eine Referenz auf das Objekt (bzw. eine Referenz auf den Zeiger des Objekts) an der Indexposition *loc*. Diese Operator-Funktion ruft *Grow()* auf, d.h. es ist stets garantiert (sofern *delta*<>0 ist), daß ein gültiges Objekt referenziert wird. Der Rückgabewert ist ein *L*-Wert.

```
T& operator [](int loc) const;
T*& operator [](int loc) const;  // indirekte Verwaltung
```

Read-Only-Version des `[]`-Operators (kein L-Wert). Führt einen Bereichscheck aus, statt das Array ggf. zu erweitern

Auch hier steckt ein schwerer Design-Fehler in der Array-Implementierung: Der nichtkonstante `[]`-Operator existiert unglücklicherweise auch für sortierte Arrays und z.B. das Programm

```
#include <iostream.h>
#include <classlib\arrays.h>

int main()
{
   TSArrayAsVector<double> A( 100 );

   A[3] = 3.14 ;

   cerr << A[3] << endl;    // liefert 3.14

   return 0;
}
```

läßt sich problemlos übersetzen.

3.2.10 Bags

Die Containerklasse *TBagAsVector* (und Verwandte) liefert eine sehr simple Abstrahierung von Vektoren. Ein Bag (Beutel) dient zur bloßen Aufnahme Objekte. Es existieren für Beutel keine speziellen

Zugriffsfunktionen, d.h. Objekte können nur durch Iteratoren oder der Elementfunktion *ForEach()* (siehe: Gemeinsame Elementfunktionen) ausgelesen werden.

Bags gehören zu den ADS und sind durch Vektoren implementiert. Der Klassenname ist *TBagAsVector*, wobei folgende Klassifizierungen möglich sind:

M, I, MI

Die Kurzformen:

- TBag, TBagIterator

sind zugelassen.

Konstruktoren

```
TBagAsVector(unsigned sz=DEFAULT_BAG_SIZE);
```

Erzeugt einen Beutel der Größe *sz*. Die Konstante DEFAULT_BAG_SIZE ist aus irgendeinem Grund in der Datei RESOURCE.H durch

```
const DEFAULT_BAG_SIZE = 29;
```

definiert.

Der Konstruktor legt ein Vektor mit der entsprechenden Größe an und verwendet dafür einen Delta-Wert von 1. Bags werden also automatisch erweitert, wenn *sz* überschritten wird (siehe auch: Vektoren).

Geschützte Elemente

```
Vect Data;
```

Eigentliches Bag für Objekte des Typs *T*. Der Typ *Vect* ist ein Template-Parameter. Er repräsentiert die zugrundeliegende Vektor-Klasse.

Für Bags existieren keine besonderen Elementfunktionen. Die vorhandenen Elementfunktionen sind im Abschnitt: „Gemeinsame Elementfunktionen" beschrieben.

3.2.11 Sets

Sets (Mengen) sind direkt von Bags abgeleitet. Der einzige Unterschied zwischen Sets und Bags ist, daß Sets keine Objekte mehrfach enthalten können.

Konstruktoren

```
TSetAsVector(unsigned sz=DEFAULT_SET_SIZE);
```

Erzeugt eine Menge der Größe *sz.* Die Konstante DEFAULT_SET_SIZE ist (wie nicht anders zu erwarten) ebenfalls in der Datei RESOURCE.H durch

```
const DEFAULT_BAG_SIZE = 29;
```

definiert.

Für weitere Details siehe: Bags

3.2.12 Stacks

Stack-Klassen gehören zu den ADS und können sowohl als Listen als auch als Vektoren implementiert werden. Mögliche Klassennamen sind *TStackAsVector* oder *TStackAsList.* Für *TStackAsVector* kann auch *TStack* geschrieben werden.

Klassifizierungen:

M, I, MI

Konstruktoren

```
TStackAsVector(unsigned max = DEFAULT_STACK_SIZE);
```

Erzeugt einen durch Vektoren implementierten Stapel mit *max* Zellen. Die Konstante DEFAULT_STACK_SIZE ist in der Datei RESOURCE.H durch

```
const DEFAULT_STACK_SIZE = 20;
```

definiert.

Der Konstruktor

```
TStackAsList();
```

erzeugt einen durch eine einfache Liste implementierten Stapel.

Elementfunktionen

```
void Push(const T& t);
void Push(T *t);   // indirekte Version
```

Legt das Objekt *t* auf dem Stapel ab.

Ist die Stack-Klasse als Vektor implementiert, dann kann durch *Push()* ein „Überlauf" erzeugt werden.

```
T Pop();
T* Pop();   // indirekte Version
```

Nimmt ein Objekt vom Stapel.

```
T Top();
T* const& Top();   // indirekte Version
```

Wie *Pop()* entfernt das Objekt aber nicht vom Stapel.

Objekte der Klasse *TStackAsVector* bilden Stacks statischer Größe, während Stapel, die als Instanzen der Klasse *TStackAsList* erzeugt wurden, eine unbestimmte (dynamische) Größe besitzen. Die Methoden der Vektor-Stapel sind etwas schneller, aber die Methoden der Listen-Stapel dafür vielseitiger.

3.2.13 Queues

Queues arbeiten im Gegensatz zu Stacks nach dem FIFO-Prinzip (First In, First Out). Das bedeutet, daß Objekte an der „linken" Seite eingefügt und von der „rechten" Seite entfernt werden.

Die Borland Klassen-Bibliothek verfügt auch über doppelte Queues. Diese ermöglichen Einfügen und Entfernen von Objekten in beide Richtungen, also wahlweise FIFO oder FILO.

Wie für Stacks existieren für Queue-Klassen zwei verschiedene Implementationen:

- TQueueAsVector (oder TQueue)
- TQueueAsDoubleList

Doppelte Queues:

- TDequeAsVector (oder TDeque)
- TDequeAsDoubleList

Erlaubte Klassifizierungen sind

- M, I, MI

Konstruktoren

```
TQueueAsVector(unsigned sz = DEFAULT_QUEUE_SIZE);
TQueueAsDoubleList();
TDequeAsVector(unsigned sz = DEFAULT_QUEUE_SIZE);
TDequeAsDoubleList();
```

DEFAULT_QUEUE_SIZE ist in RESOURCE.H durch

```
const DEFAULT_QUEUE_SIZE = 20;
```

definiert.

Elementfunktionen

Für einfache Queues existieren:

```
T Get();
T* Get();  // indirekte Version
```

Lesen und Entfernen eines Objekts aus dem Queue.

```
void Put(const T& t);
void Put(T* t);  // indirekte Version
```

Zufügen des Objekts *t*.

```
const T& Peek();
T* Peek() const;  // indirekte Version
```

Lesen eines Objekts, ohne es aus dem Queue zu entfernen.

Die Elementfunktionen doppelter Queues beziehen sich zusätzlich auf die „Richtung". Es sind

```
T GetLeft();
T GetRight();
void PutLeft(const T&);
void PutRight(const T&);
const T& PeekLeft() const;
const T& PeekRight() const;
```

für direkte und

```
T *GetLeft();
T *GetRight();
void PutLeft(T *t);
void PutRight(T *t);
T *PeekLeft() const;
T *PeekRight() const;
```

für indirekte TDeque-Klassen.

3.2.14 Gemeinsame Elementfunktionen

Die nun folgenden Funktionen existieren für fast alle Borland Container-Klassen. Sie sind zwar nicht gemeinsam im Sinne der objekt-orientierten Hierarchie, aber durchaus gemeinsam in der Funktionsweise.

Add

Syntax:

```
int Add(const T& t);    // direkte Verwaltung
int Add(T *t);          // indirekte Verwaltung
```

Beschreibung:

Fügt das Objekt *t* dem Container hinzu. Der Rückgabewert ist 1, falls das Hinzufügen erfolgreich war, sonst 0.

Verfügbarkeit:

TArrayAsVector, TBagAsVector, TCVectorImp, TDictionaryAsHashTable, TDoubleListImp, THashTableImp, TListImp, TSetAsVector

Für Stacks steht die Elementfunktion *Push()* zur Verfügung, Queues verwenden *Put()* bzw. *PutLeft()* oder *PutRight()*.

Detach

Syntax:

```
int Detach(const T& t);   // direkte Verwaltung
int Detach(unsigned loc); // direkt und positionsbezogen
int Detach(const T *t,int del=0);
                          // indirekt
int Detach(unsigned loc,int del=0);
                          // indirekt und positionsbezogen
```

Beschreibung:

Entfernt das Objekt *t* oder das Objekt an der Position *loc* aus dem Container. Der Rückgabewert ist 1, falls das Entfernen erfolgreich war, sonst 0.

Verfügbarkeit:

TArrayAsVector, TBagAsVector, TCVectorImp, TDictionaryAsHashTable, TDoubleListImp, THashTableImp, TListImp, TSetAsVector

Stacks verwenden die Elementfunktion *Pop()* und Queues die Funktionen *Get()* bzw. *GetLeft()* oder *GetRight()*, um Elemente aus dem Container zu entfernen.

Die *Detach()*-Versionen von indirekten Containern fordern als zweiten Parameter den Besitzerstatus des Objekts an. Per Default wird das Objekt selbst nicht gelöscht. Damit *Detach()* das Objekt selbst löschen kann, muß 1 oder 2 übergeben werden, oder besser:

```
TShouldDelete::DefDelete
```

oder auch

```
TShouldDelete::Delete
```

Flush

Syntax:

```
void Flush();               // direkte Verwaltung
void Flush(int del=0);      // indirekt
```

Beschreibung:

Entfernt alle Objekte aus dem Container.

Verfügbarkeit:

Flush() steht jeder Borland Container-Klasse zur Verfügung.

Die *Flush()*-Versionen von indirekten Containern fordern als Parameter den Besitzerstatus der Objekte an. Per Default werden die Objekte zwar aus dem Container entfernt, aber selbst nicht gelöscht. Siehe auch *Detach()*.

IsEmpty

Syntax:

```
int IsEmpty() const;
```

Beschreibung:

Gibt 1 zurück, falls der Container leer ist, sonst 0.

Verfügbarkeit:

IsEmpty() steht jeder Borland Container-Klasse zur Verfügung.

IsFull

Syntax:

```
int IsFull() const;
```

Beschreibung:

Gibt 1 zurück, falls der Container keine Objekte mehr aufnehmen kann, sonst 0.

Verfügbarkeit:

IsFull() existiert nicht für Listen und Hash-Tabellen, sonst jedoch für alle anderen Borland Container-Klassen.

FirstThat

Syntax:

```
T *FirstThat(CondFunc f,void *args) const;
```

Beschreibung:

Diese Funktion durchsucht den Container und liefert einen Zeiger auf das erste Objekt, für das die Bedingung gegeben durch die Funktion *f* zutrifft oder 0, falls kein Objekt der Bedingung genügt. Die Funktion *f* muß vom Typ

```
typedef int (*CondFunc)(const T &, void *);
```

sein. Bei erfüllter Bedingung muß f den Wert 1 zurückliefern, sonst 0.

Über den Parameter *args* können der Bedingungsfunktion *f* Parameter übermittelt werden.

Verfügbarkeit:

FirstThat() existiert nicht für Hash-Tabellen, sonst jedoch für alle anderen Borland Container-Klassen.

LastThat

Syntax:

```
T *LastThat(CondFunc f,void *args) const;
```

Beschreibung:

Wie *FirstThat*(), nur das der Container in entgegengesetzter Richtung durchlaufen wird.

Verfügbarkeit:

Wie bei *FirstThat*(), auch für Klassen, die nur in einer Richtung durchlaufen werden können.

ForEach

Syntax:

```
void ForEach(IterFunc f,void *args);
```

Beschreibung:

ForEach() durchläuft den gesamten Container und führt für jedes Objekt die Funktion *f*() aus, die vom Typ

```
typedef void (*IterFunc)(T&,void *);
```

sein muß.

Mit *args* können Argumente an die Iterations-Funktion übergeben werden.

Verfügbarkeit:

Wie bei *FirstThat*().

Die Elementfunktionen *FirstThat*(), *LastThat*() und *ForEach*() ersparen zwar dem Programmierer die Implementation einer Iteratorklasse, sollten aber dennoch vermieden werden, da bei Argumentenübergabe Casting benötigt wird. Casten von Parametern verhindert eine Typenkontrolle durch den Compiler.

GetItemsIn Container

Syntax:

```
unsigned GetItemsInContainer() const
```

Beschreibung:

Liefert die Anzahl der Objekte eines Containers.

Verfügbarkeit:

GetItemsInContainer() steht jeder Borland Container-Klasse (außer Vektoren) zur Verfügung.

Find

Syntax:

```
int Find(const T& t) const;  // Arrays und Vektoren
T *Find(const T& t) const;
const T *Find(const T& t) const;
```

Beschreibung:

Find() für Arrays und Vektoren liefert bei Erfolg die Indexposition des gesuchten Objekts zurück oder UINT_MAX, falls die Suche erfolglos war.

In den anderen Implementationen liefert *Find()* einen Zeiger auf das gefundene Objekt oder 0 zurück.

Verfügbarkeit:

TArrayAsVector, TBagAsVector, TBinarySearchTreeImp, TDictionaryAsHashTable, THashTableImp, TListImp, TDoubleListImp, TSetAsVector, TVectorImp

Irrtümlicherweise wurde die Funktion *Find()* in der Online-Hilfe als *protected* deklariert beschrieben. Sie ist natürlich *public.*

HasMember

Syntax:

```
int HasMember(const T& t) const;
```

Beschreibung:

HasMember() liefert 1 zurück, falls der Container das Objekt *t* enthält, sonst 0.

Verfügbarkeit:

TArrayAsVector, TBagAsVector, TSetAsVector

4 Die OWL 2.0

Die OWL 2.0 von Borland ist eine C++ Klassenbibliothek, die dem Programmierer den Umgang mit Windows erleichtern soll. Windows ist eine sog. „ereignisorientierte" Benutzeroberfläche und wer schon einmal Windows-Anwendungen in reinem C geschrieben hat, wird die Leistungen der OWL 2.0 nicht missen.

Während die OWL 1.0 (mitgeliefert bei Borland C++ 3.x) praktisch nur Klassen zur Fenster-Verwaltung inklusive sog. Kontrollelemente bereitstellt, bietet die OWL 2.0 Klassen, die fast die gesamte Windows-Programmierung kapseln, und sie weist zusätzlich noch folgende Merkmale auf:

- Portabilität zwischen 16- und 32Bit ohne Quelltextänderungen
- Mauspaletten und Statuszeilen
- Architektur für Dokumente und Ansichten
- Möglichkeiten für Druck und Druckvoranzeige
- Exception-Behandlung
- Unterstützung für Threads (nur unter NT)
- Erweiterte Unterstützung von BWCC sowie MS-3D-Dialoge
- Unterstützung von VBX (Visual Basic Controls) (nur 16Bit)
- Erhöhte Portabilität

Im Gegensatz zur OWL 1.0 verwendet die OWL 2.0 keine eigentümlichen Compiler-Eigenschaften von Borland[15] und ist somit leichter auf andere Zielsysteme übertragbar.

Hinweis: Dieses Buch ist kein Lehrbuch über die OWL 2.0. Dieses Kapitel beschreibt die OWL 2.0 nur in dem Ausmaß, wie die mitgelieferten Beispiele die OWL 2.0 nutzen.

---

15 BC 3.x erlaubt sog. „Virtual Dynamik Dispatch Tables" (VDDT). Durch VDDT kann einer virtuellen Elementfunktion ein Index zugeordnet werden. Dieser Index repräsentiert eine Windows-Botschaft und die virtuelle Funktion wird somit dann aufgerufen, wenn die entsprechende Botschaft eintrifft.

4.1 Grundlagen

In diesem Kapitel werden die grundlegenden Windows-Mechanismen diskutiert, die von der OWL 2.0 abgedeckt werden. Insbesondere wird auf Unterschiede zur OWL 1.0 eingegangen.

4.1.1 Applikations-Objekte

Die denkbar kürzeste OWL-Anwendung ist:

```
#include <owl\owlpch.h>
#include <owl\applicat.h>

int OwlMain(int /*argc*/, char* /*argv*/ [])
{
  return TApplication().Run();
}
```

Dieses Programm öffnet ein Fenster, daß bis auf ein Symbol und ein System-Menu nichts enthält. Die Anwendung wird durch ein Objekt der Klasse *TApplication* repräsentiert. Damit eine Anwendung etwas tun kann, muß das Verhalten des *TApplication*-Objekts angepaßt werden. Dies ist die fundamentale Aufgabe des Programmierens mit der OWL 2.0.

Die Klasse *TApplication* bildet die Basis-Klasse für eigene Anwendungen. Die wichtigsten Elementfunktionen dieser Klasse werden kaum direkt aufgerufen, sondern überschrieben, um die Anwendung den gewünschten Erfordernissen anzupassen.

Für die Initialisierung der Anwendung ist nicht der Konstruktor, sondern die virtuelle Funktion

```
virtual void InitApplication();
```

verantwortlich. Wenn diese Funktion aufgerufen wird, existiert noch kein Hauptfenster, aber ein Handle auf das Modul, so daß der Zugriff auf die Ressourcen des Programms möglich ist.

Die Funktion

```
virtual void InitInstance();
```

ist der Funktion *InitApplication()* sehr ähnlich, aber sie wird für jede Instanz des Programms einmal aufgerufen, während *InitApplication()* nur von der ersten Instanz aufgerufen wird.

Die Funktion

```
virtual void InitMainWindow();
```

ist für die Erzeugung des Hauptfensters der Anwendung verantwortlich. Wenn das OWL-Programm mehr leisten soll, als ein Fenster mit gegebenem Titel anzuzeigen, muß diese Funktion zur Erzeugung eines eigenen Fenster-Objekts überschrieben werden.

Wenn diese Funktion aufgerufen wurde, existiert zwar ein Fenster-Objekt in Form eines C++-Objektes, aber noch kein gültiges Windows Fenster-Handle, d.h. die Anwendung kann das Fenster noch nicht benutzen.

Die Funktion, die aufgerufen wird, wenn das Hauptfenster der Anwendung steht, d.h. wenn es (falls nicht anders vorgegeben) sichtbar ist, ist die Funktion

```
virtual BOOL IdleAction(long idleCount);
```

Sie ist eigentlich für eventuelle Hintergrundverarbeitungen vorgesehen, aber sie ist die einzige, die sich zur Initialisierung der Anwendung eignet, wenn der Initialisierungsvorgang im Hauptfenster angezeigt werden soll.

Zu *InitInstance*() existiert als Gegenstück (und im Gegensatz zur OWL 1.0) die Funktion

```
virtual int TermInstance(int status);
```

die für spezielle Aufräumarbeiten überschrieben werden kann.

Der Operator *HINSTANCE*() der Basisklasse *TModule* ermöglicht, daß ein Objekt der Klasse TApplication direkt in den Windows-Typ *HINSTANCE* gewandelt werden kann.

WinMain und OwlMain

Kaum hat man sich daran gewöhnt, daß die Einsprungsfunktion eines Windows-Programms nicht mehr *main*(), sondern

```
int PASCAL WinMain(HINSTANCE hInstance,
    HINSTANCE hPrevInstance,LPSTR lpszCmdLine,int nCmdShow)
```

ist, da kommt Borland mit

```
OwlMain(int argc,char *argv[])
```

an und man ist dort angelangt, wo man eigentlich hergekommen ist. „Nostalgische“ Windows-Programmierer können aber weiterhin *WinMain*() mittels des Konstruktors

```
TApplication (const char      *name,
              HINSTANCE       instance,
              HINSTANCE       prevInstance,
              const char      *cmdLine,
              int             cmdShow)
```

verwenden.

Die am häufigsten verwendete Elementfunktion der Klasse *TApplication* ist

```
TFrameWindow* GetMainWindow();
```

Sie besitzt keine Parameter (irrtümlich in der Online-Hilfe angegeben) und liefert einen Zeiger auf das Hauptfenster der Anwendung zurück. Der Typ *TFrameWindow* führt unmittelbar zur Fenster-Behandlung der OWL 2.0.

4.1.2 Das Fenster-Konzept der OWL 2.0

Die OWL 2.0 unterscheidet im Gegensatz zur OWL 1.0 und auch im Gegensatz zu Windows selbst zwischen Rahmen-Fenster und Klient-Fenster.

- Rahmen-Fenster

Das Rahmen-Fenster ist für die Verwaltung von Titel, Menus, Statuszeilen und Mauspaletten verantwortlich, also für die Mechanismen, die auch visuell vom Rahmen abhängig sind. Der Rahmen ist außerdem Empfänger für Windows-Botschaften, die nicht durch Kind-Fenster an das Fenster geschickt werden.

Rahmen werden durch Objekte der Klasse *TFrameWindow* oder Derivaten dargestellt.

- Klient-Fenster

Ein Klient beherbergt den Inhalt des Fensters. Zum Inhalt gehören GDI und Kind-Fenster. Ein Klient empfängt daher die Botschaften, die von den Kind-Fenstern, also z.B. von Kontrollelementen gesendet werden.

Klient-Fenster werden durch Objekte der Klasse *TWindow* oder von deren Ableitungen repräsentiert.

Kontrollelemente, Gadget-Fenster und modale Dialog-Fenster sind von dem Rahmen-Klient-Konzept nicht betroffen. Dieses Konzept trifft also nur auf Hauptfenster und MDI-Kind-Fenster zu.

Besteht das Rahmen-Klient-Konzept, dann müssen Rahmen- und Klient-Fenster stets im Zusammenhang erzeugt werden, d.h. zu jedem Rahmen-Objekt muß ein Klient-Objekt erstellt werden. Der Klient wird zuerst erzeugt und geht als Parameter in den zugehörigen Rahmen über, z.B.:

```
new TFrameWindow( 0, "Test Program", new TWindow );
```

Es stellt sich die Frage, welche Vorteile dieses Rahmen-Klient-Konzept für die Praxis bringt, zumal eine solche Trennung noch nicht einmal von Windows selbst unterstützt wird.

Borland sieht mit diesem Konzept eine Aufgabentrennung vor. Das kreieren von abgeleiteten Klassen hängt nun noch mehr von den Anforderungen an das Programm ab. Da Windows-Botschaften, die an das Hauptfenster gerichtet sind, direkt an das Applikations-Objekt weitergeleitet werden, brauchen viele Anwendungen nur die Klasse *TApplication* abzuleiten. Menus, Icons und andere Ressourcen können über Elementfunktionen an das Rahmen-Objekt übergeben werden, so daß eine Ableitung der Rahmen-Klasse nicht unbedingt nötig ist. Wenn nur die Klient-Eigenschaften geändert werden sollen, dann kann die Rahmen-Klient-Verbindung z.B. mit

```
new TFrameWindow( 0, "Test Program", new TMyWindow );
```

erstellt werden.

Die Praxis zeigt allerdings, daß das Ableiten der Rahmen- und Klient-Klassen schon für kleine Anwendungen unumgänglich ist, z.B. um ein gewisses Standardverhalten zu verändern. Dadurch werden leider die Vorteile des Rahmen- und Klient-Konzepts weitgehend kompensiert. Die Nachteile sind:

- Zu jedem Fenster müssen zwei C++ Objekte verwaltet werden. Eine künstliche Beziehung muß durch Friends geschaffen werden. Das Rahmen-Objekt muß auf das Klient-Objekt zeigen können und umgekehrt.
- Oftmals ist es unklar, ob eine Aktion durch den Rahmen oder durch den Klient durchgeführt werden muß. Welche Botschaften werden vom Rahmen und welche vom Klient empfangen? Manchmal hilft nur die „Try and Error"-Methode.

4.1.3 Fenster-Objekte

Alles ist ein Fenster, d.h. jeder Schalter, jedes Eingabefeld und jeder Rollbalken ist nicht nur im Sinne der OWL 2.0 ein Fenster. Windows unterscheidet (in Voraussicht auf OOP) die verschiedenen Fenster-Typen durch Klassen, die aber mit C++ erstmal gar nichts zutun haben.

Mit der Fenster-Klasse (im Sinne von Windows) ist die sog. Fenster-Prozedur verbunden, die nicht nur in C++ „überschrieben" werden muß, wenn eine neue Fenster-Klasse erstellt werden soll. Die Fenster-Prozedur muß auf eingehende Botschaften reagieren. Diese Botschaften abzufangen, ist die eigentliche Aufgabe der Windows-Programmierung, wenn man auf eine Klassenbibliothek wie die OWL verzichten will.

Unter der OWL-Programmierung geschieht eigentlich nichts anderes. Der wesentliche Unterschied zur „normalen" Programmierung besteht in der Tatsache, daß für gewisse Standard-Aktionen (z.B. Beantwortung der WM_CREATE-Meldung) virtuelle Funktionen bereitgestellt werden, wodurch die Wartung des Programms erheblich erleichert wird.

Fenster-Objekte besitzen eine unbestimmte Lebensdauer, denn der User bestimmt, wann ein Fenster geschlossen wird.

Aus diesem Grund müssen alle Objekte, die von der Klasse *TWindow* oder von abgeleiteten Klassen gebildet werden (bis auf modale Dialog-Fenster) dynamisch, also mit dem Operator *new* erzeugt werden. Das Fenster-Management der OWL 2.0 entfernt diese Objekte selbständig, d.h. Fenster-Objekte dürfen nie mit *delete* entfernt werden.

Soll ein Fenster statt durch den User durch die Anwendung selbst entfernt werden, muß eine entsprechende Botschaft (z.B. WM_CLOSE) an das Fenster geschickt werden, oder es muß eine zugehörige Elementfunktion (z.B. *CloseWindow*) aufgerufen werden.

Diese Hinweise sind insbesondere deshalb wichtig, da die Online-Hilfe hierzu sehr mißverständliche Angaben macht.

Fenster-Objekte benötigen dank des Rahmen-Klient-Konzepts zwei OWL Objekte. Soll eine neue Klient-Klasse erstellt werden, verwendet man als Basis üblicherweise die Klasse *TWindow*. Diese Klasse entspricht in etwa der Klasse *TWindowsObject* der OWL 1.0, aber mit dem Unterschied, daß die Klasse *TWindow* der OWL 2.0 instanzierbar ist.

Die Klasse *TWindow* besitzt zwei verschiedene Konstruktoren:

```
TWindow(HWND hWnd,TModule* module = 0);
```

und

```
TWindow(TWindow* parent,const char far* title=0,
        TModule* module=0);
```

Die erste Version setzt sozusagen einen OWL-Mantel auf ein Fenster, daß nicht durch die OWL erzeugt wurde. Da das Fenster an sich bereits besteht, durchläuft sein Konstruktionsmechanismus andere Funktionen als die des zweiten Konstruktors, der normalerweise eingesetzt wird (genauere Informationen gibt die Online-Hilfe).

Der Parameter *parent* ist ein Zeiger auf das sog. „Eltern-Fenster". Das Eltern-Fenster ist das Fenster, daß das *TWindow*-Objekt erzeugt. Ist das zu erzeugende Fenster das Hauptfenster der Anwendung, dann existiert kein Eltern-Fenster und der Parameter *parent* ist 0.

Das Eltern-Fenster eines Klient-Fensters ist niemals das Rahmen-Fenster.

Der Parameter *title* des zweiten Konstruktors wird für das Klient-Objekt nicht benötigt, da der Titel eines Fensters die Angelegenheit des Rahmens ist. Da aber die Rahmen-Fenster-Klasse *TFrameWindow* von *TWindow* abgeleitet ist, wird dieser Parameter vom Rahmen benötigt.

Der in beiden Konstruktoren vorhandene Parameter *module* wird insbesondere von allen Fenstern benötigt, die ihre Erzeugungsdaten aus fremden Modulen beziehen (z.B. wenn die Resourcen eines Dialog-Fensters statt von der Anwendung von einer DLL bezogen werden).

Die Klasse *TWindow* besitzt eine große Menge an Elementfunktionen. Viele davon rufen direkt API-Funktionen auf.

So entspricht z.B.

```
wp->GetMenu();  // wp = Zeiger auf ein TWindow-Objekt
```

dem Aufruf von

```
GetMenu( wp->HWindow );
```

Der Operator *HWND()* erlaubt, daß ein *TWindow*-Objekt direkt in ein Windows-Fenster-Handle gewandelt werden kann. Folgende Zeile ist also mit der obigen äquivalent:

```
GetMenu( *wp );
```

Aufbau und Lebensdauer

Der Aufruf der Rahmen-Klient-Konstruktoren erzeugt noch kein Fenster, sondern meldet der OWL 2.0 nur, daß ein Fenster erzeugt werden soll. Sofern keine Fehler auftreten, ruft die OWL die virtuelle Funktion *SetupWindow()* beider Objekte auf, bevor das Fenster sichtbar und somit „betriebsbereit" ist. Die Funktion *SetupWindow()* kann überschrieben werden, um z.B. vorhandene Kontrollelemente (Schalter, Eingabefelder, etc.) mit Daten zu füllen.

Manchmal ist es notwendig, die Attribute eines Fensters (Stil-Parameter, Größe) zu ändern. Hier ist es zweckmäßig, daß diese Änderungen an das Fenster-Objekt gelangen, bevor SetupWindow() aufgerufen wird. Der beste Ort für die Anpassung der Attribute ist der Konstruktor. Beispiel:

```
TMyWindow::TMyWindow(TWindow *parent) : TWindow( parent )
{
   Attr.Style |= WS_HSCROLL | WS_VSCROLL;
}
```

Alternativ können die Attribute von „außen" geändert werden, z.B. durch:

```
TWindow *wp = new TWindow( 0 );
wp->Attr.Style |= WS_HSCROLL | WS_VSCROLL;
```

Obige Konstruktion ist möglich, da *SetupWindow()* erst aufgerufen wird, wenn eine WM_CREATE-Botschaft eintrifft. Dazu aber muß das Proframm erst einmal zur Meldungsschleife zurückgelangen.

„Lebt" ein Fenster, dann ist es bereit, Windows-Botschaften zu empfangen. Soll ein Fenster auf bestimmte Botschaften reagieren, dann kann zu diesem Zweck die Funktion *WindowProc()* überschrieben werden. Die bessere Möglichkeit ist jedoch, für die Fenster-Klasse sog. Beantwortungstabellen zu erstellen (siehe Botschaftsbehandlung).

Die Lebensdauer eines Fensters wird i. allg. durch an Anwender bestimmt. Wenn der Anwender sich entscheidet, ein Fenster zu schließen, wird die Botschaft WM_CLOSE an das betreffende Fenster geschickt (oder IDOK oder ICCANCEL bei Dialog-Fenstern), und das Programm entscheidet, ob das Fenster geschlossen werden kann. Wird ein Fenster geschlossen, dann werden natürlich auch alle vorhandenen Kind-Fenster des Fensters geschlossen.

Trifft die WM_CLOSE-Botschaft auf das Hauptfenster oder auf ein MDI-Kindfenster der Anwendung, geschieht folgendes[16] :

- Die Funktion *CloseWindow()* des Klient-Objekts wird aufgerufen.
- *CloseWindow()* ruft *CanClose()* entweder für jedes Kind-Fenster auf oder *GetApplication()->CanClose()*, wenn das zu schließende Fenster das Hauptfenster der Anwendung ist.
- Das Fenster wird nicht geschlossen, wenn *CanClose()* ein einziges mal FALSE zurückliefert.
- Kann das Fenster geschlossen werden, dann wird *Destroy()* aufgerufen.

Die zum Schließen eines Fensters verwendeten Funktion *CloseWindow()*, *CanClose()* und *Destroy()* sind virtuell und können für eigene Zwecke überschrieben werden.

Geburtsort eines Fensters

Wann werden Fenster überhaupt erzeugt?

- Das Hauptfenster einer OWL-Anwendung wird von der virtuellen Funktion *InitMainWindow()* der Klasse TApplication erzeugt. Ein Zeiger auf das Rahmen-Objekt wird an das Element *MainWindow* übergeben.
- Nicht-MDI-Kindfenster werden mit dem Elternfenster gemeinsam erzeugt. Die Konstruktoren der Kindfenster werden im Konstruktor des Klient-Fensters aufgerufen. Beispiel:

```
TMyWindow::TMyWindow(TWindow *parent) : TWindow( parent )
{
   new TButton( this, ... );
}
```

- MDI-Kindfenster werden durch die Funktion *Create()* des Klient-Fensters erzeugt.
- Modale Dialog-Fenster werden mit *Execute()* erzeugt und ausgeführt.

4.1.4 Dialog-Fenster

Die Aufgabe eines Dialog-Fensters ist, zwischen Anwendung an Anwender einen Dialog herszustellen. Dialog-Fenster enthalten daher meisten Eingabefelder, Schalter und Listen, die eine Änderung über Maus oder Tastatur zulassen. Dialog-Fenster unterscheiden sich von „normalen“ Fenstern in folgenden Punkten:

---

16 Das „Schließ-Verhalten“ ist bei Dialog-Fenstern geringfügig anders.

- Bestimmte Tastenkombinationen sind „reserviert". So führt z.B. das Betätigen der Taste [Tab] zum nächsten Kontrollelement.
- Per Voreinstellung reagiert ein Dialog auf die Taste [Esc] mit Abbruch, d.h. Schließen des Dialog-Fensters ohne Berücksichtigung der vom User vollzogenen Änderungen.
- Die Taste [↵] führt per Default ebenfalls zum Beenden des Dialogs, allerdings mit Berücksichtigung der vollzogenen Änderungen.
- Dialog-Fenster beziehen ihre Daten aus den Resourcen.
- Ein Dialog kann „modal" sein, d.h. seine Ausführung blockiert die Anwendung (oder ggf. ganz Windows), bis das Dialog-Fenster geschlossen wird[17].

Nicht-modale Dialoge werden wie andere Fenster als Klient-Objekte der Klasse *TDialog* erzeugt. Modale Dialoge hingegen brauchen nicht dynamisch erzeugt werden, ihre Erzeugung und Ausführung beschränkt sich oftmals auf eine einzige Zeile. Beispiel:

```
TMyDialog( this, DLG_MYDLG ).Execute();
```

Wie bei anderen Fenstern auch veranlaßt die Meldung WM_CLOSE das Schließen des Dialogs. In diesem Fall wird *CmCancel*() aufgerufen, d.h. Schließen durch [Alt]+[F4] ist gleichbedeutend mit dem Betätigen der Taste [Esc]. *CmCancel*() wiederum ruft *Destroy*(IDCANCEL) auf.

Wird der Dialog durch die Return-Taste beendet (gleichbedeutend mit dem Anklicken eines vorhandenen OK-Schalters), dann wird *CmOk*() aufgerufen. *CmOk*() ruft aber nicht direkt *Destroy*() auf, sondern *CloseWindow*(IDOK).

Wird eine neue Dialog-Klasse durch Ableiten von *TDialog* gebildet, dann werden die Funktionen *CmCancel*() und *CmOk*() nur aufgerufen, wenn sie in der Beantwortungstabelle der neuen Klasse eingetragen sind (siehe Botschaftsbehandlung).

---

17 Einige systemmodale Dialoge von Windows (kritischer Fehler) führen aufgrund an der Logik vorbei programmierten Betriebssystem zwangsläufig zur vollständigen Blockade von Windows. Z.B. hat der User keine Möglichkeit, mit dem Dateimanager Korrekturen durchzuführen, wenn Windows keinen Platz für temporäre Dateien findet.

Um einfache Dialoge zu programmieren, ist es meistens nur notwendig, die Funktion *SetupWindow()* zu überschreiben (um Kontrollelemente mit Daten zu füllen), und eine Funktion bereitzustellen, die auf IDOK reagiert.

Diese Funktion muß dann *TDialog::CmOk()* aufrufen, wenn das Dialog-Fenster geschlossen werden soll.

4.1.5 Botschafts-Behandlung

Die OWL 2.0 regelt die Beantwortung von Windows-Botschaften durch Makros. Objekte, die Windows-Botschaften entgegen nehmen sollen, werden gewöhnlicherweise von der Klasse *TEventHandler* oder von deren Ableitungen instanziert, können aber auch von reinen Basisklassen gebildet werden. Üblicherweise werden die Meldungen, die an das Rahmen-Objekt des Hauptfensters gesendet werden (z.B. Menu-Kommandos), von dem Applikations-Objekt aufgefangen. In diesem Fall wird eine abgeleitete Klasse von *TApplication* zur „Botschafts-Empfangs-Klasse" der Anwendung, d.h. die Rahmen-Klasse des Hauptfensters muß also für die Botschafts-Behandlung nicht abgeleitet werden.

Botschaften, die an andere Fenster-Objekte gerichtet sind, wie z.B. an das Klient-Objekt des Hauptfensters, erfordern natürlich, daß die entsprechende Fenster-Klasse die Botschaften interpretieren kann.

Sollen die Objekte einer Klasse *X* Botschaften verarbeiten, muß die Klasse *X* eine oder mehrere Elementfunktionen zur Behandlung der Botschaften und eine sog. Beantwortungs-Tabelle bereitstellen. Deklarieren und Definieren der Beantwortungs-Tabelle erfolgt über Makros, deren Aufgliederung nicht bekannt sein muß. Die Beantwortungs-Tabelle ist ein Element der Klasse, ergo muß sie Bestandteil der Deklaration der Klasse sein. Für die Deklaration der Tabelle ist das Makro DECLARE_RESPONSE_TABLE zuständig und sollte am Ende der Elementliste der Klasse plaziert sein. Beispiel:

```
class TMyWindow : public TWindow
{
   DECLARE_RESPONSE_TABLE( TMyWindow );
};
```

Die Beantwortungstabelle muß in einer CPP-Datei definiert werden. Für die Definition existieren verschiedene Makros.

Das zuständige Makro muß anhand der Anzahl der Basisklassen gewählt werden. Wenn die Klasse *X* keine Basisklassen besitzt, lautet das Makro:

```
DEFINE_RESPONSE_TABLE( X )
```

Besitzt *X* eine, zwei oder drei Basisklassen, muß das entsprechende Makro aus der folgenden Liste gewählt werden.

```
DEFINE_RESPONSE_TABLE1( X, Base1 )
DEFINE_RESPONSE_TABLE2( X, Base1, Base2 )
DEFINE_RESPONSE_TABLE3( X, Base1, Base2, Base3 )
```

Die Definition der Beantwortungs-Tabelle wird mit

```
END_RESPONSE_TABLE;
```

beendet.

Die Beantwortungs-Tabelle enthält eine Liste der Beantwortungs-Funktionen, d.h. Elementfunktionen der Klasse, die in sog. Ereignis-Makros eingebettet sind. Das universelle Ereignis-Makro ist

```
EV_MESSAGE( message, method )
```

wobei *message* die Botschafts-Id und *method* die Beantwortungs-Funktion beschreibt, die dem folgenden Prototyp entsprechen muß:

```
LRESULT method( WPARAM, LPARAM );
```

Wenn das Klient-Fenster *TMyWindow* auf die Meldung WM_LBUTTONDOWN reagieren soll, kann sie wie folgt deklariert und definiert werden:

```
class TMyWindow : public TWindow
{
   protected:
      LRESULT ResponseLButtonDown(WPARAM,LPARAM);
      DECLARE_RESPONSE_TABLE( TMyWindow );
};

DEFINE_RESPONSE_TABLE1( TMyWindow, TWindow )
   EV_MESSAGE( WM_LBUTTONDOWN, ResponseLButtonDown ),
END_RESPONSE_TABLE;

LRESULT TMyWindow::ResponseLButtonDown(
     WPARAM wParam,LPARAM lParam)
{
   // Hole Maus-Koordinaten:
   WORD xpos = LOWORD( lParam );
```

```
    WORD ypos = HIWORD( lParam );
    // ...
    return 0;
}
```

Borland hätte sich diese Art der Botschafts-Behandlung sparen können, würden nicht noch eine Vielzahl weiterer Ereignis-Makros bestehen. Obiges Beispiel verhindert zwar bereits das Schreiben einer „eierlegenden Vollmilchsau", nämlich der Fenster-Prozedur, aber die Typen-Kontrolle von C++ wird durch die Standard-Parameter *wParam* und *lParam* umgangen. Aus diesem Grunde existiert für fast jede Windows-Botschaft ein spezielles Ereignis-Makro mit einem typensicheren Funktions-Prototyp oder einer dafür vorgesehenden Elementfunktion der Klasse *TWindow* oder deren Ableitungen.

Z.B. existiert für die Meldung WM_LBUTTONDOWN das Ereignis-Makro EV_WM_LBUTTONDOWN, das mit der Funktion *TWindow::EvLButtonDown()* verbunden ist. Der Prototyp von *EvLButtonDown()* ist definiert durch:

```
void EvLButtonDown(UINT,TPoint&);
```

Das obige Beispiel wird mit diesem Ereignis-Makro typensicher.

```
class TMyWindow : public TWindow
{
    protected:
        void EvLButtonDown(UINT,TPoint&);
        DECLARE_RESPONSE_TABLE( TMyWindow );
};

DEFINE_RESPONSE_TABLE1( TMyWindow, TWindow )
    EV_LBUTTONDOWN,
END_RESPONSE_TABLE;

void TMyWindow::EvLButtonDown(UINT,TPoint &p)
{
    // Hole Maus-Koordinaten:
    WORD xpos = p.x;
    WORD ypos = p.y;
    // ...
}
```

Die Ereignis-Makros, die mit einer namentlich festgelegten Elementfunktion verbunden sind, sind in der OWL Online-Hilfe der jeweiligen Fenster-Klasse gelistet. Andere Ereignis-Makros werden statt mit einer Elementfunktion mit einem Funktionsprototyp verknüpft. Es sind:

```
EV_COMMAND( ID, UserFunc )
void UserFunc();
```

Dieses Makro wird zur Beantwortung von Kommandos, d.h. der WM_COMMAND-Botschaft eingesetzt. ID wird meistens aus Menus, Tastatur-Beschleuniger oder Kontrollelementen bezogen.

```
EV_COMMAND_AND_ID( ID, UserFunc )
void UserFunc(WPARAM);
```

Wie EV_COMMAND, doch hier kann die Beantwortungsfunktion WPARAM auswerten. Z.B. kann *UserFunc()* unterscheiden, ob die Kommando-Botschaft von einem Schalter, einem Menu oder von der Tastatur gesendet wurde.

```
EV_COMMAND_ENABLE( ID, UserFunc )
void UserFunc(TCommandEnabler&);
```

Die Funktion *UserFunc()* regelt, wann das Kommando ID aktivierbar ist. Sie entscheidet es durch den Aufruf der Funktion *Enable()* der Klasse *TCommandEnabler* und kann dabei sämtliche Umstände der laufenden Anwendung in die Entscheidung einbeziehen. Ist das Kommando ID nicht aktivierbar, dann erscheint der entsprechende Menu-Eintrag sowie der zugehörige Schalter-Gadget einer vorhandenen Mauspalette in grau.

Der Einsatz dieses Makros hat nur einen Sinn, wenn zu der Identität auch ein EV_COMMAND oder ein EV_COMMAND_AND_ID Ereignis-Makro existiert.

Folgende Ereignis-Makros sind speziell für die Dokument-Verwaltung der OWL 2.0 zugeschnitten:

```
EV_OWLDOCUMENT( ID, UserName )
void UserName(TDocument& document);

EV_OWLNOTIFY( ID, UserName )
BOOL UserName(LPARAM&);

EV_OWLVIEW( ID, UserName )
void UserName(TView& view);
```

Für das Auffangen der Botschaften von Kind-Fenstern, insbesondere Kontrollelemente eines Dialog-Fensters, existieren folgende Ereignis-Makros:

```
EV_CHILD_NOTIFY( ID, NotifyCode, UserFunc )
void UserFunc();
```

Dieses Makro ist für die allgemeine Behandlung von Kind-Fenstern zuständig. *UserFunc()* wird aufgerufen, wenn das Kind-Fenster mit der Identität ID die Kontroll-Botschaft *NotifyCode* empfängt. Z.B. kann ein Dialog-Fenster mittels dieses Makros die EN_CHANGE-Botschaft eines Eingabefeldes abfangen.

```
EV_CHILD_NOTIFY_ALL_CODES( ID, UserFunc )
void UserFunc(WPARAM NotifyCode);
```

Dieses Makro ist dem vorherigen sehr ähnlich. Der einzige Unterschied: Die Kontroll-Botschaft ist hier Parameter von *UserFunc()*, d.h. *UserFunc()* empfängt alle Kontroll-Botschaften.

```
EV_CHILD_NOTIFY_AND_CODE( ID, NotifyCode, UserFunc )
void UserFunc(WPARAM NotifyCode);
```

Auch wie EV_CHILD_NOTIFY. Die Kontroll-Botschaft *NotifyCode* wird zusätzlich als Parameter übergeben.

```
EV_NOTIFY_AT_CHILD( NotifyCode, UserFunc )
void UserFunc();
```

Hier wird *UserFunc()* aufgerufen, wenn irgendein Kind-Fenster die Kontroll-Botschaft *NotifyCode* empfängt.

Statt der Makros EV_CHILD_NOTIFY_AND_CODE und EV_CHILD-_NOTIFY können EV_-Makros eingesetzt werden, die speziell für Kontrollelemente existieren, z.B. EV_EN_CHANGE.

Anwenderdefinierte Meldungen können mit dem All-Round-Makro EV_MESSAGE (siehe oben) empfangen werden, oder wenn man ganz sicher gehen will, daß eine neu definierte Botschaft eindeutig sein soll, kann

```
EV_REGISTERED( str, UserFunc )
void UserFunc();
```

verwendet werden. *str* ist hier keine Integer-Identität, sondern ein String, der an die API-Funktion *RegisterWindowMessage()* zur Erzeugung eindeutiger Integer-Identitäten übergeben wird.

Beim Interpretieren der Beantwortungsfunktionen einer OWL Fenster-Klasse ist Vorsicht geboten. Wenn dort z.B.

```
EV_COMMAND( IDOK, CmOk )        CmOk
```

steht (in TDialog), dann bedeutet das nicht, daß die Funktion *CmOk()* einer abgeleiteten Klasse automatisch aufgerufen wird, wenn die Kommando-Botschaft IDOK eintrifft. Soll aber genau das erreicht werden, muß die Funktion *CmOk()* in die Beantwortungs-Tabelle der abgeleiteten Klasse eingetragen werden. Das heißt aber, daß die Beantwortungs-Funktion hier nicht unbedingt *CmOk()* heißen braucht, sondern lediglich, daß für die Beantwortung dieser Kommando-Botschaft eine Elementfunktion mit Prototyp

```
void UserFunc();
```

angegeben werden muß.

Dieses Verhalten ist verwirrend und als Design-Fehler der OWL 2.0 zu interpretieren. Hier wäre ein Makro der Form

```
EV_IDOK
```

welches mit der Funktion *CmOk()* direkt verbunden wird, durchaus günstiger.

4.1.6 MDI-Anwendungen

Das Schreiben von MDI-Anwendungen macht unter der OWL 2.0 keine Probleme. Die MDI-Anwendung steht, wenn das Rahmen-Objekt des Hauptfensters von der Klasse *TMDIFrame* oder von *TDecoratedMDIFrame* gebildet und das Klient-Objekt von *TMDIClient* instanziert wird. Im Gegensatz zur OWL 1.0 braucht der Programmierer noch nicht einmal die Position des Popup-Menus anzugeben, das die Liste der MDI-Kind-Fenster enthalten soll, denn das erkennt die OWL 2.0 anhand der Identitäten CM_TILECHILDREN, etc. automatisch.

Dem Klient-Objekt des Hauptfensters kommt bei einer MDI-Anwendung eine besondere Rolle zu. Es ist nämlich Eltern-Fenster der MDI-Kind-Fenster und Sender der Botschaften, die an alle MDI-Kind-Fenster geschickt werden.

Sowohl das Rahmen- als auch das Klient-Objekt eines MDI-Kind-Fensters kann Botschaften an das Hauptfenster schicken. Der Empfänger ist dann, wie gehabt, die Instanz der Applikations-Klasse.

Aber Botschaften des Hauptfensters an die MDI-Kind-Fenster können nur vom Klient-Objekt des Hauptfensters gesendet werden, und nur die Rahmen-Objekte der Kind-Fenster können diese Botschaften empfangen! Überdies kann das Klient-Objekt des Hauptfensters nur über die Rahmen-Objekte der Kind-Fenster iterieren, d.h. mittels der Funktionen *FirstThat()* und *ForEach()* auf die Kind-Fenster zugreifen.

Auch wenn es i.A. nicht notwendig ist, die Rahmen- und die Klient-Klasse des Hauptfensters einer MDI-Anwendung abzuleiten, so muß das aber genau bei der Rahmen- und Klient-Klasse der MDI-Kind-Fenster geschehen. Die Basis-Rahmen-Klasse der Kind-Fenster ist *TMDIChild*, die Basis der Klient-Fenster ist weiterhin *TWindow*.

Die Sourcen der mitgelieferten Anwendung Media-Manager dokumentieren ausführlich den Botschaften-Transfer innerhalb einer MDI-Anwendung.

4.2 Tips und Tricks

In diesem Abschnitt werden einige Verfahren der Kategorie „Ich will aber, daß mein Programm sich auch wie das Programm XYZ verhält" vorgestellt. Die hier präsentierten Methoden erfüllen zwar bei weitem nicht die Wunschliste eines Windows-Programmierers, sie können jedoch möglicherweise helfen, Lösungen für andere Probleme zu finden.

4.2.1 Fenster mit fester Größe

Dialog-Fenster und alle sog. Steuerelemente sind Fenster mit fester Größe. Manchmal ist es jedoch erwünscht, daß das Hauptfenster einer Anwendung oder Kind-Fenster von MDI-Applikationen eine oder mehrere der folgenden Eigenschaften besitzen:

- eine vordefinierte Größe
- eine bestimmte Position im Desktop- oder im Haupt-Fenster
- eine unveränderbare Größe

Wenn Windows ein „normales" Fenster aufbaut, hängt deren Größe von der Größe des übergeordneten Fensters ab, also i.A. von der

Größe des Desktop- oder des Haupt-Fensters der Anwendung. Die Position beginnt beim ersten Fenster links oben und die folgenden Fenster werden ein Stück nach rechts unten fortschreitend versetzt, bis der untere Rand erreicht wird.

Die Größe konstant halten

Soll verhindert werden, daß der Benutzer die Größe eines Fensters ändern kann, darf das Fenster weder einen „dicken" Rahmen, noch das Symbol zur Darstellung in voller Größe besitzen. Um das zu erreichen, dürfen die Fensterstile WS_THICKFRAME und WS_MAXIMIZEBOX in den Attributen nicht enthalten sein. Das kann man durch

```
Attr.Style &= ~(
   WS_MAXIMIZEBOX |
   WS_THICKFRAME );
```

im Konstruktor der betreffenden Fenster-Klasse oder extern durch

```
pWindow->Attr.Style &= ~(
   WS_MAXIMIZEBOX |
   WS_THICKFRAME );
```

unmittelbar, nach dem das Objekt *pWindow* erzeugt wurde, erreichen. Dadurch ist auch garantiert, daß die Menupunkte „Größe ändern" und „Vollbild" im Systemmenu nicht aktivierbar sind.

Die Größe und Position bestimmen

Hier gibt es zwei Möglichkeiten:

- Ändern von *Attr.W* und *Attr.H*, bzw. *Attr.X* und *Attr.Y*
- Aufruf von *MoveWindow()*

Die Funktion *MoveWindow()* (API oder *TWindow*-Elementfunktion) sollte erst aufgerufen werden, wenn das Fenster kreiert worden ist, das Element *Attr* hingegen muß davor geändert werden (am besten im Konstruktor der betreffenden Klasse), sonst ist die Änderung wirkungslos.

4.2.2 Klient-Bereich mit fester Größe

In der Praxis ist die Fixierung des Klient-Bereichs wesentlich wichtiger als die des Rahmenfensters. Insbesondere da die Titelleiste eines Fensters (sofern vorhanden) keine feste Größe hat, kann man nicht von einer gewünschten Klient-Größe auf die des umschließenden Fensters schließen. Auch nützt die Klassenteilung der OWL 2.0 in Rahmen- und Klient-Fenster in diesem Fall überhaupt nichts.

Mit Hilfe der Funktion *MoveWindow()* kann die Größe des Rahmenfensters so korrigiert werden, daß das Klient-Fenster die gewünschte Größe erhält. Am einfachsten ist es, die Funktion *SetupWindow()* der entsprechenden Rahmen-Klasse zu überschreiben. Im folgenden Beispiel ist *TMyFrame* von *TDecoratedFrame* abgeleitet und *XSIZE* bzw. *YSIZE* repräsentieren die gewünschten Maße des Klient-Bereichs.

```
void TMyFrame::SetupWindow()
{
   TDecoratedFrame::SetupWindow();

   // Korrektur der Groesse des Client-Bereichs:
   TRect wr,cr;
   GetClientRect( cr );
   GetWindowRect( wr );
   wr.right += XSIZE - (cr.right - cr.left);
   wr.bottom += YSIZE - (cr.bottom - cr.top);
   MoveWindow( wr );
}
```

4.2.3 Mehr Power in Listenfenster

Man kann bereits viel Informationen eines Listenfensters durch die Elementfunktionen der Klasse *TListBox* herauskitzeln, allerdings geht jegliche Dynamik an dieser Klasse vorbei. Diese Aktionen sind:

- Der Anwender führt einen „Doppelklick" mit der linken Maustaste aus (LBN_DBLCLK).
- Das Listenfenster erhält oder verliert den Fokus (LBN_SETFOCUS / LBN_KILLFOCUS).
- Der Anwender wählt einen (anderen) Eintrag aus (LBN_SELCHANGE).
- Der Anwender bricht die Auswahl ab (LBN_SELCANCEL).

Damit eine Anwendung auf diese Ereignisse reagieren kann, muß das Flag LBS_NOTIFY für dieses Listenfenster angegeben werden[18] Nun kann entweder mit den Makros EV_LBN_* jeweils auf jede der beschriebenen Botschaften einzeln reagiert werden oder global durch das Makro EV_CHILD_NOTIFY_ALL_CODES.

---

[18] Wenn das Listenfenster nicht zu einem Dialog gehört und somit nicht durch Dialog-Ressourcen erzeugt werden kann, müssen die Listenfenster-Stile durch das Element *Attr.Style* angepaßt werden.

Soll z.B. ein „Doppelklick" an die Anwendung weitergegeben werden, so kann das wie folgt aussehen:

```
class TMyDlg : public TDialog
{
   ...

   protected:
      void HandleListBoxMsg(UINT);
      DECLARE_RESPONSE_TABLE( TMyDlg );
};

DEFINE_RESPONSE_TABLE1( TMyDlg, TDialog )
   EV_CHILD_NOTIFY_ALL_CODES( IDC_LB, HandleListBoxMsg ),
END_RESPONSE_TABLE;
```

wobei IDC_LB die Identität des Listenfensters ist (aus Ressourcen oder direkt).

Die Behandlungsfunktion

```
void TMyDlg::HandleListBoxMsg(UINT n)
{
   if ( n == LBN_DBLCLK ) CloseWindow( IDOK );
}
```

wertet hier den „Doppelklick" als Betätigung des OK-Schalters.

5 Speicherorientierte Tabellen

Diese Kapitel befaßt sich mit der Programmierung von Datenbank-Applikationen, deren zugrundeliegenden Tabellen wärend der Programmausführung im Speicher gehalten werden. Mit dem Zugriff auf Datensätze ist somit kein Dateizugriff verbunden, weshalb wir diese Art von Tabellen als speicherorientiert bezeichnen.

Andere Tabellen, die wie in DBASE oder ACCESS durch offene Dateien behandelt werden, nennen wir dateiorientiert, sie werden im nächsten Kapitel diskutiert.

Die Konstruktion lauffähiger Datenbank-Anwendungen unter Windows in diesem Kapitel impliziert die Programmierung von Masken, Dialogen und einigen anderen Features der OWL 2.0. Tabellenprogrammierung sowie die Verbindung mit der OWL werden in diesem Kapitel gleichermaßen erklärt.

Die Basis der Beispiele besteht aus einer einfachen Adress-Kartei, die im Laufe der verschiedenen vorgestellten Methoden immer komplexer wird.

Speicherorientierte Tabellen sind mit Hilfe der auf Templates basierenden Container-Klassen der Borland-Bibliothek sehr einfach zu realisieren. Für dateiorientierte Tabellen haben wir keinerlei Grundlagen und müssen uns daher die Algorithmen selber „stricken".

5.1 Tabellen als Arrays

Wenn wir die Container-Klassen zur Realisierung von Tabellen verwenden wollen, müssen wir uns für eine Basis-Klasse entscheiden. Im Kapitel „Die Borland Klassenbibliothek“ sind die verschiedenen Klassen und ihre Methoden und Grundzüge vorgestellt worden.

Günstig wäre eine Struktur, die uns gestattet, auf den Datensatz der Nummer *n* direkt zuzugreifen, ohne den Container bis dahin vollständig durchlaufen zu müssen. Diese Möglichkeit bieten Arrays, denn mit der versehenden Operator-Funktion „[ ]“ ist die gewünschte Operation hergestellt.

Im folgenden Beispiel besteht ein Datensatz der Tabelle aus Name, Vorname und Telefonnummer[19] . Die Bedienung des Programms ermöglicht Vor- und Zurückblättern, Anfügen und Löschen sowie Auflisten von Datensätzen.

Die Tabelle wird in allen Beispielen aus diesem Abschnitt aus der Klasse *TAddress* erzeugt, die wie folgt deklariert ist:

```
class TAddress
{
   public:
      TAddress();

      enum {
         LEN_NAME = 30,
         LEN_VNAME = 30,
         LEN_TEL = 20
      };

      char Name[LEN_NAME+1];
      char VName[LEN_VNAME+1];
      char Tel[LEN_TEL+1];

      int operator == (const TAddress&) const;

      friend istream& operator >> (istream&,TAddress&);
      friend ostream& operator << (ostream&,const TAddress&);
};
```

und im wesentlichen nicht geändert wird.

Diese Klasse dürfte ihre Funktionalität selbst erklären, der „==“-Operator wird für die Container-Klassen benötigt.

5.1.1 Eine schnelle Lösung

Mit der Zeile

```
typedef TArrayAsVector<TAddress> TAddressArray;
```

legen wir den Grundstein der Tabelle[20] . Mit der Klasse *TAddressArray* stehen uns bis auf die Datei-Operationen bereits alle Methoden zur Verfügung, die wir für die Implementation einer Tabelle benötigen und mehr, wie z.B. das Suchen von Datensätzen durch die

---

19 Es steht natürlich dem Leser frei, sich die Tabelle nach eigenem Geschmack zu erweitern.

20 Die zugehörigen Quell-Dateien sind mit der Projekt-Datei **dba01.ide** verbunden.

Funktion *Find()*, weshalb auch die Operator-Funktion „==" der erzeugenden Klasse benötigt wird.

Datei-Zugriff festlegen

Eine Tabelle ist im Sinne von OOP stets mit einer Datei verbunden. Es wäre also günstig, wenn ein Objekt einer Tabellen-Klasse nur mit Angabe eines gültigen Dateinamens erzeugt werden kann. Überdies würde man verlangen, daß bereits beim Erzeugen der Tabelle vorhandene Datensätze geladen und beim Eliminieren des Objekts Änderungen gespeichert werden.

Zu diesem Zweck bilden wir eine Unter-Klasse von *TAddressArray* durch:

```
class TAddressTable : public TAddressArray
// Klassen-Deklaration für eine Adressen-Tabelle
{
   protected:
      char FileName[MAXPATH];

   public:
      enum {                    // mögliche Fehlerwerte
         TAB_OK,
         TAB_READFAIL,
         TAB_WRITEFAIL
      };
      enum {
         TAB_UPPER = 100, // Default Obergrenze für
                          // TAddressTable
         TAB_DELTA = 20   // Default Delta-Wert für
                          // TAddressTable
      };

      TAddressTable(const char* aFileName,int anUpper=TAB_UPPER,
         int aDelta=TAB_DELTA);
      virtual ~TAddressTable();

      friend ostream& operator <<(ostream& os,
         TAddressTable& aTable);
      friend istream& operator >>(istream& is,
         TAddressTable& aTable);

      unsigned Reccount()
         { return GetItemsInContainer(); }
      void Remove(int rec)
         { Detach( rec ); }

      int Error;
};
```

Der Konstruktor

Der Konstruktor ist definiert durch:

```
TAddressTable::TAddressTable(const char* aFileName,
   int anUpper,int aDelta) :
   TAddressArray( anUpper, 0, aDelta )
{
   strncpy( FileName, aFileName, MAXPATH-1 )[MAXPATH-1] = '\0';
   Error = 0;

   ifstream is( FileName );

   if ( !is ) ofstream( FileName );
   else is >> *this;
}
```

und erwartet neben den Dateinamen auch die Array-Grenzen als Parameter[21]. Er kopiert den Dateinamen (max. MAXPATH-1 Zeichen) und versucht, die entsprechende Datei zu öffnen. Gelingt das Öffnen, werden die Datensätze mittels der „>>"-Operator-Funktion geladen. Andernfalls wird angenommen, daß die Datei nicht existiert und somit angelegt.

Wie wir bereits aus dem Kapitel „Die Borland Klassenbibliothek" wissen, sind Arrays, wenn sie als Objekte der Array-Klassen gebildet werden, erweiterbar. Diese wunderbare Eigenschaft hat auch ihren Preis:

Denn im Gegensatz zu verketteten Listen wird von Arrays verlangt, daß der Speicherbereich zusammenhängend ist.

Es muß also bei Erweiterung des Arrays Speicher in der vollen neuen Größe alloziert werden, bevor der alte Speicherbereich wieder freigegeben werden kann. Dies führt nicht nur zu quantitativen Speicherproblemen, sondern insbesondere zur „Heap-Fragmentierung" (der benutzte Speicher wird zerstückelt), und man sollte sich nicht darauf verlassen, daß das Betriebssystem es wieder richten kann.

Es ist daher wichtig, die Array-Grenzen schon bei der Erzeugung des Arrays hoch genug anzulegen und auch der „Delta"-Wert sollte groß genug sein! Wünschenswert wäre eine Lösung, die Array-Grenzen in Abhängigkeit der Anzahl der Satensätze festzulegen, aber das ist aufgrund der C++ - Sprachstruktur (Die Konstruktoren der Basisklasse können nur in der Kopfzeile des Konstruktors der

---

21 Es empfiehl sich, die Untergrenze eines Arrays auf 0 zu setzen. Dies bereitet die wenigsten Probleme, z.B. durch den []-Operator der Klasse.

abgeleiteten Klasse aufgerufen werden) nicht ohne „Tricks" möglich. Eine hierzu geeignete Lösung wird später vorgestellt, für unsere „Test"-Zwecke sollten die Vorgaben TAB_UPPER und TAB_DELTA genügen.

Der Destruktor

Der Destruktor schreibt mittels der „<<"-Funktion die Datensätze in die entsprechende Datei:

```
TAddressTable::~TAddressTable()
{
   ofstream os( FileName );
   if ( !os ) Error = TAB_WRITEFAIL;
   else os << *this;
}
```

Die Element-Funktionen

Die Element-Funktionen dieser Klasse sind *inline* erklärt und existieren nur zum Zweck der Namensgebung. Ohne Zweifel assoziieren *Reccount*() und *Remove*() stärker ihre Bedeutung als *GetItemsInContainer*() und *Detach*(), insbesondere in Bezug auf Datenbanken und Tabellen.

Datei-Funktionen

Jetzt fehlen nur noch die Datei-Funktionen, die in üblicher C++ - Manier als „Freunde" der betreffenden Klasse deklariert sind. Es sind

```
istream& operator >>(istream& is,TAddressTable& aTable)
{
   if ( aTable.Reccount() ) aTable.Flush();

   while ( is )
   {
      TAddress A;

      is >> A;
      if ( is.fail() )
      {
         aTable.Error = TAddressTable::TAB_READFAIL;
         return is;
      }
      aTable.Add( A );
   }
   return is;
}
```

Hier ist nur anzumerken, daß diese Funktion die Tabelle löscht, falls diese nicht leer sein sollte. Das ist wichtig für den Fall, daß diese Funktion außerhalb des Konstruktors aufgerufen wird.

Entsprechend ist

```
ostream& operator <<(ostream& os,TAddressTable& aTable)
{
   for ( int i=0; i<aTable.Reccount(); i++ )
   {
      os << aTable[i];
      if ( os.fail() )
      {
         aTable.Error = TAddressTable::TAB_WRITEFAIL;
         break;
      }
   }
   return os;
}
```

gestaltet. Hierbei ist zu beachten, daß der Parameter *aTable* nicht *const* sein darf, da im Fehlerfall das Objekt geändert wird.

Die Klasse TAddress

Zur Vervollständigung fehlen noch die Definitionen der Elementfunktionen der Klasse TAddress. Der (Standard-)Konstruktor löscht den Inhalt des Datensatzes.

```
TAddress::TAddress()
{
   *Name =
   *VName =
   *Tel = '\0';
}
```

Die Vergleichsfunktion ist simpel. Umlaute werden nicht berücksichtigt, aber dafür unnötigerweise Groß- und Kleinschreibung sowie mögliche führende Leerzeichen oder andere sog. „Whitespaces“.

```
int TAddress::operator ==(const TAddress& A) const
{
   return
      strcmp( Name, A.Name ) == 0 &&
      strcmp( VName, A.VName ) == 0 &&
      strcmp( Tel, A.Tel ) == 0;
}
```

Die Stream-Funktionen lesen und schreiben die Einträge zeilenweise.

```
ostream& operator << (ostream& os,const TAddress& A)
{
   return os << A.Name << endl << A.VName << endl << A.Tel <<
```

```
        endl;
}
istream& operator >> (istream& is,TAddress& A)
{
   is.getline( A.Name, TAddress::LEN_NAME );
   is.getline( A.VName, TAddress::LEN_VNAME );
   is.getline( A.Tel, TAddress::LEN_TEL );

   return is;
}
```

5.1.2 Das Programm

Die Verbindung der neuen Datenbankklasse mit einem Windows-Programm ist eigentlich keine Aufgabe der Datenbank-Programmierung, sondern der Windows-Programmierung.

Das Hauptfenster der Anwendung soll die „Maske" bilden. Das Blättern innerhalb der Tabelle erfolgt durch das Datei-Menu, in etwa so:

Funktionsmenu der Anwendung.

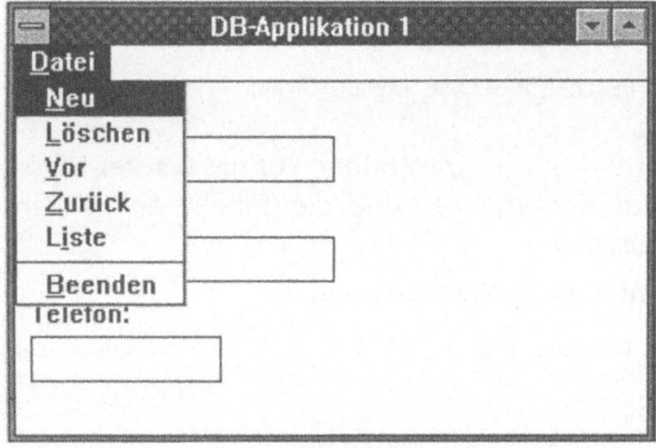

Für die Implementation benötigen wir eine Anwendungs-Klasse, eine Fenster-Klasse und für die Menu-Option Liste eine Dialog-Klasse. Die Anwendungs-Klasse *TMyApp*[22] ist wie folgt deklariert:

```
class TMyApp : public TApplication
{
```

22 Natürlich könnte man diese Klasse besser z.B. *TAddressApplication* oder *TTableApp* nennen, aber erfahrungsgemäß vestreicht nicht wenig Zeit im Erfinden von geeigneten Namen. *TMyApp* ist schon deshalb praktisch, weil dieser Name sehr leicht zu behalten ist und Namenskonflikte nicht zu erwarten sind.

```
    private:
       TAddressTable* adp;
       TMyWin* pClient;

    protected:
       virtual void InitMainWindow();

    public:
       TMyApp(const char* name = 0) : TApplication(name) {}
       virtual ~TMyApp();

       TAddressTable* GetTable() const
          { return adp; }
       TMyWin* GetClient() const
          { return pClient; }

    protected:
       void CmFileNew();
       void CmFileDel();
       void CmFileNext();
       void CmFilePrev();
       void CmFileList();

       DECLARE_RESPONSE_TABLE( TMyApp );
};
```

Der Zugriff von der Anwendung auf die Fenster-Klasse erfolgt durch die Funktion *GetClient*() und die Tabelle erhält man entsprechend durch *GetTable*().

Die Klient-Fenster-Klasse ist durch

```
class TMyWin : public TWindow
{
   private:
      TEdit *edName,*edVName,*edTel;

   protected:
      virtual void SetupWindow();
      virtual void CleanupWindow();

   public:
      TMyWin(TWindow* parent=0);

      TAddressTable* GetTable() const
         { return ((TMyApp *)GetApplication())->GetTable(); }

      void ReadData();
      void WriteData();

      int CurrentRec;
};
```

deklariert. Sie enthält Zeiger auf Steuerelemente, die der Maskengestaltung dienen. Ferner existiert auch hier eine Zugriffsfunktion auf die Tabelle, nämlich *GetTable*().

Die Klasse *TMyWin* ist für die Kontrolle über die Tabelle verantwortlich und enthält deshalb die Zugriffsfunktionen *ReadData*() und *WriteData*() sowie die aktuelle Datensatzposition im Element *CurrentRec*.

Die Dialog-Klasse *TRecordDlg* soll alle Datensätze der Tabelle mit Hilfe einer Listbox anzeigen.

Dialogbox zur Anzeige und Auswahl von Datensätzen.

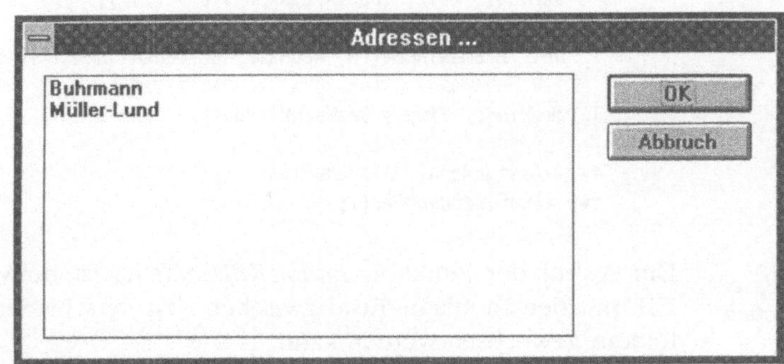

Die Deklaration von *TRecordDlg*:

```
class TRecordDlg : public TDialog
{
   private:
      TListBox* lbp;

   protected:
      virtual void SetupWindow();
      virtual void CloseWindow(int retval);

   public:
      TRecordDlg(TWindow*);

   protected:
      void HandleListBoxMsg(UINT);

      DECLARE_RESPONSE_TABLE( TRecordDlg );
};
```

Die Implementierung von *TMyApp*:

Die Tabelle wird durch die virtuelle Funktion *InitMainWindow()* erzeugt und durch den Destruktor eliminiert.

```
TMyApp::~TMyApp()
{
   delete adp;
}
void TMyApp::InitMainWindow()
{
   adp = new TAddressTable(
      string( *this, IDS_TABLENAME ).c_str() );
   SetMainWindow(
      new TFrameWindow( 0, AppName, pClient = new TMyWin ) );

   TFrameWindow *fwp = GetMainWindow();

   fwp->AssignMenu( MAINMENU );
   fwp->EnableKBHandler();
}
```

Eingabe ermöglichen

Der Aufruf der Funktion *EnableKBHandler()* ist notwendig, damit z.B. mit der Tabulator-Taste zwischen den verschiedenen Eingabefeldern gewechselt werden kann.

Beantwortungs-Funktionen

Alle weiteren Elementfunktionen von *TMyApp* sind Beantwortungs-Funktionen. Sie werden aufgerufen, wenn der Anwender einen der vorhandenen Menu-Punkte auswählt. Für die Umsetzung sorgt folgende Tabelle:

```
DEFINE_RESPONSE_TABLE1( TMyApp, TApplication )
    EV_COMMAND( CM_FILENEW, CmFileNew ),
    EV_COMMAND( CM_FILEDEL, CmFileDel ),
    EV_COMMAND( CM_FILENEXT, CmFileNext ),
    EV_COMMAND( CM_FILEPREV, CmFilePrev ),
    EV_COMMAND( CM_FILELIST, CmFileList ),
END_RESPONSE_TABLE;
```

Datensatz einfügen

```
void TMyApp::CmFileNew()
{
   adp->Add( TAddress() );

   pClient->WriteData();
   pClient->CurrentRec = adp->Reccount() - 1;
   pClient->ReadData();
}
```

Das Einfügen eines leeren Datensatzes ist bereits mit dem Aufruf von

```
adp->Add( TAddress() );
```

geschehen. Daß der eingefügte Datensatz wirklich leer ist, garantiert uns der Konstruktor von *TAddress*.

Die Funktionen *TMyWin::ReadData()* und *TMyWin::WriteData()* sorgen für den Transfer von der Maske in die Tabelle und umgekehrt (siehe dazu die Definition von *TMyWin*). Der Ablauf der Funktion *CMFileNew()* läßt sich auch so beschreiben:

- Leeren Datensatz an die Tabelle anfügen.
- Aktuelle Daten (Daten in der Maske) in die Tabelle schreiben.
- Der aktuelle Datensatz ist nun der letzte. Diese Annahme können wir machen, da die Tabelle nicht sortiert ist.
- Daten des neuen Datensatzes in die Maske laden (Maske ist leer).

Datensatz löschen

```
void TMyApp::CmFileDel()
{
   if ( adp->Reccount() == 1 )
   {
      MessageBeep( MB_ICONEXCLAMATION );
      return;
   }
   adp->Remove( pClient->CurrentRec );
   if ( pClient->CurrentRec == adp->Reccount() )
      pClient->CurrentRec--;
   pClient->ReadData();
}
```

Wir müssen eigentlich nur dafür sorgen, daß die Tabelle immer mindestens einen Datensatz behält. Der Versuch, auch diesen Datensatz zu löschen, löst einen Warnton aus.

Die Zeile

```
if ( pClient->CurrentRec == adp->Reccount() )
   pClient->CurrentRec--;
```

sorgt dafür, daß der aktuelle Datensatz nicht über den vorhandenen Bereich herauszeigen kann.

Blättern

Die Funktionsweise der Elementfunktionen

```
void TMyApp::CmFileNext()
{
```

```
      if ( pClient->CurrentRec+1 == adp->Reccount() )
      {
         MessageBeep( MB_ICONEXCLAMATION );
         return;
      }
      pClient->WriteData();
      pClient->CurrentRec++;
      pClient->ReadData();
   }
```

und

```
   void TMyApp::CmFilePrev()
   {
      if ( !pClient->CurrentRec )
      {
         MessageBeep( MB_ICONEXCLAMATION );
         return;
      }
      pClient->WriteData();
      pClient->CurrentRec--;
      pClient->ReadData();
   }
```

dürfte nun offensichtlich sein. Der Dialog für die Datensatz-Liste wird durch

```
   void TMyApp::CmFileList()
   {
      TRecordDlg( pClient ).Execute();
   }
```

aufgerufen.

Das Fenster

Der Konstruktor von *TMyWin* bereitet die Eingabe-Maske vor. Zu diesem Zweck werden drei statische Text-Felder (*TStatic*) und drei Eingabe-Felder (*TEdit*) erzeugt.

Das Vorgehen, die Steuerelemente durch die Angabe absoluter Werte festzulegen, ist kein besonders eleganter Stil, aber, wie gesagt, wir fangen ja erst an.

```
   TMyWin::TMyWin(TWindow* parent)
   {
      Init( parent, 0, 0 );

      HINSTANCE hi = GetModule()->GetInstance();

      string sName( hi, IDS_MSK_NAME );
      new TStatic( this, 1, sName.c_str(), 8, 8, 80, 20,
         strlen(sName.c_str()) );
```

```
        edName = new TEdit( this, 2, "", 8, 28, 160, 24,
            TAddress::LEN_NAME+1 );

        string sVName( hi, IDS_MSK_VNAME );
        new TStatic( this, 11, sVName.c_str(), 8, 60, 80, 20,
            strlen(sVName.c_str()) );
        edVName = new TEdit( this, 12, "", 8, 80, 160, 24,
            TAddress::LEN_VNAME+1 );

        string sTel( hi, IDS_MSK_TEL );
        new TStatic( this, 21, sTel.c_str(), 8, 112, 80, 20,
            strlen(sTel.c_str()) );
        edTel = new TEdit( this, 22, "", 8, 132, 100, 24,
            TAddress::LEN_TEL+1 );
    }
```

Die Funktion

```
    void TMyWin::SetupWindow()
    {
        TWindow::SetupWindow();

        TAddressTable *pTable = GetTable();
        if ( !pTable->Reccount() ) pTable->Add( TAddress() );

        CurrentRec = 0;
        ReadData();
    }
```

füllt die Maske mit Daten, bevor es angezeigt wird. Zusätzlich wird dafür gesorgt, daß die Tabelle mindestens einen Datensatz enthält.

Umgekehrt muß sichergestellt werden, daß Änderungen in der Maske berücksichtigt werden, bevor das Fenster geschlossen wird. Dafür ist

```
    void TMyWin::CleanupWindow()
    {
        WriteData();

        TWindow::CleanupWindow();
    }
```

verantwortlich.

Die Maske

Die Implementation der Funktion *ReadData()* bzw. *WriteData()* erinnern sehr an typische Elementfunktionen von Dialog-Klassen. Die Funktion *ReadData()* transportiert den aktuellen Datensatz von der Tabelle zur Maske, entsprechend ist die Funktion *WriteData()* für die umgekehrte Richtung verantwortlich.

```
void TMyWin::ReadData()
{
   TAddressTable *pTable = GetTable();
   TAddress& A = (*pTable)[CurrentRec];

   edName->SetText( A.Name );
   edVName->SetText( A.VName );
   edTel->SetText( A.Tel );
}
void TMyWin::WriteData()
{
   TAddressTable *pTable = GetTable();
   TAddress& A = (*pTable)[CurrentRec];

   edName->GetText( A.Name, TAddress::LEN_NAME+1 );
   edVName->GetText( A.VName, TAddress::LEN_VNAME+1 );
   edTel->GetText( A.Tel, TAddress::LEN_TEL+1 );
}
```

Die Liste

Der Konstruktor des Listen-Dialogs braucht nur eine Listbox zu erzeugen.

```
TRecordDlg::TRecordDlg(TWindow* aParent)
   : TDialog( aParent, DLG_ADDRESS )
{
   lbp = new TListBox( this, IDC_ADDRESS_LB );
}
```

Die Listbox muß mit Daten gefüllt werden (hier mit dem Namens-Feld der Datensätze). Das erledigt die virtuelle Funktion

```
void TRecordDlg::SetupWindow()
{
   TDialog::SetupWindow();

   TAddressTable* adp =
      ((TMyApp *)GetApplication())->GetTable();

   for ( int i=0; i<adp->Reccount(); i++ )
   {
      char buffer[TAddress::LEN_NAME+2];
      ostrstream oss( buffer, sizeof(buffer)-2 );
      oss << (*adp)[i].Name << ends;
      lbp->AddString( buffer );
   }
}
```

Wenn der Anwender einen Datensatz auswählt und den OK-Schalter betätigt, soll der ausgewählte Datensatz in die Maske geladen werden. Für diese Behandlung eignet sich die virtuelle Funktion *CloseWindow()*.

```
void TRecordDlg::CloseWindow(int retval)
{
    int n;

    if ( retval == IDOK && (n = lbp->GetSelIndex()) >= 0 )
    {
        TMyApp* pApp = (TMyApp *)GetApplication();

        pApp->GetClient()->WriteData();
        pApp->GetClient()->CurrentRec = n;
        pApp->GetClient()->ReadData();
    }
    TDialog::CloseWindow( retval );
}
```

Auf Doppelklick reagieren

Ein „Doppelklick" mit der linken Maustaste bedeutet oftmals dieselbe Aktion, wie die Betätigung des OK-Schalters. Allerdings muß diese Eigenschaft erst programmiert werden.

Die Antworttabelle:

```
DEFINE_RESPONSE_TABLE1( TRecordDlg, TDialog )
  EV_CHILD_NOTIFY_ALL_CODES( IDC_ADDRESS_LB, HandleListBoxMsg ),
END_RESPONSE_TABLE;
```

und die zugehörige Funktion:

```
void TRecordDlg::HandleListBoxMsg(UINT n)
{
    if ( n == LBN_DBLCLK ) CloseWindow( IDOK );
}
```

(siehe auch „Die OWL 2.0" Abschnitt „Mehr Power in Listenfenster").

Das Programm benötigt jetzt nur noch die Ressourcen-Datei (ohne Listing) und die Zeilen:

```
int OwlMain(int /*argc*/,char* /*argv*/ [] )
{
    return TMyApp().Run();
}
```

5.1.3 Mehr OOP

Ohne Zweifel funktioniert das vorangegangene Beispiel, aber es ist nicht besonders schön, wie wir es bereits an verschiedenen Dingen bemerkt hatten. Doch am meisten scheint die Tatsache zu stören, daß wir uns nicht entschieden haben, ob die Tabelle nun zur Anwendung *TMyApp* oder zum Hauptfenster *TMyWin* gehören soll. Wir wissen nur:

Die Maske der Tabelle gehört zum Fenster.

Wir hatten aber bereits zu einem viel früheren Zeitpunkt eingesehen, daß der Begriff „Datenbank" die Anwendung umfaßt. Es wäre also wünschenswert, wenn die Tabelle nicht nur der Anwendung angehört, sondern die Anwendung ist.

Im Gegensatz zur Verwendung der OWL 1.0, deren eigentümliche Eigenschaften nicht nur Portabilitätsprobleme verursachte[23], können wir mit der OWL 2.0 nun aus dem vollen schöpfen und unserer Anwendungsklasse eine weitere Basis zuordnen[24].

```
class TMyApp : public TApplication, public TAddressTable
{
   ...
};
```

Mit einem „Trick" übergibt der Konstruktor von *TMyApp* den Dateinamen der Tabelle, der zunächst aus den Ressourcen ermittelt werden muß.

```
TMyApp::TMyApp(const char* name) :
   TApplication( name ),
   TAddressTable( string( *this, IDS_TABLENAME ).c_str() )
{
   CurrentRec = 0;
}
```

Da die neue Anwendungsklasse *TMyApp* nun auch die Tabelle ist, enthält sie das private Element *CurrentRec* und die zugehörige Elementfunktion

```
int GetCurrentRec() const
   { return CurrentRec; }
```

Die Elementfunktion

```
void Goto(int rec);
```

23 OWL 1.0-Klassen, die die sog. VDDT (virtual dynamic dispatch tables) enthielten, erlaubten keine Mehrfachbeerbung.

24 Die zugehörigen Quell-Dateien sind mit der Projekt-Datei **dba02.ide** verbunden.

dient der Bewegung („Blättern") innerhalb der Tabelle und faßt mit

```
void TMyApp::Goto(int rec)
{
   WriteData();
   CurrentRec = rec;
   ReadData();
}
```

wesentliche Aktionen zusammen. Die Elementfunktionen

```
void ReadData();
void WriteData();
```

sind inline durch

```
inline void TMyApp::ReadData()
{
   pClient->ReadData( CurrentRec );
}
inline void TMyApp::WriteData()
{
   pClient->WriteData( CurrentRec );
}
```

realisiert und geben die Aktionen an das Hauptfenster weiter, denn für die Maske ist ja weiterhin die Fenster-Klasse verantwortlich.

Da die Anwendungs-Klasse gleichzeitig die Tabellen-Klasse ist, entfallen spezielle Zugriffsfunktionen auf die Tabelle. Will z.B. eine Fensterklasse die Tabelle verwenden, muß nur noch *GetApplication*() aufgerufen werden,
z.B.:

```
((TMyApp *)GetApplication())->Goto( n );
```

Die Beantwortungsfunktionen

```
void TMyApp::CmFileNew()
{
   Add( TAddress() );
   Goto( Reccount() - 1 );
}
void TMyApp::CmFileDel()
{
   if ( Reccount() == 1 )
   {
      MessageBeep( MB_ICONEXCLAMATION );
      return;
   }
```

```
      Remove( CurrentRec );
      if ( CurrentRec == Reccount() ) Goto( CurrentRec - 1 );
      ReadData();
   }
   void TMyApp::CmFileNext()
   {
      if ( CurrentRec+1 == Reccount() )
      {
         MessageBeep( MB_ICONEXCLAMATION );
         return;
      }
      Goto( CurrentRec + 1 );
   }
   void TMyApp::CmFilePrev()
   {
      if ( !CurrentRec )
      {
         MessageBeep( MB_ICONEXCLAMATION );
         return;
      }
      Goto( CurrentRec - 1 );
   }
```

sind Dank dieser beiden Schritte noch lesbarer geworden.

Als nächstes soll nun auch die Funktionalität des Programms geändert werden. Wir realisieren nun

5.1.4 Eine sortierte Tabelle

Grundsätzlich gibt es zwei Möglichkeiten, Tabellen zu sortieren:

(1) Die Tabelle mit Hilfe eines Sortieralgorithmus (Quick-Sort, Bubble-Sort etc.) zu sortieren.

(2) Das Anfügen von Datensätzen an die Tabelle so zu gestalten, daß die Sortiervorschrift stets erhalten bleibt.

Ohne Zweifel ist Möglichkeit (2) vorzuziehen, wenn erreicht werden kann, daß das Einfügen von Datensätzen ohne nennenswerte Geschwindigkeitseinbußen abläuft. Das Einfügen eines neuen Datensatzes verläuft dann in zwei Schritten:

- Aufsuchen der „Einfüge-Position"
- „Platz schaffen", d.h. Verschieben des Tabelleninhalts von der Einfüge-Position bis zum Tabellenende um die Größe eines Datensatzes.

Der Aufwand dieser beiden Schritte hängt von der Größe der Tabelle ab, und es wird ein Unterschied sein, ob die Tabelle nun datei- oder speicherorientiert ist.

Ist die Tabelle speicherorientiert, bietet es sich an, Auffinden und Verschieben in einem Durchgang zu realisieren, so wie es in der Implementation der Funktion *Add()* der Klasse *TMSVectorImp*[25] der Fall ist.

```
template <class T, class Alloc> int TMSVectorImp<T,Alloc>
   ::Add( const T& t )
{
   unsigned loc = Count_++;
   if( Count_ > Lim )
      if( !Resize( Count_ ) )
      {
         --Count_;
         return 0;
      }
   while( loc > 0 && t < Data[loc-1] )
   {
      Data[loc] = Data[loc-1];
      loc--;
   }
   Data[loc] = t;
   return 1;
}
```

Diese Implementierung kann unter Umständen sehr ungünstig sein! Man stelle sich vor, daß das zu verwaltene Array eine Größe von mehreren MB's hat[26] und Windows aufgrund Speichermangels den virtuellen Speicher benutzen muß, d.h. die Tabelle ist quasi nicht mehr speicherorientiert. Im schlimmsten Fall wird der neue Eintrag am Anfang eingefügt, d.h. es sind *Count_*-Verschiebungen nötig, und die Festplatte wird eine ganze Menge Arbeit zu erledigen haben.

Das Verschieben innerhalb eines Arrays wird immer stattfinden, wenn ein neuer Eintrag eingefügt wird. Aber man kann dafür sorgen, daß

(1) nur ein einziges Mal eine Verschiebung durchgeführt wird und

(2) das Array klein gehalten wird.

---

25 *TMSVectorImp* wird von den Klassen *T*SArray**-Klassen (den sortierten Array-Klassen) verwendet.

26 Unter der 32Bit-Compilierung ist das durchaus möglich.

Um (1) zu realisieren, müssen Auffinden der Einfüge-Position und Verschieben im Array voneinander getrennt werden. Für das Auffinden der Einfügeposition bietet sich die sog. Binärsuche an.

Die Binärsuche entspricht in etwa einem Zahlen-Ratespiel: Spieler 1 soll eine Zahl z.B. zwischen 1 und 1000 erraten, die sich Spieler 2 ausdenkt, und Spieler 2 antwortet bei falschem Raten mit „höher" oder „tiefer". Wenn sich Spieler 1 geschickt anstellt, hat er die gesuchte Zahl in höchstens 10 Versuchen ($1000 < 210$) erraten. Spieler 1 fängt in der Mitte an, d.h. die erste Zahl ist 500. Sagt Spieler 2 „tiefer", wäre die nächste Zahl 250, sonst 750.

Beispiel (die Zahl 13 ist zu erraten):

```
500  ->  "tiefer"
250  ->  "tiefer"
125  ->  "tiefer"
 62  ->  "tiefer"
 31  ->  "tiefer"
 15  ->  "tiefer"
  7  ->   "höher"
 11  ->   "höher"
 13  ->     ok!   Zahl in 9 Versuchen erraten.
```

Unser Programm soll auch geschickt raten können, und wir formulieren eine neue Elementfunktion von TAddressTable wie folgt:

```
int TAddressTable::BinAdd(const TAddress& A)
{
   unsigned n;

   if ( !(n = Reccount()) )
      return Add( A );

   if ( ItemAt(n-1) < A || ItemAt(n-1) == A )
      // entspricht  ItemAt(n-1) <= A
      return Data.AddAt( A, n );

   unsigned insert = 0;
   if ( ItemAt(0) < A )
   {
      unsigned l = 0;
      unsigned u = n - 1;
      unsigned m;

      for (;;)
      {
         m = (l + u) / 2;
         int cl = ItemAt(m) < A || ItemAt(m) == A;
```

```
            int c2 = A < ItemAt(m+1) || A == ItemAt(m+1);
            if ( c1 && c2 )
            {
               insert = m + 1;
               break;
            }
            if ( !c1 ) u = m;
            if ( !c2 ) l = m;
         }
      }

      return Data.AddAt( A, insert );
   }
```

Wir müssen hier ein wenig auf die Interna der Array-Klasse zurückgreifen[27], denn unsortiertes Einfügen ist für ein sortiertes Array nicht vorgesehen. Das Element *Data* ist ein Element der Klasse

```
template <class Vect, class T> class TArrayAsVectorImp,
```

die ganz vorne in der Klassenhierarchie von *TSArrayAsVector* steht und ist vom Typ *Vect*. Nun ist *Vect* ein Template-Argument und wir müssen in der Header-Datei <classlib\arrays.h> nachschauen, welcher Typ für die Klasse *TSArrayAsVector* an *TArrayAsVectorImp* übergeben wird.

Über die Klasse *TMSArrayAsVector* finden wir *TMSVectorImp*, die in den Hanbüchern beschrieben ist. Die Funktion *AddAt()* steht für diese Klasse zur Verfügung und ermöglicht unsortiertes Einfügen von neuen Objekten.

Sicher, es ist nicht gerade einfach, sich in den Container-Klassen zurechtzufinden, aber wenn man die Zusammenhänge erst einmal kennt, kann man die Leistungen der Klassenbibliothek viel besser nutzen.

Viel problematischer ist in diesem Zusammenhang die „portable Programmierung", denn wenn irgendwann einmal auf Templates gestützte Container-Klassen standartisiert sind, wird es kaum portable Möglichkeiten geben, auf gewisse „Interna" zurückzugreifen.

Man kann in diesem Zusammenhang nur hoffen, daß eine standartisierte Klassen-Bibliothek effizient genug ist, damit solche Eingriffe wie oben gänzlich überflüssig werden, aber auch offen genug ist, um eventuelle Änderungen portabel zu gestalten.

---

27 Hier lassen uns die Handbücher sowie die Online-Hilfe einfach im Stich.

Lohnt sich überhaupt der Aufwand? Schließlich sieht der Verschiebe-Algorythmus der Funktion *TMCVectorImp::AddAt()*

```
for( unsigned cur = Count_; cur > loc; cur-- )
   Data[cur] = Data[cur-1];
```

auch nicht viel besser aus als der der Funktion *TMSVectorImp::Add()*. Der Geschwindigkeitszuwachs beträgt aber immerhin ca. 55%. Die 5-fache Geschwindigkeit ließe sich erreichen, wenn wir obige Zeilen durch

```
memmove( &Data[cur+1], &Data[cur], (Count_-loc)*sizeof(T) );
```

ersetzen würden, aber das dürfen wir nicht, denn der Ersatz durch *memmove()* funktioniert nur dann, wenn die verwendete Objekt-Klasse keinen trivialen Standard-Kopier-Konstruktor besitzt.

Implementierung

Zunächst bekommt die Klasse *TAddressTable* eine andere Basis. Dazu ersetzen wir die Template-Zeile durch

```
typedef TSArrayAsVector<TAddress> TAddressArray;
```

und ergänzen die Klassen-Deklaration von TAddressTable im public-Abschnitt mit

```
int BinAdd(const TAddress&);
```

Nun müssen wir dafür sorgen, daß statt *Add()* die Funktion *BinAdd()* aufgerufen wird. Insbesondere ändert sich die Elementfunktion *WriteData()* der Klasse *TMyWin*[28] :

```
void TMyWin::WriteData(int& rec)
// Daten: Maske -> Tabelle
{
   TMyApp* pApp = (TMyApp *)GetApplication();
   TAddress A;

   pApp->Remove( rec );

   edName->GetText( A.Name, TAddress::LEN_NAME+1 );
   RemoveWS( A.Name );    // whitespaces entfernen
   edVName->GetText( A.VName, TAddress::LEN_VNAME+1 );
   RemoveWS( A.VName );
   edTel->GetText( A.Tel, TAddress::LEN_TEL+1 );
   RemoveWS( A.Tel );

   pApp->BinAdd( A );
   rec = pApp->FindMember( A );
}
```

28 Die Funktion *RemoveWS()* wird weiter unten behandelt.

Das Argument von *WriteData()* ist nun eine Referenz. Damit die eventuelle Änderung eines Datensatzes mit der Sortiervorschrift der Tabelle konform verläuft, wird zunächst der Datensatz an der entsprechenden Position entfernt und dann mit Hilfe unserer neuen Funktion *BinAdd()* neu eingefügt. Möglicherweise besitzt der Datensatz nun eine andere Nummer, welche mit *FindMember()* bestimmt werden kann[29].

Durch die Referenz ändert sich auch *CleanupWindow()*, da nun eine Dummy-Variable benötigt wird:

```
void TMyWin::CleanupWindow()
{
   int r = ((TMyApp *)GetApplication())->GetCurrentRec();
   WriteData( r );

   TWindow::CleanupWindow();
}
```

Auf die Funktion *TMyApp::Goto()* verzichten wir, da sich unsere Tabelle nach den (sortierten) Datensätzen und nicht nach Nummern orientiert. Dadurch ändert sich auch geringfügig die Dialog-Klasse:

```
class TRecordDlg : public TDialog
{
   private:
      ...
      int* pRec;
      ...

   public:
      TRecordDlg(TWindow*,int&);
      ...
};
```

Der Konstruktor:

```
TRecordDlg::TRecordDlg(TWindow* aParent,int& rec)
   : TDialog( aParent, DLG_ADDRESS )
{
   lbp = new TListBox( this, IDC_ADDRESS_LB );
   pRec = &rec;
}
```

Die Elementfunktion *CloseWindow()*:

---

29 *FindMember()* verwendet gegenüber *Add()* die Binärsuche.

```
void TRecordDlg::CloseWindow(int retval)
{
   int n;

   if ( retval == IDOK && (n = lbp->GetSelIndex()) >= 0 )
      *pRec = n;

   TDialog::CloseWindow( retval );
}
```

Und natürlich ändert sich die Klasse *TMyApp* durch das Eleminieren der Funktion *Goto()* und durch folgende Anpassung in den Elementfunktionen:

```
void TMyApp::CmFileNew()
{
   TAddress A;
   BinAdd( A );
   CurrentRec = FindMember( A );
   ReadData();
}
void TMyApp::CmFileDel()
{
   if ( Reccount() == 1 )
   {
      MessageBeep( MB_ICONEXCLAMATION );
      return;
   }
   Remove( CurrentRec );
   if ( CurrentRec == Reccount() ) CurrentRec--;
   ReadData();
}
void TMyApp::CmFileNext()
{
   WriteData();
   if ( CurrentRec+1 == Reccount() )
   {
      MessageBeep( MB_ICONEXCLAMATION );
      return;
   }
   CurrentRec++;
   ReadData();
}
void TMyApp::CmFilePrev()
{
   WriteData();
   if ( !CurrentRec )
   {
      MessageBeep( MB_ICONEXCLAMATION );
```

```
      return;
   }
   CurrentRec--;
   ReadData();
}
void TMyApp::CmFileList()
{
   WriteData();

   if ( TRecordDlg( pClient, CurrentRec ).Execute() == IDOK )
      ReadData();
}
```

Es folgt noch die Definition der Funktion *RemoveWS()*, die führende und nachstehende Leerzeichen, Tabulatoren und andere Whitespaces entfernt:

```
static int isSpace(char c)
{
   return isspace( c ) && (signed char)c >= 0;
}

void RemoveWS(char* s)
{
   for ( char* p=s+strlen(s); p>s; --p )
      if ( isSpace(*p) ) *p = '\0';
      else break;

   size_t l = strlen( s );
   for ( size_t i=0; i<l; i++ )
      if ( !isSpace( s[i] ) ) break;
   memmove( s, s+i, l-i+1 );
}
```

Die lokale Funktion *isSpace()* ersetzt die ANSI-C-Funktion[30] *isspace()*, da *isspace()* für Zeichen außerhalb des Bereiches 0..127 falsche Werte liefern kann.

5.2 Implementierung durch Hash-Tabellen

Sind Tabellen sehr groß, dann kann auch die Binärsuche sortierter Arrays (insbesondere bei dateiorientierten Tabellen) zu langsam sein. Günstig wäre ein Algorithmus, der bei der Angabe repräsentativer Daten den gesuchten Datensatz sofort liefert, wobei wir bei den Hash-Tabellen wären.

---

30 *isspace()* kann auch ein Makro sein.

Das folgende Beispiel (Projekt: **dba10.ide**) einer erweiterten Adressen-Datenbank demonstriert nicht nur den Einsatz einer Hash-Tabelle, sondern soll auch zeigen, wie erweiterte Stilelemente (Gadgets, Statuszeile) der OWL 2.0 effektvoll eingesetzt werden können.

Hauptfenster der Anwendung DBA10.EXE

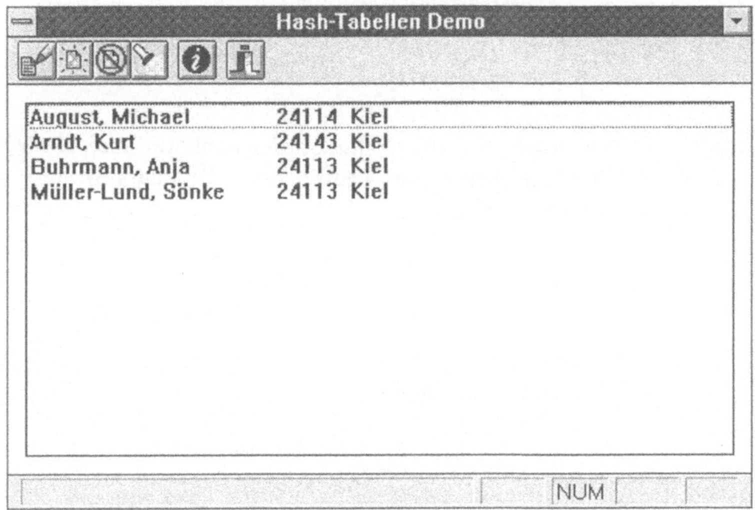

5.2.1 Gestaltung des Objekts

Die Deklaration der Adresse wurde erweitert, wir haben nun:

```
class TAddress
// Klassendeklaration für eine Adresse
{
   public:
      TAddress();

      enum {
         LEN_NAME = 30,
         LEN_VNAME = 30,
         LEN_STRASSE = 40,
         LEN_PLZ = 6,
         LEN_ORT = 30,
         LEN_TEL = 20,
         LEN_FAX = 20
      };
```

```
        char Name[LEN_NAME+1];
        char VName[LEN_VNAME+1];
        char Strasse[LEN_STRASSE+1];
        char PLZ[LEN_PLZ+1];
        char Ort[LEN_ORT+1];
        char Tel[LEN_TEL+1];
        char Fax[LEN_FAX+1];

        int operator == (const TAddress&) const;
        unsigned HashValue() const;

        friend istream& operator >> (istream&,TAddress&);
        friend ostream& operator << (ostream&,const TAddress&);
};
```

Die Funktion *HashValue()* ist neu. Sie soll einen möglichst eindeutigen Index für die internen Einträge der Hash-Tabelle liefern. Bei der Indexbildung sollten folgende Punkte beachtet werden:

- Es sollten nur repräsentative Daten zur Indexbildung herangezogen werden, z.B. der Name, Vorname oder Wohnort.
- Der Index sollte nicht zu groß werden. Im Idealfall ist die Anzahl der möglichen Hash-Werte kleiner oder gleich der Anzahl der Tabellen-Einträge.

Wie wir bereits wissen (siehe: Container-Klassen Abschnitt Hashtabellen) wirken sich Mehrdeutigkeiten bzgl. des Hash-Wertes zwar ungünstig, aber keineswegs katastrophal auf die Hash-Tabelle aus. In unserem Beispiel nehmen wir Mehrdeutigkeiten in der Indexbildung in Kauf, aber erzeugen eine Hash-Tabelle, deren Anzahl der Einträge groß genug ist, um alle verschiedenen Hash-Werte aufnehmen zu können.

```
unsigned TAddress::HashValue() const
{
   return
      (CharHashValue( Name[0] ) << 4 ) +
      (CharHashValue( Name[1] ) << 3 ) +
      (CharHashValue( Name[2] ) << 2 ) +
      (CharHashValue( VName[0] ) << 1 ) +
      CharHashValue( VName[1] );
}
```

Die Funktion *CharHashValue()* ist implementiert durch

```
static unsigned CharHashValue(char c)
{
   static char tmp[2] = "x";
```

```
    static char charlist[] = " aäbcdefghijklmnoöpqrsßtuüvwxyz";

    *tmp = c;
    AnsiLower( tmp );

    char *p = strchr( charlist, *tmp );
    return (p) ? unsigned( p - charlist ) : 0;
}
```

und liefert einen Wert < *sizeof(charlist)* zurück, der sehr viel kleiner als 255 ist. Diese Funktion berücksichtigt zwar nur Buchstaben, aber das soll auch für die meisten Zwecke reichen.

Die Implementation von *HashValue()* liefert zwar durch die Bitverschiebung um nur jeweils 1 Bit keinen eindeutigen Wert, sorgt aber dafür, daß dieser Wert zumindest um die Daten (die ersten 3 Zeichen des Namens und die ersten 2 Zeichen des Vornamens) gewichtet werden.

Die Identifizierung der Datensätze durch die Elementfunktion *Find()* der Hash-Tabelle erfolgt zunächst durch den Hash-Wert. Intern ermittelt der Hash-Wert einen Zeiger auf eine einfach verkettete Liste oder auf 0, falls keine Einträge vorhanden sind. In dieser Liste sind die Datensätze mit gleichem Hash-Wert gespeichert. Um einen gesuchten Datensatz innerhalb der Liste ausfindig zu machen, wird die Funktion *TListImp<T>::Find()* aufgerufen, die wiederum den „==“-Operator der Objekt-Klasse (hier: *TAddress*) aufruft. In unserem Beispiel vergessen wir mögliche mehrere Einträge der Liste und suchen uns nur den ersten Eintrag. Dazu implementieren wir:

```
int TAddress::operator == (const TAddress&) const
{
   return TRUE;
}
```

Die Stream-Funktionen unserer Adresse erfahren keine nennenswerten Änderungen:

```
ostream& operator << (ostream& os,const TAddress& A)
{
   return os
      << A.Name << endl
      << A.VName << endl
      << A.Strasse << endl
      << A.PLZ << endl
      << A.Ort << endl
      << A.Tel << endl
      << A.Fax << endl;
```

```
}
istream& operator >> (istream& is,TAddress& A)
{
   is.getline( A.Name, sizeof(A.Name) );
   RemoveWS( A.Name );
   is.getline( A.VName, sizeof(A.VName) );
   RemoveWS( A.VName );
   is.getline( A.Strasse, sizeof(A.Strasse) );
   RemoveWS( A.Strasse );
   is.getline( A.PLZ, sizeof(A.PLZ) );
   RemoveWS( A.PLZ );
   is.getline( A.Ort, sizeof(A.Ort) );
   RemoveWS( A.Ort );
   is.getline( A.Tel, sizeof(A.Tel) );
   RemoveWS( A.Tel );
   is.getline( A.Fax, sizeof(A.Fax) );
   RemoveWS( A.Fax );

   return is;
}
```

5.2.2 Implementation der Tabelle

Bisher gestaltete sich unsere Tabelle als „ASCII-Müll", da die Datei ADDRESS.DAT keine Informationen über sich selbst enthält. Das wollen wir nun ein wenig ändern:

Die Struktur der INI-Dateien von Windows 3.x dienen als Vorlage:

Format einer INI-Datei

```
[section]
   ... Einträge ...

[section]
   ... Einträge ...

...
```

Die Datei HASHTAB.DAT unseres Beispiels könnte z.B. so aussehen:

```
[Name]
hashtab.dat

[Records]
4

[Lines per Entry]
7
```

```
[Contens]
Müller-Lund
Sönke
Danewerkstr. 13
24113
Kiel
0431 641939
...
```

Der jeweilige Abschnitt bezieht sich immer auf den Namen, der zwischen den eckigen Klammern angegeben ist. Die Dateiposition, die den Anfang eines Abschnitts in der Datei repräsentiert, wird mit

```
int Seek(const char* key,istream& is)
{
   char tmpkey[80];
   char buffer[80];

   sprintf( tmpkey, "[%s]", key );
   is.seekg( 0 );

   int r = 0;

   while ( !is.eof() )
   {
      is.getline( buffer, sizeof(buffer) );
      if ( !stricmp( buffer, tmpkey ) )
      {
         r = 1;
         break;
      }
   }

   is.clear();

   return r;
}
```

ermittelt. Sie liefert 1 bei Erfolg (Abschnitt ist vorhanden), sonst 0 zurück.

Dieser Aufbau unserer Tabellendatei hat den Vorteil, daß der „Header" beliebig erweitert werden kann, da sich die Applikation an den Abschnittsnamen orientieren kann. Zum Erzeugen dieser Informationen erstellen wir eine eigene abstrakte Klasse

```
class TTableHeader
{
   protected:
```

```
        char FileName[MAXPATH];
        unsigned reccount;

        virtual void WriteHeader(ostream&) const;
        virtual void ReadHeader(istream&) {}

        virtual unsigned Reccount() const = 0;
        virtual unsigned GetLinesPerEntry() const = 0;
        virtual void Load() = 0;
        virtual void Save() = 0;
};
```

deren Elementfunktion *WriteHeader()* einfach durch

```
void TTableHeader::WriteHeader(ostream& os) const
{
  os
    << "[Name]\n" << FileName << "\n\n"
    << "[Records]\n" << Reccount() << "\n\n"
    << "[Lines per Entry]\n" << GetLinesPerEntry() << "\n\n"
    << "[Contens]\n";
}
```

realisiert wird.

TTableHeader stellt nun eine weitere Basisklasse von unserer Datenbankklasse dar, die wir mit

```
class TAddressHashTable : public THashTableImp<TAddress>,
    public TTableHeader
{
  private:
    unsigned GetMaxHashValue() const;

  protected:
    virtual unsigned GetLinesPerEntry() const
      { return 7; }

  public:
    enum {
      TAB_OK,
      TAB_READFAIL,
      TAB_WRITEFAIL
    };

    TAddressHashTable(const char* aFileName);
    virtual ~TAddressHashTable();

    void Load();
    void Save();
```

```
        unsigned Reccount() const
            { return GetItemsInContainer(); }

        friend ostream& operator <<(ostream& os,
                const TAddressHashTable& aTable);
        friend istream& operator >>(istream& is,
                TAddressHashTable& aTable);

        int Error;
};
```

deklarieren.

Im Gegensatz zu den Array-Klassen benötigen wir jetzt einen Iterator:

```
typedef THashTableIteratorImp<TAddress>
        TAddressHashTableIterator;
```

Konstruktor und Destruktor:

```
TAddressHashTable::TAddressHashTable(const char *aFileName) :
    THashTableImp<TAddress>( GetMaxHashValue() )
{
    strncpy( FileName, aFileName, MAXPATH-1 )[MAXPATH-1] = '\0';
    Error = TAB_OK;
}
TAddressHashTable::~TAddressHashTable()
{
    Save();
}
```

Der Konstruktor lädt nun nicht mehr automatisch die Tabelle. Das liegt daran, daß der Konstruktor keine virtuellen Funktionen aufrufen kann, die aber hier beim Laden verwendet werden. Zum Laden der Tabelle muß explizit *Load*() aufgerufen werden.

Der Konstruktor ruft *GetMaxHashValue*() auf, um die Tabelle in geeigneter Größe zu erzeugen. Sie ist definiert durch

```
unsigned TAddressHashTable::GetMaxHashValue() const
{
    TAddress A;

    strcpy( A.Name, "zzz" );
    strcpy( A.VName, "zzz" );

    return A.HashValue();
}
```

und liefert den größtmöglichen Hash-Wert.

Die Funktion *Save()* ist einfach durch:

```
void TAddressHashTable::Save()
{
   ofstream os( FileName );
   if ( os )
   {
      WriteHeader( os );
      os << *this;
   }
   else Error = TAB_WRITEFAIL;
}
```

implementiert. *Load()* hingegen ist ein wenig komplizierter aufgebaut:

```
void TAddressHashTable::Load()
{
   ifstream is( FileName );

   // Datei wird angelegt, wenn sie nicht gefunden wurde:
   if ( !is )
   {
      ofstream os( FileName );
      if ( os ) WriteHeader( os );
      else Error = TAB_WRITEFAIL;
   }
   else
   {
      Seek( "records", is );

      char buffer[10];
      is.getline( buffer, sizeof( buffer ) );
      reccount = unsigned( atol( buffer ) );

      is >> *this;
   }
}
```

Load() ermittelt die Anzahl der Datensätze nicht mehr durch das Datei-Ende, sondern durch den Abschnitt *records*.

Die Ausgabe erfolgt durch den Iterator und die Eingabe durch die Elementfunktion *Add()*.

```
ostream& operator << (ostream& os,
        const TAddressHashTable& aTable)
{
   TAddressHashTableIterator it( aTable );
```

```
    for ( unsigned i=0; i<aTable.Reccount(); i++ ) os << it++;

    return os;
}

istream& operator >> (istream& is,TAddressHashTable& aTable)
{
    Seek( "contens", is );

    for ( unsigned i=0; i<aTable.reccount; i++ )
    {
        TAddress A;
        is >> A;

        if ( is.fail() )
        {
            aTable.Error = TAddressHashTable::TAB_READFAIL;
            break;
        }
        aTable.Add( A );
    }

    return is;
}
```

Der Ausgabe-Operator << enthält keine Fehlerkontrolle mehr, da diese von der Funktion *Save*() übernommen wird. Daher kann das Objekt-Argument von << *const* sein (wie es sich für den Ausgabe-Operator gehört).

Damit ist der Datenbank-Teil der Anwendung vollständig.

5.2.3 Anbindung an die OWL

Dieses Programm enthält ein Fenster fester Größe. Dieses Fenster wiederum enthält eine Listbox, die (zur Demonstration) die Datensätze in tabellarischer Form anzeigt.

Ferner enthält das Hauptfenster statt eines Menus eine Mauspalette (oder auch „Tool-Palette" oder „Gadget-Zeile" genannt) und zusätzlich eine Statuszeile, die zum Anzeigen von Hinweistexten dient.

Editieren, Einfügen und Suchen von Datensätzen erfolgt durch ein Dialog-Fenster:

Dialog der Anwendung DBA10.EXE im „Borland-Stil“

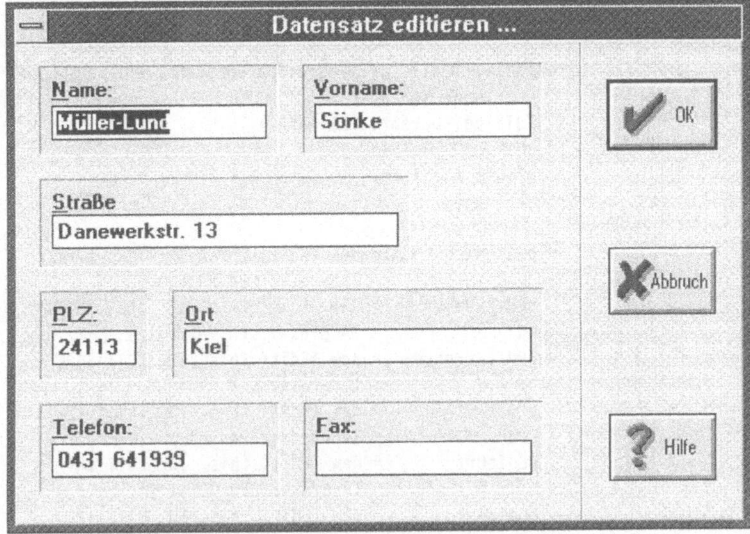

Dialogfenster programmieren

Da die verwendete Dialog-Klasse nur vom Datensatzformat abhängig ist, wird sie zuerst vorgestellt:

```
class TDataDlg : public TDialog
{
   private:
      TAddress *pA;
      const char *pTitle;

      TEdit *pEditName;
      TEdit *pEditVName;
      TEdit *pEditStrasse;
      TEdit *pEditPLZ;
      TEdit *pEditOrt;
      TEdit *pEditTel;
      TEdit *pEditFax;

   public:
      TDataDlg(TWindow *,const char *,TAddress *);

   protected:
      virtual void SetupWindow();
      virtual void IdOk();

      DECLARE_RESPONSE_TABLE( TDataDlg );
};
```

Der Konstruktor:

```
TDataDlg::TDataDlg(TWindow *parent,const char *aTitle,
        TAddress* apA) :
    TDialog( parent, DLG_DATA )
{
    pTitle = aTitle;
    pA = apA;

    pEditName       = new TEdit( this, IDC_EDIT_NAME,
                      TAddress::LEN_NAME+1 );
    pEditVName      = new TEdit( this, IDC_EDIT_VORNAME,
                      TAddress::LEN_VNAME+1 );
    pEditStrasse    = new TEdit( this, IDC_EDIT_STR,
                      TAddress::LEN_STRASSE+1 );
    pEditPLZ        = new TEdit( this, IDC_EDIT_PLZ,
                      TAddress::LEN_PLZ+1 );
    pEditOrt        = new TEdit( this, IDC_EDIT_ORT,
                      TAddress::LEN_ORT+1 );
    pEditTel        = new TEdit( this, IDC_EDIT_TEL,
                      TAddress::LEN_TEL+1 );
    pEditFax        = new TEdit( this, IDC_EDIT_FAX,
                      TAddress::LEN_FAX+1 );
}
```

Neben Eltern-Fenster wird ein Zeiger auf den Titel (denn dieser ist abhängig von der Anwendung des Dialogs) und ein Zeiger auf den zu editierenden Datensatz übergeben. Für die Eingabefelder muß jeweils eine (dynamische) Instanz von *TEdit* erzeugt werden.

Die virtuelle Funktion

```
void TDataDlg::SetupWindow()
{
    TDialog::SetupWindow();

    SetCaption( pTitle );

    pEditName->SetText( pA->Name );
    pEditVName->SetText( pA->VName );
    pEditStrasse->SetText( pA->Strasse );
    pEditPLZ->SetText( pA->PLZ );
    pEditOrt->SetText( pA->Ort );
    pEditTel->SetText( pA->Tel );
    pEditFax->SetText( pA->Fax );
}
```

ist für den Titel des Dialogs und für das Auffüllen der Editierfenster verantwortlich. Das Betätigen des OK-Schalters des Dialogfenster wird durch die Funktion

```
void TDataDlg::IdOk()
{
   pEditName->GetText( pA->Name, TAddress::LEN_NAME+1 );
   pEditVName->GetText( pA->VName, TAddress::LEN_VNAME+1 );
   pEditStrasse->GetText( pA->Strasse,
                          TAddress::LEN_STRASSE+1 );
   pEditPLZ->GetText( pA->PLZ, TAddress::LEN_PLZ+1 );
   pEditOrt->GetText( pA->Ort, TAddress::LEN_ORT+1 );
   pEditTel->GetText( pA->Tel, TAddress::LEN_TEL+1 );
   pEditFax->GetText( pA->Fax, TAddress::LEN_FAX+1 );

   CmOk();
}
```

beantwortet. Der Aufruf von *CmOk()* teilt der Klasse *TDialog* mit, daß das Fenster durch Betätigung des OK-Schalters geschlossen wird. Für die Einbindung von *IdOk()* in die Reihe der Beantwortungsfunktionen sorgt die Definition der zugehörigen Beantwortungstabelle:

```
DEFINE_RESPONSE_TABLE1( TDataDlg, TDialog )
   EV_COMMAND( IDOK, IdOk ),
END_RESPONSE_TABLE;
```

Eine Listbox erstellen

Die Listbox ist wesentlicher Bestandteil der Anwendung und gehört daher der Applikationsklasse (siehe unten). Sie wird aber vom Klient-Fenster erzeugt. Das Klient-Fenster könnte über

```
TMyApp *pApp = (TMyApp *)GetApplication();
```

auf die Applikationsklasse zugreifen, aber etwas praktischer und ohne Casting ist der Zugriff auf eine globale Variable

```
TMyApp *pApp;
```

die vom Konstrukter von *TMyApp* gesetzt wird (siehe unten).

Die Klient-Klasse ist wie folgt deklariert:

```
class TMyWin : public TWindow
{
   protected:
      virtual void SetupWindow();

      void HandleListBoxMsg(UINT);
```

```
        DECLARE_RESPONSE_TABLE( TMyWin );

    public:
        TMyWin(TWindow *parent=0);
};
```

Der Konstruktor erzeugt die Listbox:

```
TMyWin::TMyWin(TWindow* parent)
{
    Init( parent, 0, 0 );

    pApp->ListBox = new
        TListBox( this, LISTBOX_ID, 12, 12, XSIZE-24, YSIZE-64 );
    pApp->ListBox->Attr.Style |= LBS_USETABSTOPS;
    pApp->ListBox->Attr.Style &= ~LBS_SORT;
}
```

Da die Listbox nicht aus den Ressourcen erzeugt wird, müssen Maße und Attribute „manuell" gesetzt werden. Breite und Höhe orientieren sich an den Konstanten *XSIZE* und *YSIZE*, die auch für die Größe des Rahmenfensters verantwortlich sind. Damit wird garantiert, daß die Listbox zentral im Klient-Bereich liegt.

```
const XSIZE = 480;
const YSIZE = 300;
```

Die Konstante LISTBOX_ID ist einfach durch

```
#define LISTBOX_ID 1
```

definiert.

Die Listbox soll Name, Vorname, PLZ und Ort enthalten und es ist daher zweckmäßig, diese Daten tabellarisch anzuordnen. Daher muß der Stil LBS_USETABSTOPS gesetzt werden. Außerdem müssen wir verhindern, daß Windows die Liste alphabetisch sortiert (denn eine Hash-Tabelle ist nicht sortiert). Wir entfernen deshalb den Stil LBS_SORT.

Ferner müssen die Tabstopps der Listbox gesetzt werden. Die Funktion

```
void TMyWin::SetupWindow()
{
    TWindow::SetupWindow();

    static int ts[3] = { 80, 120, 160 };
    pApp->ListBox->SetTabStops( 3, ts );
    pApp->FillListBox();
}
```

setzt drei Tabstopps und füllt die Listbox mit Daten (siehe *TMyApp*).

Die Funktion

```
void TMyWin::HandleListBoxMsg(UINT n)
{
   if ( n == LBN_DBLCLK )
      pApp->GetMainWindow()->
            SendMessage( WM_COMMAND, CM_EDIT, 0 );
}
```

reagiert auf einen Doppelklick der linken Maustaste und simuliert mit *SendMessage()* das Betätigen des Edit-Gadgets. Für *HandleListBoxMsg()* muß eine Beantwortungstabelle bereit stehen:

```
DEFINE_RESPONSE_TABLE1( TMyWin, TWindow )
   EV_CHILD_NOTIFY_ALL_CODES( LISTBOX_ID, HandleListBoxMsg ),
END_RESPONSE_TABLE;
```

Rahmen-Fenster erzeugen

Das Rahmen-Fenster muß, da es Gadgets und eine Statuszeile enthalten soll, von der Klasse *TDecoratedFrame* abgeleitet werden.

```
class TMyFrame : public TDecoratedFrame
{
   protected:
      virtual void SetupWindow();

   public:
      TMyFrame(const char *title,TWindow *ClientWnd);
};
```

Der Konstruktor

```
TMyFrame::TMyFrame(const char *title,TWindow *ClientWnd) :
   TDecoratedFrame( 0, title, ClientWnd, TRUE )
{
   Attr.Style &= ~(
      WS_MAXIMIZEBOX |
      WS_THICKFRAME );
}
```

entfernt die Stile WS_MAXIMIZEBOX und WS_THICKFRAME, damit das Fenster in der Größe nicht geändert werden kann.

Der vierte Parameter des Konstruktors von *TDecoratedFrame* bestimmt, ob eine evtl. vorhandene Statuszeile Hilfetexte anzeigen kann. Dieser Wert ist per Default FALSE und weil sich diese Klasse nicht direkt auf die Statuszeile bezieht, kann man unter Umständen sehr lange nach der Ursache nichtvorhandener Hilfetexte suchen.

Die virtuelle Funktion

```
void TMyFrame::SetupWindow()
{
   TDecoratedFrame::SetupWindow();

   TRect wr,cr;
   GetClientRect( cr );
   GetWindowRect( wr );
   wr.right += XSIZE - (cr.right - cr.left);
   wr.bottom += YSIZE - (cr.bottom - cr.top);
   MoveWindow( wr );
}
```

sorgt dafür, daß die Breite des Klient-Bereichs genau *XSIZE* und die Höhe *YSIZE* beträgt.

Die Applikations-Klasse

TMyApp beerbt (wie im letzten Beispiel) zusätzlich zu *TApplication* die verwendete Container-Klasse:

```
class TMyApp : public TApplication, public TAddressHashTable
{
   private:
      TMyWin* pClient;
      void SetupSpeedBar(TDecoratedFrame *frame);

   protected:
      virtual void InitMainWindow();

   public:
      TMyApp(const char* name=0);

      TListBox *ListBox;
      void FillListBox();
      void RebuildListBox();
      BOOL GetAddressFromListBox(TAddress&);

   protected:
      void CmEdit();
      void CmNew();
      void CmDel();
      void CmFind();
      void CmInfo();

      DECLARE_RESPONSE_TABLE( TMyApp );
};
```

Der Konstruktor

```
TMyApp::TMyApp(const char* name) :
   TApplication( name ),
   TAddressHashTable(
      string( GetInstance(), IDS_TABLENAME ).c_str() )
{
   pApp = this;
}
```

erzeugt die Hash-Tabelle mit den aus den Ressourcen gegebenen Namen und setzt die globale Variable pApp, damit andere Klassen auf (öffentliche) Elemente von *TMyApp* zugreifen können.

Die Funktion

```
void TMyApp::SetupSpeedBar(TDecoratedFrame *frame)
{
   TControlBar* cb = new TControlBar( frame );

   cb->Insert( *new TButtonGadget( BMP_EDIT, CM_EDIT,
      TButtonGadget::Command, TRUE ));
   cb->Insert( *new TButtonGadget( BMP_NEW, CM_NEW ));
   cb->Insert( *new TButtonGadget( BMP_DEL, CM_DEL ));
   cb->Insert( *new TButtonGadget( BMP_FIND, CM_FIND ));
   cb->Insert( *new TSeparatorGadget(6) );
   cb->Insert( *new TButtonGadget( BMP_INFO, CM_INFO ));
   cb->Insert( *new TSeparatorGadget(6) );
   cb->Insert( *new TButtonGadget( BMP_EXIT, CM_EXIT ));

   cb->SetHintMode( TGadgetWindow::EnterHints );

   frame->Insert( *cb, TDecoratedFrame::Top );
}
```

ist neu und wird von *InitMainWindow()* aufgerufen[31] .

```
void TMyApp::InitMainWindow()
{
   // Erzeugen und Laden der Tabelle
   Load();

   TMyFrame *fwp = new
       TMyFrame( AppName, pClient = new TMyWin );

   fwp->SetIcon( this, ICON_MAIN );
   fwp->EnableKBHandler();
```

31 Siehe auch Kapitel OWL 2.0

```
    SetupSpeedBar( fwp );

    TStatusBar *sb = new TStatusBar( fwp,
       TGadget::Recessed,
       TStatusBar::CapsLock        |
       TStatusBar::NumLock         |
       TStatusBar::ScrollLock      |
       TStatusBar::Overtype
    );
    fwp->Insert( *sb, TDecoratedFrame::Bottom );

    MainWindow = fwp;
    EnableBWCC();
}
```

Die vom Klient-Fenster erzeugte Listbox wird mit Hilfe des Iterators durch die Funktion

```
void TMyApp::FillListBox()
{
    TAddressHashTableIterator it( *this );

    for ( unsigned i=0; i<GetItemsInContainer(); i++ )
    {
       TAddress A = it++;
       char buffer[200];

       ostrstream oss( buffer, sizeof(buffer) );
       oss
          << A.Name << ", " << A.VName << '\t'
          << A.PLZ << "  " << A.Ort << ends;
       ListBox->AddString( buffer );
    }
}
```

Für die vollständige Neugestaltung der Listbox sorgt:

```
void TMyApp::RebuildListBox()
{
    ListBox->ClearList();
    FillListBox();
}
```

Den zu einem ausgewählten Eintrag in der Listbox abhängigen Datensatz wird mit

```
BOOL TMyApp::GetAddressFromListBox(TAddress& A)
{
    int n = ListBox->GetSelIndex();
    if ( n < 0 ) return FALSE;
```

```
        TAddressHashTableIterator it( *this );
        for ( int i=0; i<n; i++, it++ );
        A = it++;

        return TRUE;
    }
```

ermittelt. Diese Funktion gibt FALSE zurück, wenn kein Eintrag markiert ist.

Diese Funktion verdirbt das Konzept der Hash-Tabelle! Denn der *n*-te Eintrag in der Tabelle kann viel schneller durch einen Vektor (oder ein Array) ermittelt werden als durch eine Hash-Tabelle. Aber dieses Programm soll anhand der Listbox auch nur demonstrieren, wie die Hash-Tabellen der Borland Containerklassen-Bibliothek arbeiten.

Die Funktion

```
void TMyApp::CmFind()
{
    if ( !GetItemsInContainer() )
    {
        BWCCMessageBox(
            *MainWindow,
            string( *this, IDS_EMPTY ).c_str(),
            0,
            MB_ICONEXCLAMATION | MB_OK
        );
        return;
    }

    TAddress FindA;
    if ( TDataDlg(
            MainWindow,
            string( *this, IDS_DLG_FIND ).c_str(),
            &FindA
        ).Execute() == IDOK )
    {
        TAddress *pA = TAddressHashTable::Find( FindA );
        if ( !pA )
        {
            BWCCMessageBox(
                *MainWindow,
                string( *this, IDS_NOTFOUND ).c_str(),
                0,
                MB_ICONEXCLAMATION | MB_OK
            );
            return;
```

```
         }

         FindA = *pA;
         if ( TDataDlg(
                 MainWindow,
                 string( *this, IDS_DLG_EDIT ).c_str(),
                 &FindA
             ).Execute() == IDOK )
         {
             Detach( *pA );
             Add( FindA );
             RebuildListBox();
         }
     }
 }
```

hingegen verwendet die in der Hash-Tabelle implementierte Suchfunktion.

Weitere Beantwortungsfunktionen:

```
void TMyApp::CmEdit()
{
    TAddress OldA;
    if ( !GetAddressFromListBox( OldA ) ) return;

    TAddress NewA = OldA;
    if ( TDataDlg(
            MainWindow,
            string( *this, IDS_DLG_EDIT ).c_str(),
            &NewA
        ).Execute() == IDOK )
    {
        Detach( OldA );
        Add( NewA );
        RebuildListBox();
    }
}
void TMyApp::CmNew()
{
    TAddress NewA;
    if ( TDataDlg(
            MainWindow,
            string( *this, IDS_DLG_NEW ).c_str(),
            &NewA
        ).Execute() == IDOK )
    {
        Add( NewA );
        RebuildListBox();
    }
```

```
}
void TMyApp::CmDel()
{
   TAddress OldA;
   if ( !GetAddressFromListBox( OldA ) ) return;

   if ( BWCCMessageBox(
      *MainWindow,
      string( *this, IDS_QUERY_DEL ).c_str(),
      string( *this, IDS_QUERY_DEL_CAPTION ).c_str(),
      MB_ICONQUESTION | MB_YESNO ) == IDYES )
   {
      Detach( OldA );
      RebuildListBox();
   }
}
```

Die Beantwortungstabelle:

```
DEFINE_RESPONSE_TABLE1( TMyApp, TApplication )
   EV_COMMAND( CM_EDIT, CmEdit ),
   EV_COMMAND( CM_NEW, CmNew ),
   EV_COMMAND( CM_DEL, CmDel ),
   EV_COMMAND( CM_FIND, CmFind ),
   EV_COMMAND( CM_INFO, CmInfo ),
END_RESPONSE_TABLE;
```

beendet die Implementation dieser Anwendung.

5.3 Der CIS Library-Manager

Dieses Beispiel soll das Kapitel über speicherorientierte Datenbanken abschließen. Ferner ist dieses Beispiel mehr als nur eine Übung, denn der Autor setzt dieses Programm persönlich ein.

Das Programm COMPULIB.EXE ist eine Datenbank-Applikation zur Verwaltung von Datei-Katalogen aus diversen CompuServe-Foren[32] (insbesondere aus den Borland-Foren). Die Datei-Kataloge werden zweimal im Monat ergänzt, und der User kann sowohl die Neuerungen als auch vollständige Kataloge über Modem auf seinen Rechner übertragen.

32 CompuServe ist ein internationales Datennetz, daß von Borland sowie von anderen großen Soft- und Hardware-Anbietern zu Service-Leistungen genutzt wird.

Die Katalog-Dateien sind Text-Dateien und es ist aufwendig, die teilweise recht umfangreichen Kataloge nach den gewünschten Kriterien zu durchsuchen. Der Autor hat dieses Programm geschrieben, weil damit die Suche und das Blättern über die einzelnen Katalog-Einträge erleichtert wird, aber auch weil die Sourcen sich über ein weites Gebiet der Datenbank- sowie der OWL-Programmierung erstrecken. Die Sourcen beinhalten folgende Themen:

- Relationale und dynamische Tabellen
- Verwendung von String-Objekten
- Indirekte Container
- Verwaltung verschiedener Klassen durch nur eine Container-Klasse
- Typenidentifikation zur Laufzeit
- Import von Text-Dateien

Ferner werden folgende Methoden zur OWL-Programmierung vorgestellt:

- Programmierung abhängiger (Menü-)Befehle
- Abhängige Kontrollelemente in Dialogboxen gestalten.
- Verwendung gemeinsamer Dialoge
- Schnelle Bedienung des Programms durch Tastatur-Beschleuniger (Accelerators)
- Elementare GDI-Programmierung

5.3.1 Aufgaben

Der CIS Library-Manager soll alle möglichen Katalog-Dateien aus den verschiedenen CompuServe-Foren in einer einzigen Tabelle verwalten. Dennoch soll eine semantische Trennung der einzelnen Kataloge in der Datenbank bestehen. Aus dieser Zielsetzung resultieren folgende Teilaufgaben:

- Ein Forum bietet meistens mehrere Bibliotheken an. Die Bibliotheken sind in jedem Fall mit einer Nummer (Identität) versehen. Da das Programm die Kataloge mehrerer Foren aufnehmen soll, muß auch zur Unterscheidung der Bibliotheken eine Identität des Forums existieren. Die Forum-Identität wird vom Programm vergeben.
- Das Programm soll verschiedene Katalog-Dateien aus den Foren importieren können, wobei es gleichgültig sein soll, ob nun ein

vollständiger Katalog oder nur die Liste der Neuheiten importiert wird. Aber das Programm muß nicht erkennen, ob ein Katalog-Eintrag bereits existiert, da doppelte Datensätze nach dem Import entfernt werden. Dies impliziert, daß die Tabelle sortiert sein sollte, da sonst ein Doubletten-Abgleich zu zeitaufwendig wäre.

- Die Bibliotheks-Identität wird direkt aus einem importierten Katalog ermittelt und mit ihr auch die Beschreibung der Bibliothek.
- Verfügbare Foren und Bibliotheken sollten gespeichert werden. Das Programm wird also mehrere Tabellen enthalten, die in Beziehung zueinander stehen (relationale Tabellen).
- Ein Katalog-Eintrag enthält Angaben über Autor (d.h. die User-Id des „Uploader's"), Datum, Dateiangaben, Suchwörter (Topics) und eine kurze Beschreibung über die Dateien. Die Liste der Suchwörter sowie die Beschreibung sind dynamische Größen (dynamische Tabellen).
- Eine selektive Auswahl soll ermöglicht werden, wobei die Suchwörter der Katalogeinträge ausgenutzt werden sollen.
- Die Bedienung soll sicher (nur im Zusammenhang sinnvolle Kommandos sollen ausführbar sein) und schnell sein. Dies erfordert einen tieferen Einstieg in die OWL-Programmierung.

5.3.2 Programmbeschreibung

Info-Dialog von COMPULIB

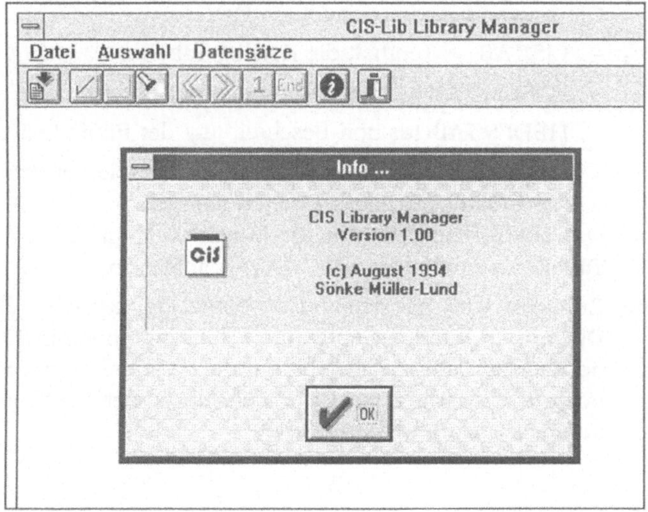

Das Programm COMPULIB.EXE ist eine SDI-Anwendung (Single Device Interface) mit einem Hauptfenster statischer Größe. Die Bedienung erfolgt entweder über das Menü, die Tool-Palette oder über die Tastatur.

Tastatur-Beschleuniger

Die vorliegende Tabelle stellt die Äquivalenzen der einzelnen Bedienungselemente dar:

Menu-Befehl	Schalter	Tastenkombination
Import		Alt + I
Beenden		Alt + F4
Alle Auswählen		Alt + A
Alle Abwählen		Alt + N
Suchen		Alt + S
Weiter	»	Bild ↓
Zurück	«	Bild ↑
1. Position	1	Pos 1
Ende	End	Ende
Über Compulib	i	Strg + I

Dateien

Die Anwendung verwendet die Dateien:

- CIS.TAB (enthält die Katalog-Tabelle)
- FORUM.TAB (Ids und Namen der Foren)
- LIBDES.TAB(Ids und Beschreibung der Bibliotheken)

Wären diese Dateien nicht auf der Beispiel-Diskette vorhanden, würde COMPULIB diese Dateien anlegen. In diesem Fall wäre die Datenbank leer. Die einzige Möglichkeit, mit dem Programm die Tabellen zu füllen, ist das *Import*-Kommando.

Importieren

Zunächst wird mit dem *Import*-Befehl der typische „Datei Öffnen"-Dialog von Windows aufgerufen (hier mit anderem Titel). Wenn eine Katalog-Datei ausgewählt wurde, wird der User nach dem zugehörigen Forum gefragt. Die Foren mit kurzer Beschreibung werden in einem Dialog-Fenster gelistet.

Forum-Dialog von COMPULIB

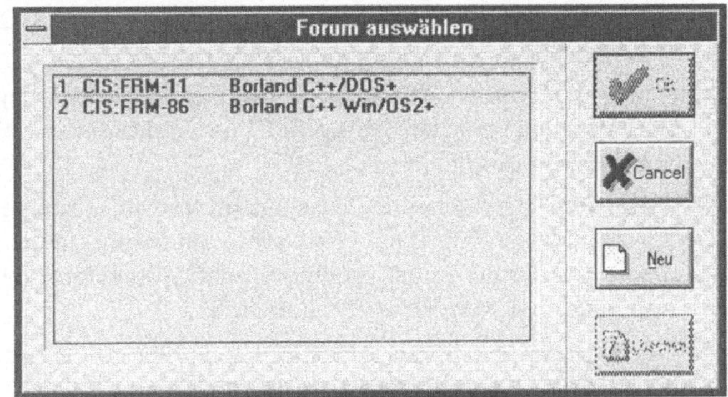

Falls kein Forum verfügbar ist, muß eines erstellt werden (Der *OK*-Schalter sowie der *Löschen*-Schalter können nur gewählt werden, wenn ein Feld in der Liste markiert ist).

Wenn ein neues Forum erstellt wird, erscheint folgender Dialog:

Dialog „Neues Forum eingeben“

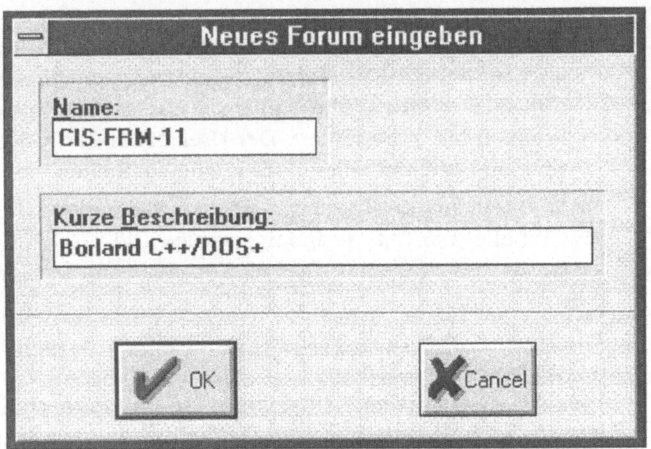

Das Feld *Name* ist obligatorisch, das Feld kurze Beschreibung optional (Der OK-Schalter kann nur bedient werden, wenn das Feld *Name* eine Eingabe enthält). Im Feld *Name* sollte der sog. Dienst stehen[33] (bei dieser Version allerdings nicht wichtig). Falls das Fo-

33 Der „Dienst“ repräsentiert den Zugangs-Code zu einem CompuServe Forum.

rum schon in der Tabelle existiert, beschwert sich COMPULIB entsprechend.

Wenn ein Forum aus der Liste ausgewählt wurde, beginnt der Import-Vorgang. Je nach Größe der Katalog-Datei werden nun einige Sekunden verstreichen.

Nach dem Import meldet COMPULIB, wieviel Einträge nach Abzug der Doubletten hinzugefügt wurden. Wird eine neue Bibliothek in der importierten Katalog-Datei entdeckt, meldet COMPULIB dies und zeigt den Namen der Bibliothek an.

Der Import-Algorithmus versucht, alle Fehler zu erkennen und möglichst viele Unregelmäßigkeiten in der Katalog-Datei auszugleichen. Dennoch gelingt der Import nicht immer. COMPULIB unterscheidet dabei zwischen zwei Import-Fehlern:

- Fataler Fehler:
  Es wurde versucht, eine Datei zu importieren, die mit einer Katalog-Datei keine Ähnlichkeiten besitzt. In diesem Fall wird der Import-Vorgang sofort gestoppt.
- Format-Fehler:
  Die importierte Datei ist zwar eine gültige Katalog-Datei, weist aber im Format eines Eintrags eine Unregelmäßigkeit auf. In diesem Fall werden alle Einträge, die korrekt gelesen werden konnten, noch importiert. Der User hat aber die Möglichkeit, die Katalog-Datei mit einem Editor nachzuarbeiten.

Nach einem Import-Vorgang wird der Anwendung signalisiert, daß die Tabelle CIS.TAB geändert wurde. Die Änderung wird beim Verlassen des Programms gespeichert, was eine entsprechende Zeit dauern kann.

Statuszeile und Auswahl

Wenn die Anwendung gestartet wird, zeigt das Hauptfenster unabhängig davon, ob Datensätze vorhanden sind, noch keine Einträge. Die Daten werden erst sichtbar, wenn sie ausgewählt werden. Es gibt die globale Auswahl (Alle Datensätze werden ausgewählt) und die selektive Auswahl (Auswahl unter Suchkriterien). Die Auswahl kann mit „Alles Abwählen“ rückgängig gemacht werden.

Die Statuszeile zeigt neben den Indikatoren für Einfügen, Capslock und Numlock die Anzahl aller Datensätze, die Anzahl aller ausgewählten Datensätze und die Nummer des aktuellen Datensatzes (sofern eine Auswahl besteht) an.

Statuszeile von COMPULIB

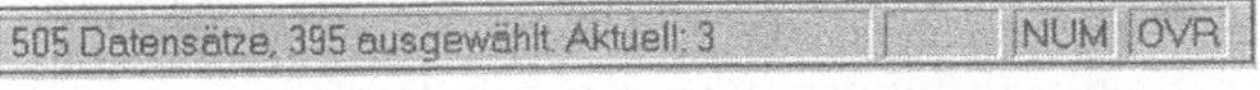

Selektierte Auswahl

Mit dem Kommando „Suchen" können bestimmte Datensätze ausgewählt werden. Jeder Eintrag aus dem Katalog besitzt eine Liste von Suchwörtern, die der Online-Recherche über CompuServe dienen[34]. Das Programm COMPULIB kann diese Suchwörter benutzen, oder aber auch die Datei-Beschreibung nach Suchbegriffen abtasten.

Suchen-Dialog

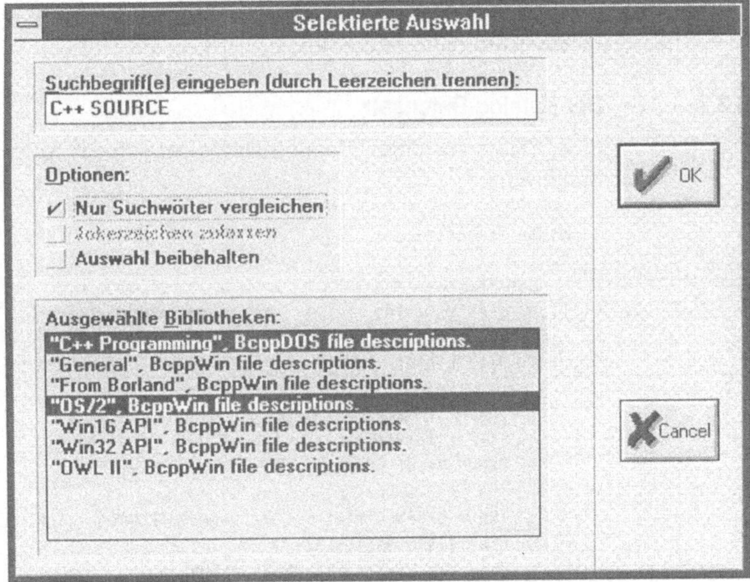

Es können mehrere Suchbegriffe eingegeben werden, wobei ein Begriff angegeben werden muß. Die Suchbegriffe müssen durch Leerzeichen getrennt werden, Groß- und Kleinschreibung spielt keine Rolle, da sie bei der Suche nicht berücksichtigt wird.

Ferner können aus der Liste verfügbarer Bibliotheken ein oder mehrere, für die Suche relevante Bibliotheken ausgewählt werden (ein ausgewählter Listeneintrag ist obligatorisch).

[34] Diese Liste wird von COMPULIB nicht angezeigt.

Zudem können mit den Kontrollkästchen der Suche noch einige Optionen auf dem Weg gegeben werden:

- Nur Suchwörter vergleichen
  Die eingegebenen Suchwörter werden nur mit der oben beschriebenen Liste verglichen, aber nicht mit der Datei-Beschreibung.
- Jokerzeichen zulassen
  Noch nicht implementiert.
- Auswahl beibehalten
  Ist diese Option eingeschaltet, dann wird eine vorher getroffene Auswahl nicht gelöscht.

5.3.3 Der Katalog-Datensatz

Eine Klasse für einen Katalog-Datensatz könnte man wie folgt formulieren:

```
class TLibEntry
{
   public:
      TCisId CisId;          // ID des Uploader's
      WORD ForumId;
      BYTE LibId;

      char FileName[MAXPATH];
      BYTE FileType;
      DWORD Bytes,Count;

      TDate Date1,Date2;     // kann vorkommen
      char Title[MAXTITLE];
      char Description[MAXDESCRIPTION];
};
```

Das hatten wir aber schon einmal und ist hier im höchsten Maße unwirtschaftlich, da die Beschreibung (Feld Description) in der Länge höchst unterschiedlich sein kann. Außerdem fehlt eine Liste für die Suchwörter.

Die Liste der Suchwörter bereitet keine Probleme, wenn man sie als das behandelt, was sie ist, nämlich eine Liste.

Wir können uns nun entscheiden, ob wir ein Listen-Objekt selbst oder einen Zeiger auf ein Listen-Objekt dem Datensatz hinzufügen. Wir entscheiden uns für die zweite Methode,

```
TKeyList *pKeyList;
```

wobei wir die Deklaration von *TKeyList* erst einmal im Raum stehen lassen.

Um mit RAM hauszuhalten, wäre es günstig, von *char*-Arrays konstanter Größe abzusehen. Das ist insbesondere dann wichtig, wenn die maximale Länge eines Strings nur schwer abzuschätzen ist. Das ist zwar nicht beim Dateinamen der Fall, aber schon eher beim Titel und erst recht bei der Beschreibung.

Für den Dateinamen und den Titel benutzen wir die String-Klasse *string* und für die Beschreibung die eigens entwickelte Klasse *TText*, die der String-Klasse ähnlich ist, aber etwas brauchbare Methoden im Zusammenwirken mit Streams besitzt[35] .

```
ostream& operator << (ostream& os,const TText& t)
{
   const char *p = t.GetText();
   for ( unsigned n=0; (p=strchr(p,'\n'))!=0; n++,p++ );
   os << strlen(t.GetText()) << ' ' << (n+1) << endl
      << t.GetText();

   return os;
}
```

Hier wird sowohl die Länge des Textes, als auch die Anzahl der Zeilen (terminiert durch '\n') auf den Stream geschrieben werden, bevor der eigentliche Text gesichert wird. Dadurch kann nicht nur genau das Ende des *TText*-Objektes beim Lesen terminiert werden, sondern es wird auch vor dem eigentlichem Lesevorgang die exakte Größe des Objekts ermittelt:

```
istream& operator >> (istream& is,TText& t)
{
   char buffer[2000];
   unsigned n;
   size_t m;

   is.getline( buffer, sizeof(buffer) );
   istrstream( buffer ) >> m >> n;

   delete [] t.TheText;
   t.TheText = new char[m+1];
   m = 0;

   for ( unsigned i=0; i<n; i++,m++ )
   {
```

35 Die Deklaration der Klasse *TText* ist in der Datei TEXT.H beschrieben.

```
            is.getline( buffer, sizeof(buffer) );
            strcpy( t.TheText + m, buffer );
            size_t bl = strlen( buffer );
            t.TheText[m+=bl] = ( i+1 < n ) ? '\n' : '\0';
        }

        return is;
    }
```

Dennoch hat diese Funktion wie viele andere Lese-Funktionen in C(++) einen Schönheitsfehler: Beim Lesen einer Zeile, sei es durch eine ASCII-Datei oder durch direkte Eingabe (die ja auch sehr lang sein kann), kann man vorher praktisch nie wissen, wie lang die Zeile sein wird. Man kann daher nur abschätzen; frei nach dem Motto: „Je größer der Zeilenpuffer, desto sicherer wird das Programm laufen“[36].

Der Autor gesteht jedoch, daß in diesem Fall eine Terminierung tatsächlich möglich wäre, nämlich durch die Gesamtlänge des Strings im *TText*-Objekt. Andererseits sind 2000 Bytes exakt der Inhalt eines 80x25-Textbildschirms und für den Stack „ein kleiner Fisch“.

Zurück zur Deklaration der Katalog-Datensatz-Klasse:

```
class TLibEntry
{
   public:
      TCisId CisId;
      WORD ForumId;
      BYTE LibId;
      BYTE Sel;

      string FileName;
      BYTE FileType;
      DWORD Bytes,Count;

      TDate Date1,Date2;
      string Title;
      TText Description;

      TKeyList *pKeyList;
};
```

Die Deklaration ist natürlich noch unvollständig, da weder Konstruktoren noch Vergleichsoperatoren vorhanden sind. Ferner müs-

36 Unter DOS und Windows 3.1 kann der Puffer maximal angelegt werden, da die 16Bit-Implementation von C(++) schon von der Sprache her Objekte größer 64KB verbietet.

sen wir auch ein paar Gedanken daran verschwenden, welche Container-Klasse für die Verwaltung der Katalog-Objekte günstig ist. Wie schon oben erwähnt, muß die Container-Klasse sortiert sein, da ein Doubletten-Abgleich sonst viel zu lange dauern würde. Da sich die Größe der Tabelle nur bei einem Import-Vorgang ändert, bietet sich eine Vektor-Klasse an. Insbesondere gestattet eine Vektor-Klasse den einfachsten Zugriff.

Vektoren haben jedoch den Nachteil, daß sie stets einen zusammenhängenden Speicherbereich benötigen, der von der Größe

```
sizeof(Object) * n
```

ist. Die Klassen *string* und *TText* helfen zwar, das Objekt klein zu halten, doch dürfte nach ein paar 1000 Datensätzen das 16Bit-Limit von 64KB erreicht sein.

Indirekte Container

Indirekte Container speichern nicht das Objekt selbst, sondern den Zeiger auf das Objekt. Die Größe eines indirekten Vektors beträgt daher:

```
sizeof(Object*) * n
```

Geht man nun von

```
sizeof(Object*) == 4
```

aus, dann können unter 16Bit maximal 16384 Objekte in einem Vektor gespeichert werden.

Wir benötigen für die Klasse *TLibEntry* neben den Standard-Konstruktor auch einen Kopier-Konstruktor. Überdies ist es sinnvoll, den Zuweisungsoperator „=" für diese Klasse zu erklären. Und schließlich brauchen wir einen Destruktor.

```
TLibEntry();
TLibEntry(const TLibEntry&);
~TLibEntry();
```

Die Suchwort-Liste

Bei der Implementation des Konstruktors ist es wichtig, zumindest die Konstruktoren der Klasse *TKeyList* zu kennen. Doch wir kennen bereits die gesamte Klasse:

```
typedef TSListImp<string> TKeyList;
```

Die zugehörige Iterator-Klasse:

```
typedef TSListIteratorImp<string> TKeyListIt;
```

Listen-Klassen besitzen außer dem Standard-Konstruktor keine weiteren Konstruktoren, daher können wir nun die Konstruktoren der Klasse *TLibEntry* definieren:

```
TLibEntry::TLibEntry()
{
   LibId = FileType = Sel = 0;
   ForumId = 0;
   Bytes = Count = 0;
   pKeyList = 0;
}
```

Hier sind die Elemente gleichen Typs zusammengefaßt. Die anderen Elemente besitzen selbst (Standard-)Konstruktoren, daher brauchen sie nicht initialisiert zu werden. Überhaupt ist eigentlich nur die Initialisierung des Elements *pKeyList* von größerer Bedeutung, da es ein Zeiger auf ein Objekt ist.

Eine sinnvolle Kopiersemantik

Wir brauchen einen expliziten Kopier-Konstruktor nur deshalb, weil die Klasse *TLibEntry* einen Zeiger enthält (genau aus diesem Grund wird auch der Destruktor benötigt).

Es muß dafür gesorgt werden, daß dieser Kopier-Konstruktor die Kopier-Konstruktoren der Elemente aufruft, die einen solchen besitzen. Die einzige Lösung besteht darin, die Kopier-Konstruktoren mit in den Kopf des Konstruktors aufzunehmen:

```
TLibEntry::TLibEntry(const TLibEntry& le) :
   FileName( le.FileName ),
   Title( le.Title ),
   Description( le.Description )
   Date1( le.Date1 ),
   Date2( le.Date2 )
{
```

Weitere Elemente werden in gewohnter Art und Weise kopiert:

```
   Sel        = le.Sel;
   LibId      = le.LibId;
   ForumId    = le.ForumId;
   CisId      = le.CisId;
   Bytes      = le.Bytes;
   Count      = le.Count;
   FileType   = le.FileType;
```

Bis auf das Element *pKeyList*:

```
   if ( le.pKeyList )
   {
```

```
      pKeyList = new TKeyList();
      TKeyListIt it( *le.pKeyList );
      while ( it ) pKeyList->Add( it++ );
   }
   else pKeyList = 0;
}
```

Ähnlich, aber doch anders gestaltet sich der Zuweisungs-Operator:

```
TLibEntry& TLibEntry::operator = (const TLibEntry& le)
{
   Sel          = le.Sel;
   LibId        = le.LibId;
   ForumId      = le.ForumId;
   CisId        = le.CisId;
   FileType     = le.FileType;
   Bytes        = le.Bytes;
   Count        = le.Count;
   Date1        = le.Date1;
   Date2        = le.Date2;
   FileName     = le.FileName;
   Title        = le.Title;
   Description  = le.Description;

   delete pKeyList;
   if ( le.pKeyList )
   {
      pKeyList = new TKeyList();
      TKeyListIt it( *le.pKeyList );
      while ( it ) pKeyList->Add( it++ );
   }
   else pKeyList = 0;

   return *this;
}
```

Im Zuweisungsoperator wird

```
   delete pKeyList;
```

aufgerufen. Das muß getan werden, wenn *pKeyList* nicht 0 ist, aber darf auch getan werden, wenn *pKeyList* gleich 0 ist (im letzteren Fall ist *delete* wirkungslos).

Der Destruktor

Der Destruktor enthält nur:

```
TLibEntry::~TLibEntry()
{
   delete pKeyList;
}
```

Vergleichs-Operatoren

Für die Vergleichsoperatoren ist nur die Identität des Forums und der Bibliothek sowie der Titel relevant:

```
int TLibEntry::operator == (const TLibEntry& le) const
{
   return
      LibId == le.LibId &&
      ForumId == le.ForumId &&
      lstrcmpi( Title.c_str(), le.Title.c_str() ) == 0;
}
int TLibEntry::operator < (const TLibEntry& le) const
{
   if ( ForumId < le.ForumId ) return 1;
   if ( ForumId > le.ForumId ) return 0;
   if ( LibId < le.LibId ) return 1;
   if ( LibId > le.LibId ) return 0;

   return lstrcmpi( Title.c_str(), le.Title.c_str() ) < 0;
}
```

Für den Titelvergleich wird hier die Windows-Funktion *lstrcmpi*() verwendet.

Ein- und Ausgabe

Selbstverständlich muß für die Klasse *TLibEntry* Ein- und Ausgabe erklärt sein. Die Implementation ist reine Routine-Arbeit:

```
ostream& operator << (ostream& os,const TLibEntry& le)
{
   os
      << le.ForumId << ' ' << WORD(le.LibId)
      << ' ' << le.CisId << endl
      << le.FileName << endl
      << WORD(le.FileType) << ' '
      << le.Bytes << ' ' << le.Count << endl
      << le.Date1 << endl
      << le.Date2 << endl
      << le.Title << endl
      << le.Description << endl;

   if ( le.pKeyList )
   {
      os << le.pKeyList->GetItemsInContainer() << endl;
      TKeyListIt it( *le.pKeyList );
      while ( it ) os << it++ << endl;
   }
   else os << '0' << endl;

   return os;
}
```

```
istream& operator >> (istream& is,TLibEntry& le)
{
   char buffer[200];
   WORD w;

   is.getline( buffer, sizeof(buffer) );
   istrstream( buffer ) >> le.ForumId >> w >> le.CisId;
   le.LibId = w;
   is.getline( buffer, sizeof(buffer) );
   le.FileName = string( buffer );
   is.getline( buffer, sizeof(buffer) );
   istrstream( buffer ) >> w >> le.Bytes >> le.Count;
   le.FileType = w;
   is.getline( buffer, sizeof(buffer) );
   istrstream( buffer ) >> le.Date1;
   is.getline( buffer, sizeof(buffer) );
   istrstream( buffer ) >> le.Date2;
   is.getline( buffer, sizeof(buffer) );
   le.Title = string( buffer );
   is >> le.Description;

   unsigned n;
   is.getline( buffer, sizeof(buffer) );
   istrstream( buffer ) >> n;
   if ( le.pKeyList ) delete le.pKeyList;
   le.pKeyList = new TKeyList;

   for ( unsigned i=0; i<n; i++ )
   {
      string s;

      is.getline( buffer, sizeof(buffer) );
      istrstream( buffer ) >> s;
      le.pKeyList->Add( s );
   }

   return is;
}
```

Das Element Sel

Stillschweigend wurde nun mit dem Element *Sel* gearbeitet, ohne seinen Sinn zu erklären. Wie oben beschrieben, soll mit COMPULIB eine selektive Auswahl getroffen werden können. Die Datensätze benötigen daher ein Feld, in dem eine Markierung „ist ausgewählt" gespeichert werden kann. Dieses Markierungsfeld wird durch das Element *Sel* repräsentiert.

Die User-Id

Jeder Datei-Beitrag aus einem Forum enthält die Identität des Uploaders. Diese Identität besteht aus zwei Zahlen, getrennt durch ein Komma. Beispiel:

```
70374,3561
```

Im Katalog erscheint die Identität in eckigen Klammern:

```
[70374,3561]
```

Und so wird die Identität auch von COMPULIB behandelt:

```
class TCisId
{
   private:
      DWORD Id1;
      WORD Id2;

      friend class TLibEntry;

   public:
      TCisId() { Id1 = 0; Id2 = 0; }

      int operator == (const TCisId& cid) const
         { return Id1 == cid.Id1 && Id2 == cid.Id2; }

      friend ostream& operator << (ostream&,const TCisId&);
      friend istream& operator >> (istream&,TCisId&);
};

ostream& operator << (ostream& os,const TCisId& cid)
{
   os << '[' << cid.Id1 << ',' << cid.Id2 << ']';

   return os;
}
```

Die Eingabefunktion ist hier etwas kleinlich programmiert, was vielleicht einige als guten Stil ansehen. Als weniger guten Stil werden viele Programmierer die Verwendung von *goto* ansehen, aber in diesem Fall erweist sich dieser Befehl als recht angebracht.

```
istream& operator >> (istream& is,TCisId& cid)
{
   char c;
   long fpos = is.tellg();

   is >> c;
   if ( c != '[' ) goto bad;
   is >> cid.Id1 >> c;
   if ( c != ',' ) goto bad;
   is >> cid.Id2 >> c;
   if ( c == ']' ) return is;
```

```
bad:
   is.seekg( fpos );
   is.clear( is.rdstate() | ios::badbit );

   return is;
}
```

Die vollständige Klassendeklaration:

```
class TLibEntry
{
   public:
      TCisId CisId;
      WORD ForumId;
      BYTE LibId;
      BYTE Sel;

      string FileName;
      BYTE FileType;
      DWORD Bytes,Count;

      TDate Date1,Date2;
      string Title;
      TText Description;

      TKeyList *pKeyList;

      enum { FT_TEXT, FT_BIN };

      TLibEntry();
      TLibEntry(const TLibEntry&);
      ~TLibEntry();

      void Import(istream&);

      TLibEntry& operator = (const TLibEntry& le);

      BOOL Selected() const
         { return BOOL(Sel); }
      void Select(BOOL s=TRUE)
         { Sel = BYTE(s); }
      void UnSelect()
         { Select( FALSE ); }

      const char *GetTitle() const
         { return Title.c_str(); }
      const char *GetFileName() const
         { return FileName.c_str(); }
```

```
        int operator == (const TLibEntry&) const;
        int operator < (const TLibEntry&) const;

        friend ostream& operator << (ostream&,const TLibEntry&);
        friend istream& operator >> (istream&,TLibEntry&);
};
```

5.3.4 Implementierung der Tabelle

Die Tabelllen-Klasse *TLibTable* wird direkt von

```
typedef TISVectorImp<TLibEntry> TLibTableBase;
```

abgeleitet. Da diese Tabelle auf einer Vektor-Klasse basiert, geschieht im wesentlichen nichts Neues, denn die bereits vorgestellten Array-Klassen benutzen Vektor-Klassen.

Allerdings gibt es einen Punkt, der bei der Programmierung mit indirekten Containern zu berücksichtigen ist: Die Objekte einer indirekten Klasse sind Zeiger auf die eigentlichen Objekte. Die Objekte der Klasse werden gewöhnlich mit *new* erzeugt, aber die Container-Klasse kann das nicht wissen. Deshalb löscht die Container-Klasse von sich aus keine Objekte mit *delete*, wenn es ums Aufräumen geht, d.h. *Flush*() oder der Destruktor aufgerufen wird.

Borland stellt zu diesem Zweck eine eigene Klasse *TShouldDelete* zur Verfügung, die den sog. Besitzerstatus der Objekte regelt. Man kann aber getrost auf die Bildung einer weiteren (virtuellen) Basis-Klasse verzichten, wenn die Container-Klasse so gestaltet wird, daß sie einfach annimmt, daß Objekte mit *delete* entfernt werden sollen.

Der Verzicht auf *TShouldDelete* ist hier schon deshalb sinnvoll, da das Entfernen von Datensätzen (Objekten) nur im Destruktor stattfindet,

```
TLibTable::~TLibTable()
{
   if ( SaveIt ) Save();
   Flush( 1, Reccount(), 0 );
}
```

und in der Funktion, die für die Eleminierung von doppelten Datensätzen im Sinne der Funktion *TLibEntry::operator==*() zuständig ist:

```
void TLibTable::RemoveDups()
{
   for ( unsigned i=0; i<Reccount(); )
```

```
      {
         TLibEntry *ple = (*this)[i++];
         while ( i<Reccount() && *ple==*(*this)[i] )
            Detach( i, 1 );
      }
   }
```

Das Element *SaveIt* gibt an, ob die Tabelle gespeichert werden soll. Es wird von der Anwendungsklasse *TMyApp* nach dem Import-Vorgang gesetzt.

Import

Interpretieren von Textdateien ist keine besonders schwierige, aber dafür eine sehr aufwendige Arbeit. Folgen die Textdateien festen Regeln, dann kann der Text als Source einer Sprache interpretiert werden und so mit geeigneten Funktionen (Parsing) gelesen werden.

In diesem Fall ist die Interpretation sehr einfach:

```
[72617,132]     Lib:6
BCD06.NEW/Text  Bytes:   2415, Count: 1579, 17-Oct-92(15-Jul-94)

Title    : List of files recently uploaded to this library
Keywords: BCD06 NEW CATALOG CAT SCA BRO DES LIB FILE DESCRIPTION

   This ASCII file contains descriptions of files uploaded to this
   library in the last 30 days or so. It is updated on the 1st and
   15th of each month. Instead of DOWnloading this entire ASCII file
   every two weeks.

   you may choose to open a capture buffer and READ
   the first half of it every two weeks, pressing Ctrl-P when you
   start seeing descriptions you have already captured. Or you could
   download the entire file once a month.
```

Dies ist ein Beispiel für einen Eintrag in einer Katalog-Datei. Es wird kaum Schwierigkeiten bereiten, aus diesem Text die gewünschten Informationen herauszufiltern. Das einzige Problem: Wann beginnt der nächste Eintrag?

„Mit der User-Id!“

Unglücklicherweise kann die User-Id in der Beschreibung auftauchen, also ist diese Form der Terminierung unzuverlässig. Doch die Dateibeschreibung ist mit ein paar Leerzeichen eingerückt, auch die „Leerzeilen“ zwischen den Absätzen. Daher kann die Trennung durch:

```
if ( is.eof() || !*buffer || !isspace(*buffer) ) break;
   // 'is' ist vom Typ istream&
```

realisiert werden.

Das Interpretieren der Katalog-Einträge wird mit Hilfe von ein paar weiteren Funktionen realisiert:

```
const char *GetToken(char *dest,const char *source,const char *wss)
{
   if ( !wss ) wss = (const char *)" \t\r\n\f";

   for ( ;; source++,dest++ )
   {
      char c = *source;
      if ( !c || strchr( wss, c ) != 0 )
      {
         *dest = '\0';
         break;
      }
      else *dest = c;
   }
   for ( ; *source && strchr(wss,*source)!=0; source++ );

   return source;
}
```

Diese Funktion ist ein wenig der C-Funktion *strtok()* nachempfunden und dient der Zerlegung von Strings in zusammenhängende Teilstrings (Token). Im Gegensatz zu *strtok()* zerlegt sie den Quell-String *source* nicht wirklich, sondern kopiert das Token nach *dest*. Der String *wws* enthält die gültigen Trennzeichen. Die Funktion *GetToken()* liefert einen Zeiger auf den Anfang des nächsten Tokens oder auf das Ende des Quell-Strings. *GetToken()* ist eine C++-Funktion und der Prototyp (deklariert in TOOLS.H) lautet:

```
const char *GetToken(char *dest,const char *source,
                     const char *wss=0);
```

Da (*Type**) und (*const Type**) in C++ grundverschiedene Typen sind, ist es sinnvoll, eine weitere Version von *GetToken()* anzubieten:

```
inline char *GetToken(char *dest,char *source,const char *wss=0)
{
   return (char *)GetToken( dest, (const char *)source, wss );
}
```

Die Funktion *GetToken()* kann z.B. wie im Source von CLIB_TAB.CPP genutzt werden:

```
is.getline( buffer, sizeof(buffer) );
if ( is.eof() ) return 0;
```

```
char *p = GetToken( tokbuf, buffer );
if ( strncmpi( tokbuf, "LIB", 3 ) ) return 0;
if ( !*p ) return 0;

p = GetToken( tokbuf, p );
LibNo = BYTE( atoi(tokbuf) );
if ( !*p ) return 0;
```

Das Ergebnis von *GetToken()* wird beim nächsten Aufruf dieser Funktion wieder als Parameter eingesetzt. So kann sukzessiv der String buffer nach Token durchsucht werden.

Die Import-Funktion von *TLibTable* verwendet die Funktion *StringUpper()*, die einen String in Großbuchstaben wandelt. Das kann auch die Windows-Funktion *AnsiUpper()*, und zwar sprachenabhängig, aber sie existiert nur für 16Bit-Windows-Versionen. Für 32Bit-Windows ist die Funktion *CharUpper()* für die Konvertierung in Großbuchstaben zuständig, weshalb die Deklaration von *StringUpper()* (ebenfalls in TOOLS.H) von Definitionen abhängig ist.

```
#if defined(_Windows)
#   if defined(__WIN32__)
       inline LPTSTR StringUpper(LPTSTR s)
       {
          return CharUpper( s );
       }
#   else
       inline LPSTR StringUpper(LPSTR s)
       {
          return AnsiUpper( s );
       }
#   endif
#endif
```

Eine weitere Hilfsfunktion der Importfunktion ist die lokale Funktion:

```
static const char *ParseDate(TDate& d,const char *s)
{
   DayTy day = 0;
   MonthTy month = 0;
   YearTy year = 0;

   static char *ms[] = {
      "JAN", "FEB", "MAR", "APR", "MAY", "JUN",
      "JUL", "AUG", "SEP", "OCT", "NOV", "DEC"
   };
   char tokbuf[20];
```

```
    const char *p = GetToken( tokbuf, s, "-" );
    if ( !*p ) return p;

    day = atoi( tokbuf );
    p = GetToken( tokbuf, p, "-" );
    if ( !*p ) return p;

    for ( size_t i=0; i<12; i++ )
       if ( strcmp( ms[i], tokbuf ) == 0 )
       {
          month = i + 1;
          break;
       }
    if ( !month ) return p;

    p = GetToken( tokbuf, p, " \t(" );

    year = atoi( tokbuf );
    d = TDate( day, month, year );

    return p;
}
```

Sie wandelt Datumsangaben der Form „17-Okt-92“ in den Typ *TDate* und liefert bei Erfolg einen Zeiger auf das erste Zeichen in *s*, das dem Datum folgt.

Die Funktion *RemoveAdditionalWS()* ist eine weitere lokale Funktion. Sie entfernt mehrfach hintereinander auftretende Leerzeichen und wird für die Interpretation der Dateibeschreibung benötigt[37].

```
static void RemoveAdditionalWS(char *buffer)
{
   RemoveWS( buffer );

   for ( char *p=buffer;; )
   {
      while ( *p && !isSpace(*p) ) p++;
      if ( !*p ) return;

      for ( char *q=p+1; *q && isSpace(*q); q++ );
      size_t m = size_t( q - p );

      if ( m > 1 ) memmove( p+1, q, strlen(q)+1 );
      p = q + 1 - m;
```

[37] Amerikanische User setzen gewöhnlich mehrere Leerzeichen nach einem Satzende-Zeichen ein.

```
    }
}
```

Deklaration Die vollständige Deklaration der Klasse *TLibTable*:

```
typedef TISVectorIteratorImp<TLibEntry> TLibTableIt;
typedef TISVectorImp<TLibEntry> TLibTableBase;

class TLibTable : public TLibTableBase, virtual public TTableHeader
{
  protected:
    unsigned GetLinesPerEntry() const
      { return 0; }
    BOOL SaveIt;

  public:
    enum {
      TAB_OK,
      TAB_READFAIL,
      TAB_WRITEFAIL
    };

    TLibTable(const char* aFileName);
    virtual ~TLibTable();

    unsigned Reccount() const
      { return Count(); }
    void Load();
    void Save();
    char *Import(istream&,WORD,BYTE&,BOOL&);
    void RemoveDups();

    int Error;
};
```

Die Element-Funktion *Import()* gibt einen Zeiger auf die Bibliotheksbeschreibung zurück, falls die Funktion weitgehend erfolgreich war (d.h. die Katalog-Datei wurde als solche erkannt), sonst 0. Der zweite Parameter der Funktion *Import()* ist die Forum-Identität, Bibliotheks-Id und Fehlerindikator werden im dritten und vierten Parameter per Referenz zurückgegeben.

5.3.5 Weitere Tabellen

Neben der Katalog-Tabelle enthält die Anwendung COMPULIB noch weitere Tabellen. Das Programm muß zusätzlich die verschiedenen Foren (Id, Dienst und Beschreibung) und die Bibliotheken

(Forum-Id, Bibliotheks-Id und Beschreibung) verwalten können. Da beide Tabellen nicht sehr groß werden, kann das durch einfache Listen-Template-Klassen geschehen.

Weder die Größe der Tabelle noch die Größe des Objekts entscheidet über die Größe des Codes, denn jede weitere Verwendung einer Template-Klasse veranlaßt den Compiler, den (schon vorhandenen) Code abermals zu generieren.

Für ähnliche Objekt-Klassen benötigt man nur eine einzige Template-Container-Klasse, wenn indirekte Container verwendet werden. So können z.B. die Klassen *X* und *Y* durch die Klasse *TXYList* verwaltet werden:

```
class B { /*...*/ };
class X : public B { /*...*/ };
class Y : public B { /*...*/ };

typedef TIListImp<B> TXYList;
```

Das ist problemlos, denn mit

```
TXYList xyList;
xyList.Add( new X );
xyList.Add( new Y );
```

bekommt die Klasse *TXYList* alle Informationen, die sie benötigt. Allerdings muß der „==“-Operator sowie der Destruktor der Klasse *B* virtuell sein.

RTTI

Um die Klassen *X* und *Y* zur Laufzeit voneinander zu unterscheiden, kann man der Basisklasse *B* eine virtuelle Funktion mit auf den Weg geben:

```
class B {
   protected:
      virtual const char *NameOf() const = 0; // pure virtual
   /*...*/
};
class X : public B {
   public:
      virtual const char *NameOf() const
         { return (const char*)"Class X"; }
   /*...*/
};

class Y : public B {
   public:
```

```
        virtual const char *NameOf() const
            { return (const char*)"Class Y"; }
    /*...*/
};
```

So handhabte Borland mit der Version 3.x Typenidentifikation zur Laufzeit. Mit Borland C++ 4.0 läßt sich RTTI (RunTime Type Identification) wesentlich eleganter formulieren:

Statt nach Namen oder Integer-Identifikationen in Objekten zu suchen, kann RTTI direkt verwendet werden. Dazu muß die entsprechende Compiler-Option eingeschaltet sein und die Include-Datei TYPEINFO.H mit aufgenommen werden. Dann kann mit typeid z.B. wie in

```
const B *p = I++; // I vom Typ TListIteratorImp<B>
if ( typeid(*p) == typeid(X) ) /*...*/
```

ein Typenvergleich stattfinden.

Wir nutzen RTTI für die Klassen *TLibDescriptionRecord* und *TForumRecord*. Beide leiten wir von der Klasse *TCisRecord* ab, Identität und Beschreibung haben beide gemeinsam.

```
class TCisRecord
{
  protected:
    TCisRecord(WORD id,const char *s) :
        Id( id ),
        Description( s )
    {}

  public:
    TCisRecord() {}
    virtual ~TCisRecord() {}

    virtual int operator == (const TCisRecord& cr) const = 0;
    virtual int operator < (const TCisRecord& cr) const = 0;

    WORD Id;
    string Description;
};
```

Der Konstruktor der abstrakten Klasse *TCisRecord* ist geschützt, da er nur von den Ableitungen aufgerufen wird[38] .

```
class TForumRecord : protected TCisRecord
```

[38] Dieser Schutz ist eigentlich nicht notwendig, da der Compiler Instanzenbildung einer abstrakten Klasse sowieso unterbindet.

```
{
   protected:
      string Name;

   public:
      TForumRecord() {}
      TForumRecord(WORD id,const char *name,const char *descript) :
         TCisRecord( id, descript ),
         Name( name )
      {}

      WORD GetForumId() const
         { return Id; }
      string GetName() const
         { return Name; }

      int operator == (const TCisRecord& cr) const
         { return Id == ((const TForumRecord*)&cr)->Id; }
      int operator < (const TCisRecord& cr) const
         { return Id < ((const TForumRecord*)&cr)->Id; }

      friend ostream& operator << (ostream&,const TForumRecord&);
      friend istream& operator >> (istream&,TForumRecord&);
};

class TLibDescriptionRecord : protected TCisRecord
{
   protected:
      WORD ForumId;

   public:
      TLibDescriptionRecord() {}
      TLibDescriptionRecord(WORD FId,BYTE LId,const char *s) :
         TCisRecord( LId, s ),
         ForumId( FId )
      {}

      const char *GetDescription() const
         { return Description.c_str(); }
      WORD GetLibId() const
         { return Id; }
      WORD GetForumId() const
         { return ForumId; }

      int operator == (const TCisRecord& cr) const;
      int operator < (const TCisRecord& cr) const;

      friend ostream& operator << (ostream&,
            const TLibDescriptionRecord&);
```

```
        friend istream& operator >> (istream&,TLibDescriptionRecord&);
};
```

Ein deutlicher Nachteil dieser Vererbungstaktik ist das ständig notwendige Casting. Wenn statt

```
int operator == (const TCisRecord& cr) const
    { return Id == ((const TForumRecord*)&cr)->Id; }
```

die Funktion

```
int operator == (const TForumRecord& fr) const
    { return Id == fr.Id; }
```

der Klasse *TForumRecord* deklariert wird, ist das eine andere Funktion, die somit niemals von der Klasse *TCisRecord* aufgerufen werden kann. Die Klassenanzeige der Entwicklungsumgebung zeigt, daß obige Funktion nicht virtuell ist.

Anzeige-Fenster der Klasse *TForumRecord*

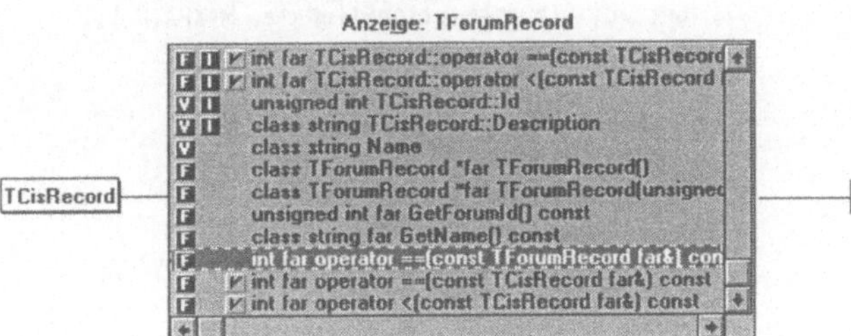

5.3.6 Die OWL-Applikation

Wie auch in den vorangegangenen Beispielen wird die Applikationsklasse *TMyApp* zum Erben der Tabellenklasse:

```
class TMyApp : public TApplication, public TLibTable
{ ...
```

Im Konstruktor sind wir mit dem Dateinamen der Tabelle etwas genauer,

```
TMyApp::TMyApp(const char* name) :
   TApplication( name ),
   TLibTable( GetLibFileName() )
{ ...
```

wobei die Funktion *GetLibFileName*() durch

```
const char *TMyApp::GetLibFileName()
{
   InitFileNames();

   return LibFileName;
}
```

definiert ist. Die Funktion *InitFileName()* hat nur ein einziges Mal etwas zu tun,

```
void TMyApp::InitFileNames()
{
   static BOOL FirstCall = TRUE;

   if ( FirstCall )
   {
      FirstCall = FALSE;

      getcwd( LibFileName, MAXPATH );
      getcwd( ForumFileName, MAXPATH );
      getcwd( LibDescriptionFileName, MAXPATH );

      size_t n = strlen( LibFileName );
      if ( n > 0 && LibFileName[n-1] != '\\' )
      {
         strcat( LibFileName, "\\" );
         strcat( ForumFileName, "\\" );
         strcat( LibDescriptionFileName, "\\" );
      }

      strcat( LibFileName,
         string( GetInstance(), IDS_TABLENAME ).c_str() );
      strcat( ForumFileName,
         string( GetInstance(), IDS_FORUM_TABLE ).c_str() );
      strcat( LibDescriptionFileName,
         string( GetInstance(), IDS_LIBDESCRIPTION_TABLE ).c_str() );
   }
}
```

nämlich die Dateinamen aller Tabellen mit dem aktuellen Laufwerk und Verzeichnis zu erweitern.

Dieses Vorgehen ist notwendig, denn wenn sich das Programm nur den Dateinamen (z.B. CIS.TAB) merkt, kann diese Datei später in einem anderen Verzeichnis (oder auf ein anderes Laufwerk) gespeichert werden. Ein Pfadwechsel wird zum einen durch das Multitasking ermöglicht, kann aber zum anderen auch durch das Programm selbst geschehen, z.B. durch Ändern der Pfad-Angaben in einem Datei-Dialog.

Die anderen Elementfunktionen *GetLibDescriptionFileName()* und *GetForumFileName()* sind entsprechend definiert.

Tabellen laden

Bisher waren die OWL-Applikationen so gestaltet, daß der Aufruf der Funktion *Load()* in der virtuellen Funktion *InitMainWindow()* stattfindet. Das funktioniert auch weiterhin, hat aber den Nachteil, daß im Falle eines längeren Ladevorgangs der User einen „leeren" Bildschirm sieht, da das Hauptfenster zu diesem Zeitpunkt noch gar nicht aufgebaut ist. Es nützt auch nichts, den Aufruf von *Load()* in die Funktion *SetupWindow()* des Hauptfensters zu setzen. Überhaupt bietet die OWL offenbar keine virtuelle Funktion an, die „danach", also nachdem das Hauptfenster vollständig aufgebaut ist, aufgerufen wird.

Doch wenn das Hauptfenster steht und die Meldungs-Schleife der Anwendung leer ist, kann eingegriffen werden. Hierfür muß die Funktion *IdleAction()* überschrieben werden. In unserem Fall:

```
BOOL TMyApp::IdleAction(long count)
{
   static BOOL FirstCall = TRUE;

   if ( FirstCall )
   {
      FirstCall = FALSE;
      LoadForumTable();
      LoadLibDescriptionTable();
      LoadLibTable();
   }

   return TApplication::IdleAction( count );
}
```

Würde Windows 3.x über echtes Multitasking verfügen, könnte die Lade-Funktion in einen sog. Thread geschickt werden. Der Thread könnte z.B. nach jeder Sekunde der Anwendung signalisieren, wieviele Datensätze bereits geladen sind. Das würde dem User ermöglichen, während der Ladezeit mit der Anwendung sinnvoll zu arbeiten.

Natürlich können Aufgaben durch Beantworten der Meldung WM_TIMER eines eigenen Timers in den Hintergrund verlegt werden, aber das funktioniert nur, wenn der Algorithmus für den Timer neu implementiert wird, was eine vollständige Zerstörung des OOP-Konzepts zur Folge hätte.

Eine weitere Methode, bei zeitaufwendigen Algorithmen anderen Anwendungen die Arbeit zu ermöglichen, besteht darin, den Kern der Meldungsschleife in die Funktion mit aufzunehmen. Die zeitaufwendige Funktion ruft dann in einer geeigneten Regelmäßigkeit (z.B. einmal in einer äußeren Schleife) die Funktionen *GetMessage()* und *DispatchMessage()* auf[39].

Die Funktion *LoadLibTable()* informiert den User über die Statuszeile, daß die Tabelle geladen wird. Da der User nun etwas warten muß, wird der Mauszeiger zur Sanduhr:

```
void TMyApp::LoadLibTable()
{
   pStatusText->SetText( string( *this, IDS_LOADTABLE ).c_str() );
   PumpWaitingMessages();

   HCURSOR SaveCursor = ::SetCursor( ::LoadCursor( 0, IDC_WAIT ) );
   Load();
   ::SetCursor( SaveCursor );

   UpdateStatusText();
}
```

Hierbei wird die Meldung (aus den Resourcen stammend) durch ein sog. Text-Gadget angezeigt.

Die Funktion *TTextGadet::SetText()* schreibt nicht direkt in die Statuszeile, sondern schickt nur eine entsprechende Meldung. Würde nach diesem Aufruf unmittelbar der Ladevorgang folgen, wäre der Text erst nach diesem Vorgang sichtbar. Deshalb muß dafür gesorgt werden, daß vorher alle anstehenden Meldungen verarbeitet werden. Genau das bewirkt die Element-Funktion *PumpWaitingMessage()*.

Im übrigen ist es sinnvoll, den Scope-Operator „::" vor den Aufruf von Windows-API-Funktionen zu setzen, da ein großer Teil der API-Funktionen durch OWL-Elementfunktionen gleichen Namens ersetzt wurden.

---

39 Beispiel dazu später.

Die Lade-Funktionen der anderen miteinander verwandten Tabellen werden unter Verwendung des Operators *typeid()* implementiert:

```
void TMyApp::LoadForumTable()
{
   LoadCisTable( GetForumFileName(), typeid( TForumRecord ) );
}
void TMyApp::LoadLibDescriptionTable()
{
   LoadCisTable( GetLibDescriptionFileName(),
      typeid( TLibDescriptionRecord ) );
}
```

Dementsprechend:

```
void TMyApp::LoadCisTable(const char *fname,const Type_info& ti)
{
   ifstream is( fname );
   if ( !is )
   {
      ofstream( fname );
      return;
   }

   TCisTable *pct = (ti == typeid(TForumRecord))
      ? pForumTable
      : pLibDescriptionTable;

   for ( ;; )
   {
      TCisRecord *pcr;
      if ( ti == typeid(TForumRecord) )
      {
         pcr = (TCisRecord*)new TForumRecord;
         is >> *(TForumRecord*)pcr;
      }
      else
      {
         pcr = (TCisRecord*)new TLibDescriptionRecord;
         is >> *(TLibDescriptionRecord*)pcr;
      }
      if ( is.eof() )
      {
         delete pcr;
         break;
      }
      pct->Add( pcr );
   }
}
```

Statt dieser Lösung kann alternativ für die Klasse *TCisRecord* eine virtuelle Eingabe- und eine entsprechende Ausgabe-Funktion erstellt werden, z.B. durch

```
class TCisRecord
{
   virtual void Read(istream&) = 0;
   virtual void Write(ostream&) const = 0;
   ...
};
```

Diese Funktionen müßten für die Ableitungen überschrieben werden und die Operator-Funktionen „<<" und „>>" könnten durch

```
inline istream& operator >> (istream& is,TCisRecord& cr)
{
   cr.Read( is );
   return is;
}
```

und

```
inline ostream& operator << (ostream& os,const TCisRecord& cr)
{
   cr.Write( os );
   return os;
}
```

definiert werden.

Speichern

Das Speichern der Katalog-Tabelle ist bereits durch die beerbte Klasse *TLibTable* gelöst. Das Speichern der Forum- und der Beschreibungstabelle erfolgt wie das Laden durch RTTI:

```
TMyApp::~TMyApp()
{
   WriteAndKill( GetForumFileName(), pForumTable );
   WriteAndKill( GetLibDescriptionFileName(),
      pLibDescriptionTable );
}

void TMyApp::WriteAndKill(const char *fname,TCisTable* pct)
{
   ofstream os( fname );
   TCisIt I( *pct );

   while ( I )
   {
      const TCisRecord *pcr = I++;
      if ( typeid(*pcr) == typeid(TForumRecord) )
```

```
            os << *(TForumRecord*)pcr;
         else
            os << *(TLibDescriptionRecord*)pcr;
      }
      pct->Flush( 1 );
      delete pct;
   }
```

Statuszeile

Die Statuszeile soll die Anzahl der Datensätze, die Anzahl der ausgewählten Datensätze und den aktuellen Datensatz (wenn eine Auswahl besteht) anzeigen. Die dafür zuständige Elementfunktion *UpdateStatustext*() wird von anderen Elementfunktionen aufgerufen, die die Statuszeile für ihre Zwecke verändern (siehe *LoadLibTable*()).

```
void TMyApp::UpdateStatusText()
{
   char buffer[80];
   char tmp[10];

   if ( CurrentRec() == NORECORD ) strcpy( tmp, "-" );
   else wsprintf( tmp, "%d", CurrentRec() );

   wsprintf(
      buffer,
      string( *this, IDS_FS_STATUS ).c_str(),
      Reccount(),
      Selcount(),
      tmp
   );

   pStatusText->SetText( buffer );
}
```

Diese Funktion ruft die Elementfunktionen *CurrentRec*(), *Reccount*() und *Selcount*() auf. Der Rückgabewert aller drei Funktionen ist vom Typ *unsigned*. Die Konstante NORECORD ist durch

```
const unsigned NORECORD = unsigned(-1);
```

definiert und beträgt daher je nach Compiler 65535 oder 2^{32}-1.

Die Statuszeile insgesamt wird durch ein Objekt der OWL-Klasse TStatusBar repräsentiert. Der Teil der Stauszeile, der durch die Anwendung COMPULIB verändert wird, ist eine Instanz der Klasse *TTextGadget*(). Initialisiert werden Statuszeile und Gadget in *InitMainWindow*().

```
void TMyApp::InitMainWindow()
{
```

```
    TMyFrame *fwp = new TMyFrame( AppName, pClient = new TMyWin );

    fwp->SetIcon( this, ICON_MAIN );
    fwp->Attr.AccelTable = MAIN_ACCEL;
    fwp->AssignMenu( MAIN_MENU );
    fwp->EnableKBHandler();

    SetupSpeedBar( fwp );

    TStatusBar *sb = new TStatusBar( fwp,
       TGadget::Recessed,
       TStatusBar::CapsLock       |
       TStatusBar::NumLock        |
       TStatusBar::Overtype
    );

    pStatusText = new
       TTextGadget( 1, TGadget::Plain, TTextGadget::Left, 30 );
    sb->Insert( *pStatusText );

    fwp->Insert( *sb, TDecoratedFrame::Bottom );

    MainWindow = fwp;
    EnableBWCC();
}
```

5.3.7 OWL-Befehlsverwaltung

In der Programmbeschreibung wurde erwähnt, daß die Befehle des Programms COMPULIB durch drei verschiedene Methoden (Menus, Tool-Palette und Accelerators) erreichbar sind. Für die Zuordnung des Menus existiert die OWL-Funktion *AssignMenu()*, aber für die Zuordnung der Accelerators existiert keine entsprechende Funktion.

Die Zuordung einer Tastatur-Beschleuniger-Tabelle erfolgt durch das Ändern des Elements *Attr.AccelTable* des entsprechenden Fenster-Objekts, wie hier (in *InitMainWindow()*) mit:

```
fwp->Attr.AccelTable = MAIN_ACCEL;
```

Die Belegung der Tasten (Resourcen-Auszug):

```
MAIN_ACCEL ACCELERATORS
{
 VK_NEXT, CM_NEXT, VIRTKEY
 VK_PRIOR, CM_PREV, VIRTKEY
 VK_HOME, CM_HOME, VIRTKEY
 VK_END, CM_END, VIRTKEY
 "^I", CM_INFO
```

```
    "s", CM_FIND, ASCII, ALT
    "a", CM_SELECT_ALL, ASCII, ALT
    "n", CM_SELECT_NONE, ASCII, ALT
    "i", CM_IMPORT, ASCII, ALT
}
```

Wenn wie in diesem Fall das Hauptfenster keine (Dialog-) Kontrollelemente besitzt (Schalter, Eingabefelder, Listen etc.), können fast alle Tastenkombinationen für die Beschleuniger gewählt werden.

Command-Enabler

Es ist einfach besserer Stil, wenn ein Kommando nur dann verfügbar ist, wenn die Aktivierung auch einen Sinn ergibt (nichtverfügbare Schalter und Menuzeilen werden grau dargestellt). Z.B. ist es unsinnig, die Menuzeile „Einfügen" im „Bearbeiten"-Menu wählen zu können, wenn die Zwischenablage leer ist.

Die Programmierung abhängiger Kommandos ist mit der OWL 2.0 einfacher, als man sich zunächst vorstellen kann[40] :

Zunächst definiert man die Antwort-Tabelle wie gewohnt, hier durch

```
DEFINE_RESPONSE_TABLE1( TMyApp, TApplication )
   EV_COMMAND( CM_IMPORT, CmImport ),
   EV_COMMAND( CM_SELECT_ALL, CmSelectAll ),
   EV_COMMAND( CM_SELECT_NONE, CmSelectNone ),
   EV_COMMAND( CM_FIND, CmFind ),
   EV_COMMAND( CM_INFO, CmInfo ),
   EV_COMMAND( CM_NEXT, CmNext ),
   EV_COMMAND( CM_PREV, CmPrev ),
   EV_COMMAND( CM_HOME, CmHome ),
   EV_COMMAND( CM_END, CmEnd ),
END_RESPONSE_TABLE;
```

Die entsprechenden parameterlosen Beantwortungsfunktion sind in der Deklaration der Klasse *TMyApp* erklärt. Für die Kommandos, die von bestimmten Zuständen abhängig gemacht werden sollen, ergänzt man die Beantwortungstabelle mit Einträgen der gleichen Identität::

```
DEFINE_RESPONSE_TABLE1( TMyApp, TApplication )
   ...
   EV_COMMAND_ENABLE( CM_SELECT_ALL, CmSelectAllEnable ),
   EV_COMMAND_ENABLE( CM_SELECT_NONE, CmSelectNoneEnable ),
   EV_COMMAND_ENABLE( CM_FIND, CmFindEnable ),
   EV_COMMAND_ENABLE( CM_NEXT, CmNextEnable ),
```

40 Die Programmierung ist so einfach, daß sie beim Lesen der Sourcen leicht übersehen wird.

```
        EV_COMMAND_ENABLE( CM_PREV, CmPrevEnable ),
        EV_COMMAND_ENABLE( CM_HOME, CmHomeEnable ),
        EV_COMMAND_ENABLE( CM_END, CmEndEnable ),
    END_RESPONSE_TABLE;
```

Die Elementfunktionen, die hierfür bereitgestellt werden müssen, besitzen als Parameter eine Referenz auf die Klasse *TCommandEnabler*, die in OWL\WINDOW.H erklärt ist[41] .

```
class _OWLCLASS TCommandEnabler {
  public:
    const UINT  Id;

    TCommandEnabler(UINT id, HWND hWndReceiver = 0);

    virtual void  Enable(BOOL enable = TRUE);
    virtual void  SetText(LPCSTR text) = 0;
    enum {Unchecked, Checked, Indeterminate};
    virtual void  SetCheck(int check) = 0;

    BOOL         GetHandled() {return Handled;}
    BOOL         IsReceiver(HWND hReceiver)
          {return hReceiver==HWndReceiver;}

  protected:
    const HWND  HWndReceiver;
    BOOL        Handled;
};
```

Wir benötigen hier nur die Elementfunktion *Enable()*, die in den jeweiligen Beantwortungsfunktionen aufgerufen wird, wie z.B. in:

```
void TMyApp::CmFindEnable(TCommandEnabler& ce)
{
   ce.Enable( Reccount() > 0 );
}
```

Der Programmierer muß sich nicht um den Aufruf der „Enabler"-Funktionen sorgen, denn das wird vom Beantwortungs-Management der Klasse *TApplication* übernommen (es wäre ja auch ziemlich aufwendig, nach jeder noch so geringen Aktion sämtliche Zustände selbst zu erfassen, und dann für alle betreffenden Menuzeilen und Schalter den Status zu ändern).

Auswahl treffen

Es können alle Datensätze ausgewählt werden, wenn nicht schon alle Datensätze ausgewählt worden sind:

41 Eine Beschreibung dieser Klasse in der Online-Hilfe fehlt jedoch.

```
void TMyApp::CmSelectAllEnable(TCommandEnabler& ce)
{
   ce.Enable( Selcount() != Reccount() );
}
```

Der Fall, daß keine Datensätze existieren, wurde schon durch diese Bedingung berücksichtigt.

Eine Auswahl kann nur dann zurückgenommen werden, wenn eine Auswahl besteht:

```
void TMyApp::CmSelectNoneEnable(TCommandEnabler& ce)
{
   ce.Enable( Selcount() > 0 );
}
```

Für das Blättern werden weitere Elemente benötigt, nämlich:

```
unsigned Current,FirstSelected,LastSelected;
```

Der Konstruktor initialisiert die Elemente wie folgt:

```
Selected = 0;    // repräsentiert durch Selcount()
Current =
FirstSelected =
LastSelected = NORECORD;
```

Mit diesen Elementen können die anderen „Enabler" implementiert werden:

```
void TMyApp::CmNextEnable(TCommandEnabler& ce)
{
   ce.Enable( Current != NORECORD && Current < LastSelected );
}
void TMyApp::CmPrevEnable(TCommandEnabler& ce)
{
   ce.Enable( Current != NORECORD && Current > FirstSelected );
}
void TMyApp::CmHomeEnable(TCommandEnabler& ce)
{
   ce.Enable( Current != NORECORD && Current > FirstSelected );
}
void TMyApp::CmEndEnable(TCommandEnabler& ce)
{
   ce.Enable( Current != NORECORD && Current < LastSelected );
}
```

Auf Befehle reagieren

```
void TMyApp::CmSelectAll()
{
   FirstSelected = Current = 0;
   LastSelected = Reccount() - 1;
```

```
    Selected = Reccount();

    UpdateStatusText();

    for ( unsigned i=0; i<Reccount(); i++ )
       (*this)[i]->Select();

    pClient->Invalidate();
}
void TMyApp::CmSelectNone()
{
    FirstSelected = LastSelected = Current = NORECORD;
    Selected = 0;

    UpdateStatusText();

    for ( unsigned i=0; i<Reccount(); i++ )
       (*this)[i]->UnSelect();

    pClient->Invalidate();
}
```

Die Arbeitsweise obiger Funktionen ist offensichtlich, der Aufruf von

```
pClient->Invalidate();
```

macht das Klient-Fenster ungültig, woraufhin dieses Fenster gelöscht wird und ggf. ein Datensatz gezeigt wird.

Die Klassenbibliothek von Borland C++ 3.x würde diese Konstruktion nicht gestatten, da der `[]`-Operator von sortierten Arrays und Vektoren einen Zeiger oder eine Referenz auf ein konstantes Objekt liefert und somit kein L-Value ist. Ein L-Value wird hier aber benötigt, da die Elementfunktionen *Select()* und *UnSelect()* von *TLibEntry* das Objekt ändern.

Die „korrekte" Alternative wäre:

- Zu änderndes Objekt aus dem sortierten Container in ein temporäres Objekt kopieren.
- Kopie wie gewünscht ändern.
- Objekt aus dem Container entfernen.
- Kopie dem Container hinzufügen

Der Nachteil des „korrekten" Verfahrens liegt auf der Hand: Diese Methode dauert sehr viel länger. Überdies ist sie unnötig, da diese Änderung der Objekte die Sortierung nicht beeinflußt.

Die Implementierung der weiteren Beantwortungsfunktionen:

```
void TMyApp::CmNext()
{
   for ( ++Current; Current<=LastSelected; Current++ )
      if ( (*this)[Current]->Selected() ) break;

   pClient->Invalidate();
   UpdateStatusText();
}
void TMyApp::CmPrev()
{
   for ( --Current; Current>=FirstSelected; Current-- )
      if ( (*this)[Current]->Selected() ) break;

   pClient->Invalidate();
   UpdateStatusText();
}
void TMyApp::CmHome()
{
   Current = FirstSelected;
   pClient->Invalidate();
   UpdateStatusText();
}
void TMyApp::CmEnd()
{
   Current = LastSelected;
   pClient->Invalidate();
   UpdateStatusText();
}
```

Import

Die Verwendung von „gemeinsamen Dialogen" ist dank OWL erheblich vereinfacht worden, hat aber immer noch so ihre Ecken und Kanten. Zwar muß der Programmierer nun nicht mehr alle Interna der umfangreichen Strukturen, die von diesen Dialogen verwendet werden, auswendig lernen, aber allein die Fülle der verschiedenen Flags stiftet schon Verwirrung.

Die OWL stellt für die Verwendung von Datei-Dialogen die Klassen *TFileOpenDialog*() und *TFileSaveDialog*() bereit, die von der Klasse *TOpenSaveDialog*() abgeleitet sind, die wiederum die Klasse *TCommonDialog*() beerbt. Letztere ist direkter Nachfahre von *TDialog*().

Wenn OWL-Datei-Dialoge aufgerufen werden sollen, muß zunächst eine Instanz der Klasse *TOpenSaveDialog::TData* erzeugt werden, von der man im Konstruktor nur die Flags setzen sollte:

```
void TMyApp::CmImport()
{
   TOpenSaveDialog::TData d(
      OFN_HIDEREADONLY |
      OFN_FILEMUSTEXIST |
      OFN_PATHMUSTEXIST
   );
```

Ein Datei-Dialog sollte über einen Filter verfügen, denn dieser bestimmt anhand der Datei-Jokerzeichen[42], welche Dateien angezeigt werden. Dieser Filter kann mehrzeilig sein, wobei die verschiedenen Einträge über eine Kombinationsbox im Datei-Dialog angezeigt werden.

Ein typischer Filter:

Beschreibung	Datei-Maske
Alle Dateien (*.*)	*.*
Text-Dateien (*.txt)	*.txt

Da diese Angaben nur durch einen einzigen String erfolgen, ist ein Terminierungssymbol erforderlich. Üblicherweise nimmt man dafür die vertikale Linie. Als String würde obiger Filter so aussehen:

```
char Filter[] = "Alle Dateien (*.*)|*.*|Text-Dateien (*.txt)|*.txt|";
```

COMPULIB holt sich den Filter aus den Ressourcen:

```
STRINGTABLE
{
  IDS_IMPORT_FILTER,
    "Katalog-Dateien (*.cat)|*.CAT|
     Neuheiten (*.new)|*.NEW|
     Alle Dateien (*.*)|*.*|"
}
```

Dieser Filter wird dann mit

```
d.SetFilter( string( *this, IDS_IMPORT_FILTER ).c_str() );
```

gesetzt. Der Konstruktor bereitet den Aufruf des Datei-Dialogs vor

42 Jokerzeichen sind hier '*' und '?', die für Filter wie *.*, *.doc, etc. eingesetzt werden. Unter von FAT verschiedenen Dateisystemen (HPFS, NTFS) können Filter komplexer sein.

```
TFileOpenDialog ofd(
   MainWindow,
   d,
   0,
   string( *this, IDS_IMPORT_TITLE ).c_str()
);
```

und wird mit

```
if ( ofd.DoExecute() == IDCANCEL ) return;
```

aktiviert, wobei das Betätigen des Abbruchsschalters den sofortigen Austritt aus der Funktion veranlaßt.

Der Dateiname, der mit dem Dialog ausgewählt wird, ist Element von *TOpenSaveDialog::TData.* Nun muß geprüft werden, ob diese Datei zum Lesen geöffnet werden kann, denn möglicherweise greift ein anderes Programm gerade auf diese Datei zu.

```
char *ImportName = d.FileName;
ifstream is( ImportName );

if ( !is )
{
   char buffer[MAXPATH+40];

   wsprintf(
      buffer,
      string( *this, IDS_FS_IMPORT_ERROR ).c_str(),
      ImportName
   );
   BWCCMessageBox( *MainWindow, buffer, 0,
                   MB_ICONEXCLAMATION | MB_OK );
   return;
}
```

Anschließend muß der User das Forum angeben, das den importierten Datensätzen zugeordnet werden soll. Das geschieht über ein weiteres Dialog-Fenster:

```
WORD ForumNo;
BYTE LibNo;
BOOL ImportError;
unsigned OldCount = Reccount();

if ( TForumDlg( MainWindow, &ForumNo ).Execute() == IDCANCEL )
   return;
```

In *Oldcount* wird jetzt die alte Anzahl der Datensätze gespeichert, *LibNo* und *ImportError* dienen als Parameter für die bereits implementierte Import-Funktion *TLibTable::Import()*.

```
pStatusText->SetText( string( *this, IDS_IMPORTTABLE ).c_str() );
PumpWaitingMessages();

HCURSOR SaveCursor = ::SetCursor( ::LoadCursor( 0, IDC_WAIT ) );
char *ld = Import( is, ForumNo, LibNo, ImportError );
::SetCursor( SaveCursor );

UpdateStatusText();
```

Die Funktion *Import()* ist zeitaufwendig und wird daher genauso umkleidet, wie die Funktion *Load()* in *LoadLibTable()*.

Nun werden mögliche Fehler ausgewertet:

```
if ( ImportError )
{
   if ( !ld )
   {
      BWCCMessageBox(
         *MainWindow,
         string( *this, IDS_IMPORT_FATAL ).c_str(),
         0,
         MB_ICONEXCLAMATION | MB_OK
      );
      return;
   }
   BWCCMessageBox(
      *MainWindow,
      string( *this, IDS_IMPORT_ERROR ).c_str(),
      0,
      MB_ICONEXCLAMATION | MB_OK
   );
}
```

An dieser Stelle angelangt, kann der Import-Vorgang als „gelungen" betrachtet werden. Neue Datensätze wurden ggf. hinzugefügt, also:

```
if ( Reccount() > OldCount ) SaveIt = TRUE;
```

Nun wird überprüft, ob COMPULIB die Bibliothek, aus der die neuen Datensätze stammen, bereits kennt:

```
BOOL NewLib = FALSE;
TLibDescriptionRecord *pldr0;
TLibDescriptionRecord *pldr =
   new TLibDescriptionRecord( ForumNo, LibNo, ld );
```

```
if ( (pldr0=(TLibDescriptionRecord*)pLibDescriptionTable->
      Find( (TCisRecord*)pldr )) != 0 )
   pLibDescriptionTable->Detach( (TCisRecord*)pldr0, 1 );
else NewLib = TRUE;

pLibDescriptionTable->Add( (TCisRecord*)pldr );
```

Es stellt sich hier die Frage, warum die Bibliotheksbeschreibung im Falle der Existenz gelöscht wird.

Gleichheit von Objekten der Klasse *TLibDescriptionRecord* wird anhand der Identitäten überprüft, aber nicht anhand des Titels. Es kann durchaus vorkommen, daß die Bibliotheksbeschreibung von den Forum-Betreibern geändert wird.

Wird eine neue Bibliothek gefunden, soll eine Meldung erscheinen:

```
if ( NewLib )
{
   char buffer[120];

   wsprintf(
      buffer,
      string( *this, IDS_FS_IMPORT_NEW ).c_str(),
      ld
   );
   BWCCMessageBox(
      *MainWindow,
      buffer,
      "",
      MB_ICONINFORMATION | MB_OK
   );
}
```

Bevor die Anzahl der neuen Datensätze gezeigt wird, werden möglicherweise vorhandene Einträge entfernt:

```
RemoveDups();

char buffer[80];

wsprintf(
   buffer,
   string( *this, IDS_FS_IMPORT_RECCOUNT ).c_str(),
   Reccount() - OldCount
);
BWCCMessageBox(
```

```
            *MainWindow,
            buffer,
            "",
            MB_ICONINFORMATION | MB_OK
        );
    }
```

5.3.8 Datensätze suchen

Durch ein Dialog-Fenster soll bestimmt werden, wonach eigentlich gesucht werden soll. Dieses Dialog-Fenster wird durch die Klasse *TFindDlg* repräsentiert, doch zunächst betrachten wir die innere Klasse *TFindDlg::TFindParam.*

```
struct TFindParam
{
   TIdTable *pIdTable;
   TKeyList *pKeyList;
   WORD Flags;
   TFindParam()
      { pIdTable = 0; pKeyList = 0;
        Flags = FF_COMPARETOPICONLY; }
   ~TFindParam()
      { delete pIdTable; delete pKeyList; }
};
```

Diese Klasse enthält wiederum dynamische Einträge, nämlich *pKeyList* und *pIdTable*, dessen Typ *TIdTable* noch unbekannt ist:

```
class TIdRecord
{
   public:
      WORD ForumId,LibId;

      int operator == (const TIdRecord&) const;
      int operator < (const TIdRecord&) const;
};

typedef TSListImp<TIdRecord> TIdTable;
typedef TSListIteratorImp<TIdRecord> TIdIt;
```

Das Element *pKeyList* wird benötigt, damit mehrere Suchwörter eingegeben werden können und *pIdTable* wird für die Auswahl des Bibliotheksbereichs verwendet. Die Klasse *TFindDlg::TFindParam* besitzt noch das Element *Flags*, welches ein oder mehrere Bits, gegeben durch

```
enum {
```

```
        FF_COMPARETOPICONLY = 0x01,
        FF_ALLOWJOKER = 0x02,
        FF_KEEPSELECTION = 0x04
    };
```

aufnehmen kann.

Damit ist der Typ des Übergabe-Parameters des „Suchen"-Dialogs erstellt. Wir möchten nun gerne, daß der Parameter beständig ist, d.h. die Einstellungen des Dialogs sollen beim erneuten Aufruf des Dialogs wieder erscheinen. Das erreichen wir mit:

```
void TMyApp::CmFind()
{
   static TFindDlg::TFindParam FindParam;
```

Der Dialog kann mit

```
if ( TFindDlg( MainWindow, &FindParam ).Execute() == IDCANCEL )
   return;
```

aufgerufen werden.

Wir dürfen nun annehmen, daß *pKeyList* und *pIdTable* auf gültige Werte zeigen, denn sonst wird der Suchvorgang vorzeitig beendet:

```
if ( !FindParam.pKeyList || !FindParam.pIdTable ) return;
```

Es folgt die obligatorische visuelle Vorbereitung:

```
pStatusText->SetText( string( *this, IDS_SEARCHING ).c_str() );
PumpWaitingMessages();

HCURSOR SaveCursor = ::SetCursor( ::LoadCursor( 0, IDC_WAIT ) );
```

Wenn der Schalter „Auswahl beibehalten" nicht gesetzt ist, wird eine mögliche vorhandene Selektion rückgängig gemacht:

```
if ( !(FindParam.Flags&TFindDlg::FF_KEEPSELECTION) )
{
   FirstSelected = LastSelected = Current = NORECORD;
   Selected = 0;

   for ( unsigned i=0; i<Reccount(); i++ )
      ((TLibEntry*)(*this)[i])->UnSelect();
}
```

Nun beginnt die äußere Schleife des Suchlaufs, d.h. „Für alle Datensätze":

```
for ( unsigned i=0; i<Reccount(); i++ )
{
```

Jetzt wird ein Zeiger auf den aktuellen Datensatz gebildet, ein Iterator auf die im Suchdialog ausgewählten Bibliotheken erzeugt sowie ein Indikator gesetzt, der den Erfolg der Suche repräsentiert:

```
TLibEntry *ple = (TLibEntry*)(*this)[i];
TIdIt IdI( *FindParam.pIdTable );
BOOL Found = FALSE;
```

Zunächst wird getestet, ob der aktuelle Datensatz (bzgl. des Schleifenindex) zu den ausgewählten Bibliotheken gehört:

```
while ( IdI )
{
   TIdRecord idr = IdI++;
   if ( idr.ForumId == ple->ForumId &&
        idr.LibId == ple->LibId )
   {
      Found = TRUE;
      break;
   }
}
if ( !Found ) continue;
```

Ist das nicht der Fall, dann wird die äußere Schleife fortgesetzt. Bei Erfolg werden die Suchwörter im Datensatz mit den eingegebenen Suchwörtern im Dialog kreuzweise verglichen. Dabei wird die logische ODER-Verknüpfung verwendet, d.h. es genügt, wenn eine einzige Übereinstimmung besteht.

```
TKeyListIt KI1( *FindParam.pKeyList );
TKeyListIt KI2( *ple->pKeyList );
Found = FALSE;

while ( KI1 )
{
   const char *p1 = (KI1++).c_str();
   KI2.Restart();
   while ( KI2 )
   {
      const char *p2 = (KI2++).c_str();
      if ( !strcmp( p1, p2 ) )
      {
         Found = TRUE;
         break;
      }
   }
   if ( Found ) break;
}
```

Besteht nach Ablauf dieser Schleifen immer noch keine Übereinstimmung und wurde außerdem der Schalter „Nur Suchwörter vergleichen“ nicht gesetzt, dann werden die eingegebenen Suchwörter mit der Dateibeschreibung des momentanen Datensatzes verglichen.

„Vergleich“ bedeutet hier:

- Keine Berücksichtigung von Groß- und Kleinschreibung.
- Suche nicht nur nach ganzen Wörtern.

Unter diesen Bedingungen kann die C-Funktion *strstr()* genutzt werden, da sie Substrings extrem schnell findet. Zuvor muß jedoch eine temporäre Kopie der Beschreibung erzeugt werden und alle Zeichen der Kopie müssen in Großbuchstaben gewandelt werden, damit *strstr()* bzgl. der ersten Bedingung benutzt werden kann.

```
if ( !Found &&
     !(FindParam.Flags&TFindDlg::FF_COMPARETOPICONLY) )
{
   const char *p = ple->Description.GetText();
   size_t n = strlen( p );
   char *tmp = new char [n+1];
   strcpy( tmp, p );
   StringUpper( tmp );

   KI1.Restart();
   while ( KI1 )
      if ( strstr( tmp, (KI1++).c_str() ) != 0 )
      {
         Found = TRUE;
         break;
      }
   delete [] tmp;
}
```

Damit ist die Suche abgeschlossen. Es müssen nur noch die Elemente zur Auswahleingrenzung entsprechend gesetzt werden:

```
   if ( Found )
   {
      if ( !ple->Selected() ) Selected++;
      ple->Select();
      if ( Current == NORECORD ) Current = i;
      if ( FirstSelected == NORECORD ) FirstSelected = i;
      if ( LastSelected == NORECORD ) LastSelected = i;
      if ( LastSelected < i ) LastSelected = i;
   }
}
```

Die Beantwortungsfunktion endet mit:

```
        ::SetCursor( SaveCursor );

        pClient->Invalidate();
        UpdateStatusText();
    }
```

5.3.9 Ausgabe

Es gibt unter Windows grundsätzlich zwei Möglichkeiten, Daten zu repräsentieren:

- Einsatz von sog. Kontrollelementen, d.h. von Fenster-Klassen, die sonst gewöhnlich in Dialog-Fenstern eingesetzt werden.
- Direkte Ausgabe durch den sog. Gerätekontext des Fensters.

Die erste Lösung ist einfacher zu handhaben, da man sich um das Neuzeichenen des Fensters nicht kümmern muß. Außerdem wird die Eingabe (Maskengestaltung) möglich.

Die zweite Lösung ist vorzuziehen, wenn Daten nur ausgegeben werden sollen. Es können alle Funktionen eingesetzt werden, die das GDI (Graphic Device Interface) bietet, und die Ausgabe an ein anderes Gerät (z.B. Drucker) muß nicht zusätzlich programmiert werden.

In unserer Anwendung ist das Klient-Fenster für die Ausgabe verantwortlich. Es ist die Elementfunktion *Paint*(), die indirekt auf die Windows-Meldung WM_PAINT reagiert. Diese Botschaft wird z.B. durch das Freisetzen des Hauptfensters durch den User vom System erzeugt, aber kann auch künstlich durch die Anwendung mit dem Aufruf von

```
pClient->Invalidate();
```

generiert werden.

Windows ist „ereignisorientiert“ (eventhandling)[43]. Das bedeutet, daß maximale Funktionalität von Windows nicht nur durch Funktionen, sondern durch Senden und Auswerten von Meldungen erreicht wird.

43 Der OS/2-Presentation-Manager, aber auch andere graphische Benutzeroberflächen sind ebenfalls ereignisorientiert.

Viele Anfänger fragen sich, mit welcher Funktion der graphische Inhalt eines Fensters gelöscht werden kann. Die (erfolglose) Suche einer zu *clrscr()* simultanen Funktion durch die API-Beschreibung beginnt und nimmt ggf. Stunden in Anspruch.

Der Inhalt eines Fensters wird gelöscht, wenn es vollständig ungültig gemacht, aber dann nicht neu gezeichnet wird. Ein Fenster kann mit der API-Funktion *InvalidateRect()* oder mit der Elementfunktion *TWindow::Invalidate()* der OWL ungültig gemacht werden.

InvalidateRect() sendet zwar keine WM_PAINT-Meldung, aber wenn Windows erkennt, daß das betreffende Fenster nicht verdeckt ist, schickt Windows WM_PAINT an das Fenster. Aus diesem Grunde sollte *InvalidateRect()* niemals in der Beantwortung von WM_PAINT aufgerufen werden, da es sonst zu einer Rekursion kommen kann.

In COMPULIB ist die Funktion *TMyWin::Paint()* so überschrieben, daß sie im Fall „Fenster löschen", d.h. wenn keine Auswahl besteht, gar nichts tut.

```
void TMyWin::Paint(TDC& dc,BOOL,TRect&)
{
   if ( pApp->Current == NORECORD ) return;
```

Die Ausgabe soll zunächst die Bibliotheksbeschreibung anzeigen. Diese muß gesucht werden:

```
   const TLibEntry *ple = (*pApp)[pApp->Current];
   const char *p;
   char buffer[80];
   TCisIt I( *pApp->pLibDescriptionTable );

   while ( I )
   {
      const TLibDescriptionRecord *pldr = (const
            TLibDescriptionRecord*)I++;
      if ( ple->LibId == pldr->GetLibId() )
      {
         p = pldr->GetDescription();
         break;
      }
   }
```

Schrift auswählen

Eine bestimmte Schrift für die Ausgabe unter Windows festzulegen ist nicht ganz unproblematisch. Man kann sich nämlich nie sicher sein, ob der gewählte Schrifttyp auf dem Zielsystem überhaupt existiert.

Aus diesem Grund sollten Truetype- und Postscript-Schriften nur dann verwendet werden, wenn sie vom User durch ein Schriften-Auswahl-Dialog gewählt wurden.

Wir wollen uns aber die Programmierung eines Schriftten-Dialogs ersparen und setzen voraus, daß der Anwender die Schriftart „Courier" installiert hat.

```
dc.SelectObject( TFont( "Courier", 12 ) );
dc.SetBkMode( TRANSPARENT );
dc.SetTextColor( TColor::Black );
```

Der Aufruf von *SetBkMode()* wird leider immer wieder von einigen Autoren vergessen. Ohne diesen Aufruf ist die Hintergrundfarbe der Schrift nicht die Hintergrundfarbe des Fensters. Wurde z.B. durch die Windows-Systemsteuerung die Farbe Hellgrau für Fenster gewählt, erscheint ohne den Aufruf von

```
dc.SetBkMode( TRANSPARENT );
```

der Hintergrund der Schrift i.d.R. in weiß.

Der Rest der Funktion *Paint()* ist Routine:

```
dc.TextOut( 16, 16, p );
dc.TextOut( 16, 48, ple->GetTitle() );

wsprintf(
   buffer,
   string( *pApp, IDS_FS_FILEDATA ).c_str(),
   ple->GetFileName(),
   ple->Bytes,
   ple->Count
);
dc.SetTextColor( TColor::LtBlue );
dc.TextOut( 16, 72, buffer );

ostrstream( buffer, sizeof(buffer) ) << ple->Datel << ends;
dc.SetTextColor( TColor::Black );
dc.TextOut( 16, 84, buffer );

ostrstream( buffer, sizeof(buffer) ) << ple->CisId << ends;
dc.SetTextColor( TColor::Black );
dc.TextOut( 16, 96, buffer );

dc.SelectObject( TFont( "Courier", 10 ) );
dc.SetTextColor( TColor::LtBlue );
p = ple->Description.GetText();
for ( short y=128;; y+=short(13) )
{
```

```
            const char *q = strchr( p, '\n' );
            int n = ( q!=0 ) ? int( q-p ) : -1;

            dc.TextOut( 16, y, p, n );

            if ( !q ) break;
            p = q + 1;
        }
    }
```

Die vielleicht einzige kommentierungsbedürftige Zeile ist:

```
for ( short y=128;; y+=short(13) )
```

Dieser Cast ist notwendig, wenn man die Meldung „Conversion may lose significant bits" unter 32Bit-Compilierung verhindern will.

5.3.10 Dialoge

Eigene Dialog-Fenster mit der OWL 2.0 zu programmieren ist fast reine Routine-Arbeit. Dazu gehört:

- Dialog-Ressource mit (oder ohne) dem Ressource-Workshop erstellen.
- Ableiten der Klasse TDialog.

Für die Ableitung muß:

- Die Elementfunktion *SetupWindow()* überschrieben werden, damit die Dialog-Elemente evtl. mit Daten gefüllt werden.
- Der Konstruktor die Konstruktoren der verwendeten Kontroll-Elemente dynamisch erzeugen.
- Eine Antworttabelle sowie die Beantwortungsfunktionen bereitgestellt werden.

Normalerweise müssen für die Schalter („OK", „Abbruch", etc.) keine Konstruktoren der Klasse *TButton* bereitgestellt werden, es sei denn, daß man diese Schalter manipulieren möchte, z.B. in den nichtaktivierbaren Zustand versetzen. COMPULIB verwendet hierfür die Funktion

```
void EnableButton(TButton *pb,BOOL enable)
{
   pb->EnableWindow( enable );
}
```

aus der Datei OWLTOOLS.CPP.

Forum auswählen

Dieser Dialog enthält eine Listbox sowie zwei zusätzliche Schalter „Neu“ und „Löschen“[44]. Ziel ist es, den Dialog so zugestalten, daß die Schalter „OK“ und „Löschen“ nur aktivierbar sind, wenn ein Eintrag aus der Listbox ausgewählt ist.

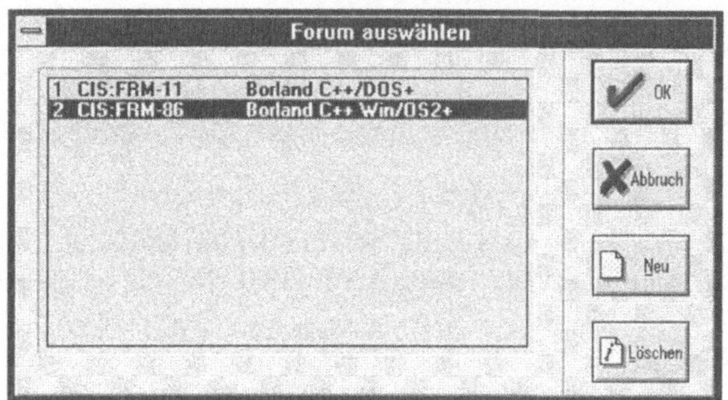

Die Listbox muß über die Stile LBS_NOTIFY und LBS_USETABSTOPS verfügen, damit auf Änderungen in der Auswahl reagiert werden kann und damit die Darstellung der Liste tabularisch erfolgt. Die Listbox enthält zwei Tabulatoren, deren Werte sich am besten durch Ausprobieren ermitteln lassen.

```
void TForumDlg::SetupWindow()
{
   TDialog::SetupWindow();

   static int ts[2] = { 10, 72 };
   pLb->SetTabStops( 2, ts );

   BuildList();
}
```

Die Funktion *BuildList*() baut (wie sollte es auch anders sein?) die Liste auf

```
void TForumDlg::BuildList() const
{
   TCisIt I( *pApp->GetForumTable() );

   while ( I )
   {
```

44 Die für diese Schalter notwendigen Bitmap-Ressourcen sind aus den Ressourcen des Ressource-Workshops selbst extrahiert worden.

```
        TForumRecord *pfr = (TForumRecord *)I++;
        char buffer[100];

        ostrstream( buffer, sizeof(buffer) ) << *pfr << ends;
        *strrchr( buffer, '\n' ) = '\0';
        pLb->AddString( buffer );
    }
    EnableButton( pOkButton, FALSE );
    EnableButton( pDelButton, FALSE );
}
```

und setzt zusätzlich die Schalter „OK“ und „Löschen“ in den inaktivierbaren Zustand. Die Zeile

```
*strrchr( buffer, '\n' ) = '\0';
```

entfernt das abschließende LF in der Ausgabe von *TForumRecord*.

Die Funktion

```
void TForumDlg::HandleListBoxMsg(UINT msg)
{
    switch ( msg )
    {
    case LBN_SELCHANGE:
        {
            BOOL enable = pLb->GetSelIndex() >= 0;
            EnableButton( pOkButton, enable );
            EnableButton( pDelButton, enable );
        }
        break;
    case LBN_DBLCLK:
        if ( pLb->GetSelIndex() >= 0 ) IdOk();
        break;
    }
}
```

reagiert auf den Wechsel einer Auswahl und auf den doppelten Mausklick innerhalb der Listbox. Bei einem Doppelklick wird die Ausführung von *IdOk*() erzwungen, d.h. das Dialog-Fenster wird geschlossen.

Wenn die Beantwortungsfunktion *IdOk*() wie hier direkt aufgerufen wird, ist es nicht ratsam, danach auf Kontrollelemente des Dialogs zuzugreifen, da diese dann nicht mehr existieren. Es kann dann zu einer Schutzverletzung kommen.

Die Funktion *HandleListBoxMsg*() ist eine Beantwortungsfunktion und muß daher in die Beantwortungstabelle eingetragen werden.

```
DEFINE_RESPONSE_TABLE1( TForumDlg, TDialog )
   EV_COMMAND( IDOK, IdOk ),
   EV_COMMAND( IDNEW, IdNew ),
   EV_COMMAND( IDDEL, IdDel ),
   EV_CHILD_NOTIFY_ALL_CODES( IDC_FORUM_LB, HandleListBoxMsg ),
END_RESPONSE_TABLE;
```

Die Beantwortungsfunktion *IdOk()* ermittelt durch

```
void TForumDlg::IdOk()
{
   *pForumNo = GetForumRecord()->GetForumId();
   CmOk();
}
```

die Forum-Identität des entsprechenden Eintrags in der Liste und schließt den Dialog durch den Aufruf von *CmOk()*.

Ein Zeiger auf die Identität wird durch den Konstruktor-Kopf

```
TForumDlg::TForumDlg(TWindow *parent,WORD *pfn) :
  TDialog( parent, DLG_FORUM ),
  pForumNo( pfn )
```

übergeben.

Die Funktion *GetForumRecord()* wird auch in *IdDel()* benötigt

```
void TForumDlg::IdDel()
{
   int r = BWCCMessageBox(
      *this,
      string( *pApp, IDS_QUERY_FORUMDEL ).c_str(),
      "",
      MB_ICONQUESTION | MB_YESNO
   );

   if ( r == IDYES )
   {
      TForumRecord *pfr = GetForumRecord();
      pApp->GetForumTable()->Detach( (TCisRecord*)pfr, 1 );
      pLb->ClearList();
      BuildList();
   }
}
```

und ermittelt den Forum-Datensatz direkt durch den ausgewählten String in der Liste:

```
TForumRecord *TForumDlg::GetForumRecord() const
{
   int n = pLb->GetSelIndex();
```

```
    if ( n < 0 ) return 0;

    char buffer[120];
    pLb->GetString( buffer, n );

    TForumRecord fr,*pfr=0;
    istrstream( buffer ) >> fr;

    TCisIt I( *pApp->GetForumTable() );
    while ( I )
    {
       pfr = (TForumRecord *)I++;
       if ( *(TCisRecord*)pfr == (TCisRecord&)fr ) break;
    }

    return pfr;
}
```

Die Funktion *IdNew()* ruft einen weiteren Dialog auf:

```
void TForumDlg::IdNew()
{
   TForumRecord *pfr;
   if ( TForumNewDlg( this, &pfr ).Execute() == IDOK )
   {
      pApp->GetForumTable()->Add( (TCisRecord*)pfr );
      pLb->ClearList();
      BuildList();
   }
}
```

Neues Forum

Auch in diesem Dialog ist der Zustand des „OK“-Schalters von dem Zustand anderer Kontrollelemente abhängig. In diesem Fall ist der „OK“-Schalter nur dann aktivierbar, wenn das Eingabefeld „Name“ nicht leer ist. Wenn der User den Inhalt eines Eingabefeldes verändert, wird die Meldung EN_CHANGE ausgelöst. Für diese Meldung stellt die OWL 2.0 ein Ereignis-Makro bereit. Somit sieht die Beantwortungstabelle der Klasse *TForumNewDlg* wie folgt aus:

```
DEFINE_RESPONSE_TABLE1( TForumNewDlg, TDialog )
   EV_COMMAND( IDOK, IdOk ),
   EV_EN_CHANGE( IDC_FORUM_NEW_ED1, HandleEdChange ),
END_RESPONSE_TABLE;
```

Die Konstante IDC_FORUM_NEW_ED1 ist die Ressourcen-Identität des entsprechenden Eingabefeldes. Die Beantwortungsfunktion:

```
void TForumNewDlg::HandleEdChange()
{
   EnableButton( pOkButton, ped1->GetTextLen() > 0 );
}
```

Ohne große Umstände ist es möglich, diese Funktion derart zu erweitern, daß die Gültigkeit eines Namens genauer geprüft wird. Ein Name, welcher nur aus Leerzeichen besteht, ist z.B. für ungültig zu erklären.

Die Beantwortungsfunktion *IdOk()* erfüllt folgende Aufgaben:

- Entfernen von führenden und nachstehenden Leerzeichen in beiden Eingabefeldern.
- Wandeln des Namens in Großbuchstaben.
- Prüfen auf bereits vorhandene Namen.
- Dem neuen Forum eine Identität zuordnen.
- Erzeugen einer dynamische Instanz von *TForumRecord.*

```
void TForumNewDlg::IdOk()
{
   char bf1[MAX_ED1+1];
   char bf2[MAX_ED2+1];

   ped1->GetText( bf1, sizeof(bf1) );
   ped2->GetText( bf2, sizeof(bf2) );

   RemoveWS( bf1 );
   RemoveWS( bf2 );
   StringUpper( bf1 );
   string sName( bf1 );

   TCisIt I( *pApp->GetForumTable() );
   while ( I )
   {
      TForumRecord *pfr = (TForumRecord*)I++;
      if ( pfr->GetName() == sName )
      {
         char buffer[80];

         wsprintf(
            buffer,
            string( *pApp, IDS_FS_FORUM_NEW_DUP ).c_str(),
            bf1
         );
         BWCCMessageBox(
            *this,
            buffer,
            0,
            MB_ICONEXCLAMATION | MB_OK
         );
         return;
```

```
      }
   }

   for ( WORD id=1;; id++ )
   {
      I.Restart();
      BOOL exist = FALSE;

      while ( I )
      {
         TForumRecord *pfr = (TForumRecord*)I++;
         if ( pfr->GetForumId() == id )
         {
            exist = TRUE;
            break;
         }
      }

      if ( !exist ) break;
   }

   *ppfr = new TForumRecord( id, bf1, bf2 );

   CmOk();
}
```

Suchen-Dialog

Dieser Dialog enthält neben einem Eingabefeld und einer Listbox mit Mehrfachauswahl drei Markierungsfelder. Die Programmierung von Markierungsfeldern ist simpel, die Vorselektion von mehreren Einträgen aus einer Listbox erfordert genauen Umgang mit den Indizes.

Für die Listbox muß der Stil LBS_MULTIPLESEL angegeben werden, damit eine mehrfache Auswahl möglich ist.

Alternativ kann (auch mit LBS_MULTIPLESEL) der Stil LBS_EXTENDEDSEL angegeben werden. Er bewirkt das Markieren einzelner Einträge mit der Taste [Strg] und das Ziehen mit der [⇧]-Taste über ganze Bereiche.

Die Liste wird in *SetupWindow()* aufgebaut und ggf. markiert. Hier ein Auszug:

```
TCisIt LI( *pApp->GetLibDescriptionTable() );
while ( LI )
{
   const TLibDescriptionRecord *plr =
      (const TLibDescriptionRecord *) LI++;
   pLb->AddString( plr->GetDescription() );
}
```

```
if ( pFindParam->pIdTable )
{
   LI.Restart();
   int k = 0;
   int n = pLb->GetCount();
   int *sl = new int[n];

   for ( int i=0; i<n; i++ )
   {
      const TLibDescriptionRecord *plr =
         (const TLibDescriptionRecord *) LI++;
      TIdIt IdI( *pFindParam->pIdTable );

      while ( IdI )
      {
         TIdRecord idr = IdI++;
         if ( idr.ForumId == plr->GetForumId() &&
            idr.LibId == plr->GetLibId() )
         {
            sl[k++] = i;
            break;
         }
      }
   }
   pLb->SetSelIndexes( sl, k, TRUE );
   delete [] sl;
}
```

Die ggf. mehrfache Markierung in der Liste wird in der Funktion *IdOk()* gelesen:

```
int n = pLb->GetSelCount();
int *sl = new int[n];
int k = 0;
pLb->GetSelIndexes( sl, n );
TCisIt LI( *pApp->GetLibDescriptionTable() );

delete pFindParam->pIdTable;
pFindParam->pIdTable = new TIdTable;

for ( int i=0; i<pLb->GetCount(); i++ )
{
   const TLibDescriptionRecord *plr =
      (const TLibDescriptionRecord *) LI++;
   if ( i == sl[k] )
   {
      TIdRecord idr;
      idr.ForumId = plr->GetForumId();
      idr.LibId = plr->GetLibId();
```

```
            pFindParam->pIdTable->Add( idr );
            k++;
        }
    }
    delete [] sl;
```

5.3.11 Abschließende Bemerkungen

Natürlich ist COMPULIB nicht perfekt. Z.B. ist zu bemängeln, daß die Suchwörter im „Suchen“-Dialog eine ODER- statt eine UND-Verknüpfung eingehen. Aber Verbesserungen sind ja keine Grenzen gesetzt, so können z.B. folgende Funktionen hinzugefügt werden:

- Hilfe-Datei
- Verbesserte Auswahlmöglichkeiten
- Editieren der Datensätze
- Import und Ergänzung der Datenbank durch direkten Zugang zu CompuServe

Auf jeden Fall lähmt doch die relativ lange Ladezeit der Tabelle. Im nächsten Kapitel werden u.A. Methoden vorgestellt, die das vollständige Laden der Tabelle überflüssig machen.

6 Dateiorientierte Tabellen

Datenbank-Applikationen halten normalerweise Tabellen nicht vollständig im Speicher, sondern Datensätze werden nur bei Bedarf geladen. Das ist aus folgenden Gründen sinnvoll:

- Die Anforderungen an den vorhandenen Arbeitsspeicher sind wesentlich niedriger. Es können viel größere Tabellen bearbeitet werden.
- Wird eine Tabelle vollständig in den Speicher geladen, beansprucht das einen größeren Zeitraum. Diese Ladezeit entfällt somit.
- Netzwerkfähigkeit[45]

Tabellen dieser Art bezeichnen wir als „dateiorientiert“. Der Nachteil der dateiorientierten Tabellen ist offensichtlich: Höhere Zugriffszeiten auf Datensätze.

6.1 Tabellen-Konzepte

Bei der Realisierung dateiorientierter Tabellen treten neue Probleme auf. Zwar gewährleisten standardisierte Dateioperationen uneingeschränkten Zugriff auf festgelegte Dateipositionen, doch der Zugriff auf Dateien ist lange nicht so beweglich wie der Zugriff auf den Speicher. Dies tritt insbesondere dann auf, wenn die Größe der Datensätze einer Tabelle nicht konstant ist.

Bisher wurden in diesem Buch Tabellen durch ASCII-Dateien implementiert. Datensätze in ASCII-Dateien haben aber i.A. unterschiedliche Längen. Wo beginnt also der x-te Datensatz? Nach dem (x-1)-ten und der erste Datensatz steht am Anfang der Tabelle.

Soll aber vermieden werden, daß der x-te Datensatz durch Lesen aller vorherigen Datensätze erreicht wird, muß die Datei-Position eines jeden Datensatzes separat gespeichert werden.

45 Wird in diesem Buch nicht behandelt.

Eine weitere Lösung besteht darin, Datensätze variabler Größe zu vermeiden, doch das ist mit ASCII-Dateien nur sehr schwer zu erreichen.

6.1.1 Binäre Dateien

Binäre Dateien sind Dateien, die Nicht-ASCII-Zeichen (also z.B. '\0') entahlten können. Sie entstehen z.B., wenn Daten „direkt", d.h. der binäre Inhalt des Speichers, in eine Datei geschrieben wird. Z.B.:

```
#include <fstream.h>

double x = 1.23;

int main()
{
   ofstream os( "myfile.bin", ios::out | ios::binary );
   os.write( (char*)&x, sizeof(x) );
   return 0;
}
```

Das Flag *ios::binary* existiert nur für einige PC-Compiler (wie z.B. für BC 4.0). Die Zeilen in ASCII-Dateien unter den Betriebssystemen DOS, Win32 und OS/2 enden mit zwei Zeichen: '\r' und '\n'. Die Datei-Funktionen in C und C++ erwarten nach dem ANSI-Standard aber nur ein Zeichen als Zeilenende, nämlich '\n'. Damit die Portabilität gewährleistet ist, wird unter den besagten Betriebssystemen das Zeichen '\r' vor '\n' einfach überlesen bzw. beim Schreiben hinzugefügt. Dieses Verhalten ist aber beim Zugriff auf binäre Dateien nicht erwünscht und wird mit dem Flag *ios::binary* unterbunden.

Wird analog zum obigen Beispiel die Fließkommazahl aus der Datei "myfile.bin" durch

```
int main()
{
    double x;
    ifstream is( "myfile.bin", ios::in | ios::binary );
    if ( is ) is.read( (char*)&x, sizeof(x) );
    return 0;
}
```

gelesen, kann unter Umständen nicht das gewünschte Ergebnis erzielt werden. Es ist nämlich nicht festgelegt, wie der Compiler eine Fließkommazahl im Speicher anlegt, selbst wenn *sizeof(double)* durch ANSI bestimmt wäre. Doch bei der Verwendung binärer Dateien treten weitere Portabilitätsprobleme auf:

- Ausrichtung an geraden bzw. durch 4 teilbaren Adressen
- Größe von Datentypen
- Reihenfolge signifikanter Bytes

Alle drei Probleme werden durch das Speichern folgender Struktur verursacht:

```
#include <fstream.h>

struct TTest
{
   char c;
   int x;
};

int main()
{
   static TTest t = { 'x', 1234 };

   ofstream( "myfile.bin", ios::out | ios::binary ).
      write( (char*)&t, sizeof(t) );

   return 0;
}
```

Das erste Problem ist *sizeof(int)*: Selbst wenn dieses Porgramm nur mit BC++ 4.0 compiliert wird, kann *sizeof(int)* 2 oder 4 betragen. Das Ausrichtungsproblem folgt:

Compiler / Ausrichtung	Byte	Wort	Doppelwort
16 Bit	3	4	–
32 Bit	5	6	8

Mögliche Werte für *sizeof(TTest)*

Nehmen wir der Einfachheit an, daß *sizeof(int)* nun 2 beträgt, dann wird 1234 entweder durch

```
0xD2 0x04
```

oder durch

```
0x04 0xD2
```

dargestellt, abhängig davon, wie Integer-Typen binär dargestellt werden. Dies ist wiederum Abhängig von der CPU des Systems: Intel-Prozessoren und Kompatible verwenden erstes Format (LSB first), Motorola- und Risc-Prozessoren das zweite (MSB first).

Das Größenproblem kann weitgehend durch die Verwendung „portabler Datentypen" behoben werden. Der Programmierer verwendet statt *int*, *char* und *long* die Datentypen BYTE, WORD und DWORD, sofern sie definiert sind. Es wird dann angenommen, daß

```
sizeof( BYTE ) == 1
sizeof( WORD ) == 2
sizeof( DWORD ) == 4
```

gilt.

Diese Lösung hilft aber weder über das Ausrichtungsproblem noch über das Problem der Reihenfolge signifikanter Bytes hinweg. Das ist auch der Grund, warum z.B. DBASE-Dateien ein gemischtes Format verwenden und warum binäre Dateien in diesem Buch weitgehend vermieden werden.

Hinzu kommt, daß das Lesen binärer Dateien stets eigene Werkzeuge erfordert, zumindest wird dazu ein Hex-Editor/Viewer benötigt.

6.1.2 ASCII-Tabellen

Eine Form der Darstellung von Tabellen durch ASCII-Dateien haben wir bereits kennengelernt: Einträge sowie Datensätze werden durch einen Zeilenvorschub getrennt. Alternativ kann ein vollständiger Datensatz durch eine Zeile dargestellt werden, allerdings erfordert dies eine exakte Terminierung von Zeichenketten.

Das bereits angesprochene Problem des direkten Zugriffs auf bestimmte Datensätze läßt sich mit Hilfe einer Index-Datei lösen. Die Index-Datei enthält dann die Datei-Positionen der Datensätze in der ASCII-Datei und mit der Funktion *istream::seekg()* kann dann zu dem gewählten Datensatz gesprungen werden.

Index-Dateien

Den Zugriff auf den Datensatz *n* in einer ASCII-Tabelle über eine Index-Datei gewährleistet folgender Algorithmus:

1.) Lese den *n*-ten Wert *pos* aus der Index-Datei

2.) Springe in der ASCII-Tabelle mit *seekg(pos)* zum Datensatz *n*.

3.) Lese Datensatz

Der Punkt 1.) des Algorithmus ist problematisch. Wie soll der *n*-te Wert aus der Index-Datei gelesen werden?

Wir erinnern uns, daß der Parameter der Funktion *seekg()* vom Typ *long* ist. Indizes können binär gespeichert werden oder ebenfalls in einer ASCII-Datei, dann aber muß eine konstante Länge der Zeilen garantiert werden. Letzteres läßt sich z.B. durch Auffüllen von Leerzeichen oder Nullen erreichen.

Punkt 1.) kann also aufgegliedert werden in:

1a.) Springe mit

```
seekg( n * GroesseIndexEintrag );
```

zum *n*-ten Index.

1b.) Lese Index-Position *pos*

Datensätze schreiben

Das Anhängen von neuen Datensätzen ist unproblematisch, das Ändern von bestehenden Datensätzen hingegen weniger, denn es muß stets angenommen werden, daß sich die Größe des Datensatzes geändert hat. Deshalb kann eine geänderter Datensatz nur dann an seine ursprüngliche Position geschrieben werden, wenn seine Größe gleich geblieben oder kleiner geworden ist.

Unter dem Aspekt DOS-ASCII tritt ein unschöner Effekt auf, wenn der geänderte Datensatz um genau ein Zeichen kleiner geworden ist. Wie bereits erwähnt, verwenden DOS und OS/2 die Zeichen '\r' und '\n' als Zeilenende. Z.B. führt die Änderung von „Müller" in „Meier" zu folgendem Ergebnis:

```
"Müller\r\n"
"Meier\r\n\n"
```

Es entsteht also eine „unvollständige" neue Zeile.

Einträge

Welche Typen von Einträgen können in einer ASCII-Tabelle auftreten?

- Zeichenketten (Strings)
- Zahlen
- Datumswerte, logische Felder, Texte

Zahlen können noch unterteilt werden in

- Integer
- Festkomma-Zahlen (z.B. für die Finanz-Mathematik)

– Fließkomma-Zahlen (wissenschaftliches Format)

Logische Felder (0 oder 1) sind auch Zahlen, und auch Datumswerte können durch Zahlen repräsentiert werden. Das ist nur eine Frage der Interpretation und der Lesbarkeit der Tabelle außerhalb der eingesetzten Applikation.

Da der Typ eines Eintrags sich pro Datensatz niemals ändert, ist es sinnvoll, die Typen-Information nicht pro Datensatz, sondern nur einmal zu speichern.

Weitere Daten

Neben den Typen-Informationen muß die Applikation die Anzahl der Datensätze sowie die Anzahl der Einträge pro Datensatz kennen.

Obige Daten sind wichtiger Bestandteil der Tabelle und es wäre folgerichtig, diese Daten an den Anfang der ASCII-Datei anzulegen. Doch nun kann sich die Anzahl der Datensätze und somit die Quantität dieser Informationen verändern. Es besteht die Gefahr, daß durch eine Änderung der eigentliche Inhalt der Tabelle überschrieben wird.

Es kann durch Auffüllen von Leerzeichen oder Nullen (wie in ASCII-Index-Dateien) die Länge der Header-Informationen konstant gehalten werden, oder man legt diese Informationen in eine gesonderte Datei, in eine sog. Header-Datei ab.

Sortierung

Soll die Tabelle sortiert sein, müssen ggf. Datensätze untereinander ausgetauscht werden. Der Gedanke, eine Tabelle bestehend aus Datensätzen unterschiedlicher Länge sortieren zu müssen, läßt Schlimmeres befürchten. Hier hilft die Index-Datei, denn es reicht vollkommen aus, die Indizes untereinander auszutauschen.

6.2 Implementationen von ASCII-Tabellen

Es ist nun sicher, daß wir die Container-Klassen als Basis für dateiorientierte Tabellen vergessen können. Also müssen wir bei Null anfangen. Doch dieses Manko ist auch eine Chance:

Wir haben nun die Möglichkeit, ASCII-Tabellen durch Templates oder durch eine typenunabhängige Basis zu realisieren.

Bei allen Vorteilen, die Templates bieten, bleibt zu bemängeln, daß die Tabelle als Datei stets einer C++-Klasse fest zugeordnet ist. Die Tabellen existieren zwar außerhalb der entsprechenden Anwendung, doch sind sie mangels Typeninformationen nahezu nutzlos.

Eine typenunabhängige Tabelle (wie z.B. DBASE-Dateien) könnte aber das OOP-Konzept zu Fall bringen, da es nicht möglich ist, eine C++-Klasse zur Laufzeit zu erzeugen.

Die jetzt vorgestellte Implementation von Zugriffsmethoden auf ASCII-Tabellen bildet einen Kompromiß zwischen typenunabhängiger Tabellen und OOP. Das Kernstück der Datensatz-Implementation ist dabei ein wenig der Smalltalk-Philosophie „alles ist ein Objekt" nachempfunden.

In dieser Implementation wird fleißig von der C++-Ausnahme-Behandlung Gebrauch gemacht:

6.2.1 Datensatz und Einträge

Der Datensatz wird durch einen Vektor eines abstrakten Datentyps realisiert. Die Größe des Vektors ist durch die Anzahl der Einträge exakt festgelegt. Die im Vektor verwaltete Klasse dient dann als Basis verschiedener Eintragstypen, also Zahlen, Zeichenketten etc.

In folgender Implementation beerbt die Basis *TEB* vier weitere Klassen:

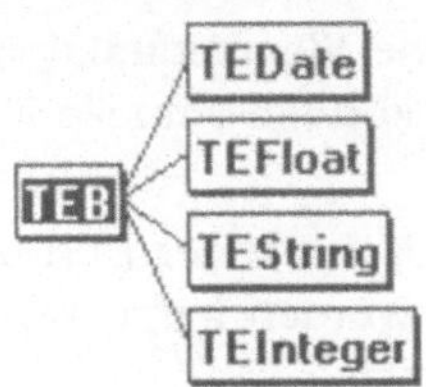


```
class TEB;

typedef TEB *PTEB;
typedef const TEB *PCTEB;
typedef TEB &RTEB;
typedef const TEB &RCTEB;

class TEB
{
   protected:
      virtual void Write(ostream&) const = 0;
      virtual void Read(istream&) = 0;

   public:
```

```
        virtual ~TEB() {}

        virtual int operator == (RCTEB) const = 0;
        virtual int operator < (RCTEB) const = 0;

        friend ostream& operator << (ostream&,RCTEB);
        friend istream& operator >> (istream&,RTEB);
};
```

Wie wir sehen, ist *TEB* (Type Entry Base) eine abstrakte Klasse und kann daher nicht instanziert werden. Eine Instanzierung hätte auch gar keinen Sinn, da *TEB* keine Datenelemente enthält. Die geschützten Elementfunktionen *Read*() und *Write*() werden von den Stream-Operator-Funktionen aufgerufen:

```
inline ostream& operator << (ostream& os,RCTEB eb)
{
   eb.Write( os );
   return os;
}
inline istream& operator >> (istream& is,RTEB eb)
{
   eb.Read( is );
   return is;
}
```

Da diese Operator-Funktionen keine Elementfunktionen sind, können sie nicht virtuell sein, aber sie können virtuelle Funktionen aufrufen.

Der Destruktor muß virtuell sein, da sonst der Destruktor einer abgeleiteten Klasse nicht aufgerufen werden kann, wenn im Kontext nur die Basisklasse bekannt ist. Beispiel:

```
class X
{
   public:
      ~X();
};

class Y : public X
{
   public:
      ~Y();
};

inline Y::~Y()
{
   cout << "Destruktor-Aufruf von Y\n";
}
```

```
void f()
{
   X *xp = new Y;
   delete xp;         // Destruktor von Y wird NICHT aufgerufen!
}
```

Die Situation ist anders, wenn der Destruktor von X virtuell ist:

```
class X
{
   public:
      virtual ~X();
};
...
void f()
{
   X *xp = new Y;
   delete xp;         // Destruktor von Y wird nun aufgerufen!
}
```

Die Klasse *TEInteger()*, abgeleitet von *TEB*, ist wie folgt deklariert[46] :

```
class TEInteger : public TEB
{
   protected:
      long x;

      void Write(ostream&) const;
      void Read(istream&);

   public:
      TEInteger();
      TEInteger(const TEInteger&);
      TEInteger(long);

      TEInteger& operator = (const TEInteger&);
      TEInteger& operator = (long);
      TEInteger& operator = (short);

      operator == (const TEB&) const;
      operator < (const TEB&) const;
};
```

Alle Elementfunktionen können *inline* deklariert werden:

```
inline TEInteger::TEInteger() :
   x( 0 )
{
```

46 Es ist nicht notwendig, die virtuellen Funktionen der abgeleiteten Klasse explizit als virtuell zu deklarieren.

```
}
inline TEInteger::TEInteger(const TEInteger& s) :
   x( s.x )
{
}
inline TEInteger::TEInteger(long s) :
   x( s )
{
}
inline TEInteger& TEInteger::operator = (const TEInteger& s)
{
   x = s.x;
   return *this;
}
inline TEInteger& TEInteger::operator = (long s)
{
   x = s;
   return *this;
}
inline TEInteger& TEInteger::operator = (short s)
{
   x = long( s );
   return *this;
}
inline int TEInteger::operator == (RCTEB eb) const
{
   return x == ((const TEInteger&)eb).x;
}
inline int TEInteger::operator < (RCTEB eb) const
{
   return x < ((const TEInteger&)eb).x;
}
inline void TEInteger::Write(ostream& os) const
{
   os << x;
}
inline void TEInteger::Read(istream& is)
{
   is >> x;
}
```

Die Klassen *TEString*, *TEFloat* und *TEDate* sind sehr ähnlich aufgebaut (Details dazu später). Die Datensatzklasse basiert auf der Template-Klasse *TICVectorImp*. Sie muß indirekt sein, da nicht mit der Klasse *TEB*, sondern mit den Ableitungen gearbeitet wird.

```
typedef TICVectorImp<TEB> TFileTableRecordBase;

class TFileTableRecord : public TFileTableRecordBase //...
```

Für die Klasse *TFileTableRecord* müssen insbesondere die Ein- und Ausgabe-Operatoren bereitgestellt werden:

```
friend ostream& operator << (ostream&,const TFileTableRecord&);
friend istream& operator >> (istream&,TFileTableRecord&);
```

Diese Funktionen sind bereits durch die entsprechenden Operatoren der Ableitungen der Klasse *TEB* bestimmt:

```
ostream& operator << (ostream& os,const TFileTableRecord& r)
{
   for ( unsigned i=0; i<r.Count(); i++ ) os << *r[i] << ' ';
   os << endl;
   return os;
}
istream& operator >> (istream& is,TFileTableRecord& r)
{
   for ( unsigned i=0; i<r.Count(); i++ ) is >> *r[i];
   return is;
}
```

Diese Funktionen setzen allerdings voraus, daß der Vektor *r* auch gefüllt ist. Überhaupt soll der Zugriff auf „leere" Vektoren der Klasse *TFileTableRecord* gar nicht erst ermöglicht werden. Dazu werden alle geerbten Elementfunktionen dieser Klasse, die die Objekte des Containers manipulieren könnten, privatisiert:

```
class TFileTableRecord : public TFileTableRecordBase
{
   private:
      TFileTableRecord(unsigned n) : TFileTableRecordBase( n ) {}
      PTEB& operator [] (unsigned i) const
         { return TFileTableRecordBase::operator []( i ); }
      int Add(PTEB pe)
         { return TFileTableRecordBase::Add( pe ); }
      int AddAt(PTEB pe,unsigned n)
         { return TFileTableRecordBase::AddAt( pe, n ); }
      int Detach(PCTEB pe,int del=0)
      {
         return TFileTableRecordBase::Detach( Find(pe), del );
      }
      int Detach(unsigned loc,int del= 0)
      {
         return TFileTableRecordBase::Detach( loc, del );
      }
      void Flush(int del=0,unsigned stop=UINT_MAX,unsigned start=0)
      {
         TFileTableRecordBase::Flush( del, stop, start );
      }
// ...
```

Dem Benutzer der Klasse *TFileTableRecord* stehen neben dem Kopier-Konstruktor folgende Funktionen zur Verfügung:

```
TFileTableRecord& operator = (const TFileTableRecord&);

PTEB Assign(PTEB,unsigned);
PTEB Entry(unsigned) const;
```

Die Funktion *Assign()* ersetzt praktisch den [ ]-Operator des Arrays, allerdings mit dem Unterschied, daß das alte Objekt an der gegebenen Indexposition entfernt wird:

```
PTEB TFileTableRecord::Assign(PTEB p,unsigned i)
{
   if ( i >= Count() ) throw XRange();
   if ( typeid( (*this)[i] ) != typeid( p ) ) throw XType();
   delete (*this)[i];
   return (*this)[i] = p;
}
```

Die Funktion *Entry()* liefert einen Zeiger auf den gegebenen Eintrag im Datensatz und gewährleistet somit den Zugriff, der normalerweise durch den [ ]-Operator erreicht wird.

```
PTEB TFileTableRecord::Entry(unsigned i) const
{
   if ( i >= Count() ) throw XRange();
   return (*this)[i];
}
```

Fehlerhafte Parameter lösen bei beiden Zugriffsfunktionen eine Ausnahmebedingung aus. Mittels RTTI kann die Funktion *Assign()* prüfen, ob der übergebene Zeiger auf einen Eintrag vom richtigen Typ ist, d.h., es darf nur ein Zeiger auf den Typ übergeben werden, der dem vorhandenen Objekt an der Indexposition entspricht.

Leider kann die Funktion *Assign()* nicht prüfen, ob das Objekt, auf das *p* zeigt, dynamisch erzeugt wurde (also mit *new*). *Assign()* muß also davon ausgehen. Aber es ist möglich, Klassen zu bilden, deren Instanzen nur dynamisch erzeugt werden können. Das kann man dadurch erreichen, daß alle Konstruktoren der Klasse als protected oder noch besser als private deklariert werden. Eine statische Elementfunktion muß dann die Instanzierung übernehmen:

Beispiel:

```
class X
{
```

```
   private:
      X() {}

   public:
      static X* Build();
};

X* X::Build()
{
   return new X;
}

void f()
{
   X x;                 // erzeugt Compiler-Fehler!
   X *xp = X::Build(); // ist ok.
}
```

In dieser Implementation wird auf Konstrukte dieser Art verzichtet.

Der Zuweisungsoperator der Klasse *TFileTableRecord* ist dem Kopier-Konstruktor sehr ähnlich. Deshalb rufen beide dieselbe Elementfunktion *Copy()* auf, die privat deklariert und durch

```
void TFileTableRecord::Copy(const TFileTableRecord& r)
{
   for ( unsigned i=0; i<r.Count(); i++ )
   {
      PTEB &pe = r[i];
      PTEB p;

      if ( typeid(*pe) == typeid(TEString) )
         p = new TEString( (const TEString&)*pe );
      if ( typeid(*pe) == typeid(TEInteger) )
         p = new TEInteger( (const TEInteger&)*pe );
      if ( typeid(*pe) == typeid(TEFloat) )
         p = new TEFloat( (const TEFloat&)*pe );
      if ( typeid(*pe) == typeid(TEDate) )
         p = new TEDate( (const TEDate&)*pe );

      AddAt( p, i );
   }
}
```

definiert ist.

Der Zuweisungsoperator muß gegenüber dem Kopier-Konstruktor vorhandene Objekte (also Einträge) entfernen:

```
TFileTableRecord::TFileTableRecord(const TFileTableRecord& r) :
   TFileTableRecordBase( r.Count() )
{
   Copy( r );
}
TFileTableRecord& TFileTableRecord::operator =
    (const TFileTableRecord& r)
{
   DeleteEntries();
   Copy( r );

   return *this;
}
```

6.2.2 Zeichenketten in Tabellen

Die Klasse *TEString* verwendet die Klasse *cstring*, die direkt von der Klasse *string* abgeleitet ist.

```
class cstring : public string
{
   private:
      static const char *echar;
      static const char *ecode;

   public:
      cstring() :
         string() {}
      cstring(const string& s) :
         string( s ) {}
      cstring(const cstring& s,size_t n) :
         string( s, n ) {}
      cstring(const char *p) :
         string( p ) {}
      cstring(const char *p,size_t n) :
         string( p, n ) {}
      cstring(signed char c) :
         string( c ) {}
      cstring(signed char c,size_t n) :
         string( c, n ) {}
      cstring(unsigned char c) :
         string( c ) {}
      cstring(unsigned char c,size_t n) :
         string( c, n ) {}
      cstring(const TSubString& ss) :
         string( ss ) {}
#if defined(_Windows)
      cstring(HINSTANCE hi,UINT id,int len=255) :
         string( hi, id, len ) {}
```

```
#endif

        friend ostream& operator << (ostream&,const cstring&);
        friend istream& operator >> (istream&,cstring&);
};
```

Die Klasse *cstring* unterscheidet sich nur im Zusammenwirken mit Streams gegenüber der Borland-Klasse *string*. Objekte der Klasse *string* werden wie Strings des Typs *const char** gespeichert. Das ist auch richtig und genau so, wie man es erwarten würde. Doch beim Lesen von Strings treten Probleme auf, da das Programm wissen muß, wann das Ende des einzulesenden Strings erreicht worden ist.

Wir können beim Speichern eines Strings deren Länge vorausschikken (wie wir es bei der Implementation der Klasse *TText* bereits getan hatten), oder wir speichern Strings so, wie Strings in C(++)-Sourcen gespeichert werden, d.h. terminiert durch die Anführungszeichen mit allen speziellen Zeichenkonstanten, die wir kennen.

Beim Schreiben wird zunächst das Zeichen '\"' geschrieben und anschließend die Schleife, die alle Zeichen des Strings durchläuft, ausgeführt:

```
ostream& operator << (ostream& os,const cstring& s)
{
   unsigned n = s.length();
   const char *p = s.c_str();

   os << '\"';
   for ( unsigned i=0; i<n; i++,p++ )
   {
```

Es zeigt sich, daß sich der Algorithmus mit vorzeichenlosen Zeichen eleganter formulieren läßt:

```
        unsigned char c = (unsigned char)*p;
```

Der Backslash wird vorangestellt, wenn ein Steuerzeichen, die Anführungszeichen oder der Backslash selbst geschrieben werden soll:

```
        if ( c < ' ' || strchr( "\"\\", c ) != 0 ) os << '\\';
```

Wenn *c* kein „normales" Zeichen ist, ist eine Sonderbehandlung nötig. Zunächst wird geprüft, ob *c* zu einem der bekannten Steuerzeichenkonstanten gehört, die durch

```
const char *cstring::echar = "\a\b\f\n\r\t\v";
```

repräsentiert werden. In der selben Reihenfolge führt

```
const char *cstring::ecode = "abfnrtv";
```

die zugehörigen „sichtbaren“ Zeichen auf. Der Algorithmus ermittelt die Adresse des Steuerzeichens (falls vorhanden) und benutzt diese durch Zeiger-Subtraktion als Index für den String *cstring::ecode*, um das Zeichen nach dem Backslash zu ermitteln:

```
      if ( c >= ' ' ) os << c;
      else
      {
         const char *q = strchr( cstring::echar, c );
         if ( q != 0 ) os <<
            cstring::ecode[unsigned(q-cstring::echar)];
```

Andere Steuerzeichen werden in hexadezimaler Form geschrieben, d.h. mit einem vorangestellten 'x'. Hierfür eignen sich die sog. Manipulatoren von Streams:

```
         else os
            << 'x' << setfill('0') << setw(2)
            << hex << unsigned( c ) << dec;
      }
   }
```

Das abschließende Anführungszeichen darf nicht vergessen werden:

```
   os << '\"';
   return os;
}
```

Die Eingabe-Funktion hat es nicht ganz so einfach. Zwar ist die Interpretation des Strings unproblematisch, aber für den Zielstring (ein Objekt der Klasse *cstring*) muß unbestimmter Speicher bereitgestellt werden, da die Länge des Eingabe-Strings erst dann bekannt ist, wenn das abschließende Anführungszeichen gelesen wurde.

Es werden jetzt zwei alternative Listings der Eingabe-Funktion vorgestellt[47] . Die erste Form nutzt die dynamische Erweiterbarkeit der Klasse *string*. Strings im Sinne der Klasse *string* lassen sich in „Turbo-Pascal-Manier“ erweitern, d.h. unter Gebrauch des '+'-Zeichens.

Die Eingabe-Funktion erwartet als erstes Zeichen ein Anführungszeichen. Wird etwas anderes gelesen, dann liegt kein String im Sinne der Klasse *cstring* vor, und der Status des Eingabe-Streams wird als „schlecht“ markiert:

---

47 Die erste Form ist im Listing von CSTR.CPP durch die Präprozessor-Anweisungen *#if* und *#endif* aus der Codierung genommen worden.

```
istream& operator >> (istream& is,cstring& s)
{
   char c;

   is >> c;
   if ( is.eof() ) return is;
   if ( c != '\"' )
   {
      is.putback( c );
      is.clear( ios::badbit );
      return is;
   }
```

Innerhalb einer durch Anführungszeichen terminierten Zeichenkette dürfen Leerzeichen nicht überlesen werden. Dazu wird das dafür zuständige Flag des Streams geändert, wobei der alte Zustand später wiederhergestellt werden muß. Daher:

```
long oldFlags = is.unsetf( ios::skipws );
```

Der String *s* muß zu Beginn des Lesens leer sein. Das wird am einfachsten mit

```
s = string();
```

erreicht. Nun werden nach und nach die Zeichen des Strings eingelesen. Prüfung erfolgt auf Backslash, Anführungszeichen und Dateiende. Wird ein Backslash gefunden, verfährt der Algorithmus bei Steuerzeichen wie in der Ausgabe-Funktion, allerdings umgekehrt.

```
   for ( ;; )
   {
      is >> c;
      if ( is.eof() || c == '\"' ) break;

      if ( c == '\\' )
      {
         is >> c;
         if ( is.eof() ) break;

         const char *p = strchr( cstring::ecode, c );
         if ( p != 0 )
            s += string(
              cstring::echar[unsigned(p-cstring::ecode)] );
```

Hexadezimale Codierungen werden „von Hand" ausgewertet:

```
         else
            if ( c == 'x' )
            {
```

```
                char c1,c2;

                is >> c1 >> c2;
                if ( is.eof() ) break;

                s += string( hex( c1, c2 ) );
            }
            else s += string( c );
```

„Normale“ Zeichen werden wie folgt behandelt:

```
        else s += string( c );
    }
```

Wiederherstellen der alten Stream-Einstellungen:

```
    is.setf( oldFlags );
    return is;
}
```

Die zweite Form liest den String zweimal. Das erste Mal nur, um seine Länge zu bestimmen. Das eigentliche Lesen unterscheidet sich praktisch nicht von der ersten Version, mit der Ausnahme, daß zu diesem Zweck die private Elementfunktion *ReadString()* bereitgestellt wird. Sie ist durch

```
unsigned ReadString(istream& is,char *buffer);
```

deklariert und kopiert nur dann Daten, wenn *buffer* von Null verschieden ist. Sie gibt die Länge des Strings zurück oder

```
const unsigned ReadStringError = unsigned( -1 );
```

wenn ein Fehler beim Lesen aufgetreten ist.

```
unsigned cstring::ReadString(istream& is,char *buffer)
{
   unsigned n = 0;
   char c;

   is >> c;
   if ( is.eof() ) return ReadStringError;
   if ( c != '\"' )
   {
      is.putback( c );
      is.clear( ios::badbit );
      return ReadStringError;
   }
   long oldFlags = is.unsetf( ios::skipws );
   for ( ;; )
   {
```

```
      is >> c;
      if ( is.eof() || c == '\"' ) break;

      if ( c == '\\' )
      {
         is >> c;
         if ( is.eof() ) break;

         const char *p = strchr( cstring::ecode, c );
         if ( p != 0 )
            c = cstring::echar[unsigned(p-cstring::ecode)];
         else
            if ( c == 'x' )
            {
               char c1,c2;

               is >> c1 >> c2;
               if ( is.eof() ) break;

               c = hex( c1, c2 );
            }
      }
      if ( buffer ) buffer[n] = c;
      n++;
   }
   if ( buffer ) buffer[n] = '\0';
   is.setf( oldFlags );

   return n;
}
```

Die Eingabe-Funktion kann nun kompakter formuliert werden:

```
istream& operator >> (istream& is,cstring& s)
{
   long fpos = is.tellg();
   unsigned n = s.ReadString( is, 0 );

   if ( n == ReadStringError ) return is;

   char *buffer = new char[n+1];

   is.seekg( fpos );
   s.ReadString( is, buffer );

   s = buffer;
   delete [] buffer;

   return is;
```

```
}
```

Die in beiden Versionen verwendete Funktion *hex()*:

```
inline char hex(char c)
{
   return (c <= '9' )
      ? char( c - '0' )
      : char( toupper(c) - 'A' + 10 );
}
inline char hex(char c1,char c2)
{
   return char( (hex(c1)<<4) | hex(c2) );
}
```

Die zweite Version ist trotz zweimaligen Lesens u.U. nicht langsamer, da mit dem Speicher bedeutend geschickter umgegangen wird. Es ist zwar nicht bekannt, wie die Bibliotheks-Funktionen eine Anweisung wie

```
s += string( c );
```

behandeln, aber es ist sicher, daß für eine Zeichenkette der Länge 1 der verwendete Speicher ggf. vergrößert werden muß. Speicher-Reallozierung geschieht normalerweise durch:

- Allozieren
- Kopieren des alten Inhalts an das neue Ziel
- Freigeben des alten Speicherbereichs

Es ist offensichtlich, daß bei diesem Verfahren die Gefahr der Speicherfragmentierung besteht. Ferner steigern ständige Speicher-Neuanordnungen nicht gerade die Ausführungsgeschwindigkeit des Programms.

Diese zweite (und offenbar bessere) Version hat aber den Nachteil, daß sie nicht für alle Instanzen der Klasse *istream* greift. Z.B. funktioniert die Eingabe-Funktion nicht mit *cin*, da *seekg()* und *tellg()* bei Tastatureingaben nicht korrekt arbeiten[48] .

6.2.3 Datumsangaben in Tabellen

Man sollte annehmen, daß das Speichern und wieder Auslesen eines Datums unproblematisch ist, doch offenbar hat Borland bei der Programmierung der entsprechenden Bibliotheken nur halbherzig an europäische Länder gedacht.

48 Das ist kein Bug, denn kein Standard zwingt dieses Verhalten auf.

Die US-Notation eines Datums ist Monat-Tag-Jahr und somit von unserer Notation verschieden. Um eine Instanz der Klasse *TDate* in europäischer Notation auszugeben, muß die statische Funktion *SetPrintOption*() eingesetzt werden. In unserer Implementation geschieht das durch

```
void TEDate::Write(ostream& os) const
{
   TDate::HowToPrint h =
      TDate::SetPrintOption( TDate::EuropeanNumbers );
   os << d;
   TDate::SetPrintOption( h );
}
```

Mit dieser Einstellung wird z.B. der 2.6.1994 durch „2/6/94" statt durch „6/2/94" dargestellt. Dieses Beispiel zeigt aber, daß die Information „wie wird ein Datum ausgegeben?" beim Lesen eines Datums unbedingt erforderlich ist.

Die Implementierung der Borland Klasse *TDate* berücksichtigt jedoch nicht die Einstellung durch *SetPrintOption*(). Dies führt zwangsläufig zur Fehlinterpretation bei Datumsangaben europäischer Darstellung.

Eine korrigierte Version der Datei DATEIO.CPP befindet sich im Anhang sowie auf der Begleitdiskette dieses Buches.

Unter der Annahme, daß die „gepatchte" Version von DATEIO.CPP verwendet wird, kann die Eingabe durch

```
void TEDate::Read(istream& is)
{
   TDate::HowToPrint h =
      TDate::SetPrintOption( TDate::EuropeanNumbers );
   TDate d0( is );
   d = d0;
   TDate::SetPrintOption( h );
}
```

realisiert werden.

6.2.4 Sicherheit

Wenn eine oder mehrere Dateien zum Schreiben geöffnet sind, führt gewaltsamer Programmabbruch (z.B. Systemabsturz, Speicherschutz-Verletzung oder Abschalten des Computers während der Programmausführung) zu undefiniertem Dateiinhalt oder möglicherweise sogar zur Beschädigung der Dateien. Daß das fatale Folgen haben kann, brauch nicht weiter diskutiert zu werden. Aus diesem Grund sollten Dateien nur für kurze Zeit zum Schreiben geöffnet sein.

In den speicherorientierten Tabellen ist dieses Problem nicht aufgetreten, aber bei dateiorientierten Tabellen werden Sie mit diesem Problem direkt konfrontiert.

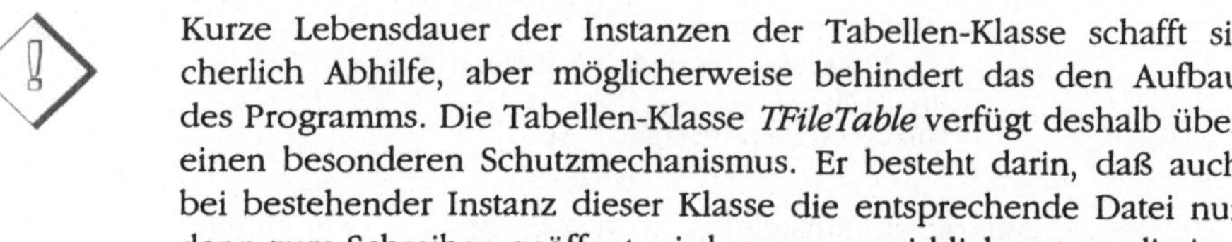

Kurze Lebensdauer der Instanzen der Tabellen-Klasse schafft sicherlich Abhilfe, aber möglicherweise behindert das den Aufbau des Programms. Die Tabellen-Klasse *TFileTable* verfügt deshalb über einen besonderen Schutzmechanismus. Er besteht darin, daß auch bei bestehender Instanz dieser Klasse die entsprechende Datei nur dann zum Schreiben geöffnet wird, wenn es wirklich notwendig ist.

Nun ist aber vorstellbar, daß die Realisierung dieser Idee einen nicht zu unterschätzenden Verwaltungsaufwand impliziert. Im folgenden Beispiel sollen die Elementfunktionen *x()* und *y()* der Klasse *T* mit diesem Schutz versehen werden:

```
class T
{
   public:
      void x();
      void y();
}

void T::x()
{
   fstream ts( TableName );
   if ( ts ) // irgendwelche Datei-Operationen
}
void T::y()
{
   fstream ts( TableName );
   if ( ts ) // andere Datei-Operationen
}
```

Soll die Funktion *x()* die Funktion *y()* aufrufen, dann kommt es zu einem Fehler, da innerhalb *y()* die Datei nicht mehr geöffnet werden kann. Wenn wir die Stream-Variable mit der Instanz mitführen, kann das Problem wie folgt gelöst werden:

```
class T
{
   private:
      fstream ts;
```

```
    public:
        void x();
        void y();
}

void T::x()
{
    ts.open( TableName );
    if ( ts )  { // irgendwelche Datei-Operationen
        y();
    }
    ts.close();
}
void T::y()
{
    int isOpen = ts.rdbuf()->is_open();

    if ( !isOpen ) ts.open( TableName );
    if ( ts ) // andere Datei-Operationen
    if ( !isOpen ) ts.close();
}
```

Aber nun hängt die „Öffnungszeit" der Datei nicht mehr von der Lebensdauer von *ts* ab, d.h. das Schließen der Datei muß explizit vor dem Austritt der Funktion *x()* aufgerufen werden. Der entsprechende Verwaltungsaufwand in der Funktion *y()* liegt sogar noch höher.

Um das zu vermeiden, müssen Öffnen und Schließen der Datei mit dem Konstruktor und Destruktor einer neuen Klasse verbunden werden. In der folgenden Implementation werden zwei Klassen benötigt. Die Klasse *TSafety* bildet den Mantel des betreffenden Streams. Es wird pro benötigte Datei nur eine Instanz von der Tabellen-Klasse gebildet. Sie enthält u.A. einen Zähler, der als Instanzenzähler der weiteren Klasse *TSafetyStream* benötigt wird.

```
class TSafety
{
    public:
        TSafety(const char *fname,int f,int s);
        ~TSafety();

    private:
        const char *pFileName;
        fstream Stream;
        int Flags,SaveMode;
        unsigned Count;
```

```
        TSafety() {}

        friend class TSafetyStream;
};
```

Der Konstruktor besitzt die Parameter für Dateiname und Flags im Sinne der Klasse *ios* und einen weiteren Parameter, der angibt, ob dieses Sicherungsverfahren überhaupt erwünscht ist.

```
TSafety::TSafety(const char *fname,int f,int s) :
   pFileName( fname ),
   Flags( f ),
   SaveMode( s ),
   Count( 0 )
{
}
```

Instanzen der Klasse *TSafetyStream* werden immer dann gebildet, wenn ein Stream, d.h. der Zugriff auf eine Datei benötigt wird. Da sie im direkten Zusammenhang mit der Klasse *TSafety* steht, erwartet der Konstruktor von *TSafetyStream* eine gültige Instanz von *TSafety* als Parameter.

```
typedef fstream &rfstream;

class TSafetyStream
{
   public:
      TSafetyStream(TSafety&);
      ~TSafetyStream();

      rfstream Stream() const;
      operator rfstream() const;

   private:
      TSafetyStream() {}
      TSafety *pSafety;
};
```

Der Konstruktor und der Destruktor verwenden das Element *Count* der Klasse *TSafety*, um überflüssiges Öffnen und Schließen der Datei zu vermeiden.

```
TSafetyStream::TSafetyStream(TSafety& s) :
   pSafety( &s )
{
   if ( !s.Count++ )
      s.Stream.open( s.pFileName, s.Flags );
   if ( !pSafety->SaveMode ) s.Count = 1;
```

```
}
```

Der Destruktor darf die Datei unter keinen Umständen schließen, wenn der „Sicherheitsmodus" der Klasse *TSafety* abgeschaltet ist.

```
TSafetyStream::~TSafetyStream()
{
   if ( pSafety->SaveMode && !--pSafety->Count  )
      pSafety->Stream.close();
}
```

Damit die Datei auch bei inaktivem Sicherheitsmodus dennoch geschlossen wird, muß der Destruktor von *TSafeyty* selbst die ggf. offene Datei schließen:

```
TSafety::~TSafety()
{
   Stream.close();
}
```

Die weiteren Funktionen der Klasse *TSafetyStream* erleichtern die Handhabung im Zusammenhang mit Streams.

```
inline rfstream TSafetyStream::Stream() const
{
   return pSafety->Stream;
}
inline TSafetyStream::operator rfstream() const
{
   return Stream();
}
```

6.2.5 Tabelle und Datensätze

Die Tabellen-Klasse *TFileTable* ist eine *friend*-Klasse von der Datensatz-Klasse *TFileTableRecord*. Die *friend*-Beziehung bietet sich hier an, da die Tabelle mehr Zugriffsrechte benötigt, als der Aufrufer von der Datensatz-Klasse. Die Tabelle ist sogar einziger direkter Erzeuger von Objekten der Klasse *TFileTableRecord*, der Aufrufer kann nur Kopien erzeugen.

Ein Objekt der Klasse *TFileTable* soll zwei Zustände annehmen können:

- ungeöffnet
  In diesem Zustand lösen Datei- oder sonstige Zugriffsfunktionen eine *XValid* Ausnahme aus. Nur *Create*(), d.h. das Erzeugen einer neuen Tabelle ist möglich.
- geöffnet

Gegenteiliger Zustand, d.h. nur *Create()* löst eine *XValid* Ausnahme aus. „Geöffnet“ bedeutet aber nicht, daß die zugehörigen Dateien offen sein müssen.

Die Tabellen-Klasse *TFileTable* besitzt neben dem Standard-Konstruktor einen Konstruktor, der die Tabelle im obigen Sinne öffnet. Die vollständige Klassendeklaration:

```
class TFileTable
{
   public:
      enum openmode {
         readwrite   = 0x00,
         readonly    = 0x01,
         save        = 0x02
      };

   private:
      void BuildRecord() const;
      void DirectRead(istream& is) const;
      void SetFileNames(const char *);

   protected:
      char TableName[MAXPATH];
      char IndexName[MAXPATH];
      char HeaderName[MAXPATH];

      TFileTableRecord *pCurrentRecord;
      TSafety *pTableSave,*pIndexSave,*pHeaderSave;

      TSortList SortList;
      string TypeString;

      long RCount,RCurrent,FCurrent;
      openmode OpenMode;
      short ECount;
      int EOFState,IsSelected;

      void WriteHeader();
      void WriteHeader(ostream&);

      long FilePos(long) const;
      long GetIndex(long);
      void SetIndex(long,long);

   public:
      TFileTable();
      TFileTable(const char *,openmode om=readwrite);
```

```
        ~TFileTable();

        class XOpen {};
        class XCreate {};
        class XValid {};
        class XRange {};
        class XWrite {};
        class XEOF {};

        void Open(const char *,openmode om=readwrite);
        void Close();
        void Goto(long);
        void GotoEOF();
        void Read();
        void Write();
        void Append();
        void Read(TFileTableRecord&);
        void Write(const TFileTableRecord&);
        void Append(const TFileTableRecord&);
        TFileTableRecord& GetCurrentRecord();
        void Delete();

        void Compress(const char *TmpFileName=0,ProgressFunc pf=0);
        void Resort(const TSortList&,ProgressFunc pf=0);

        void Select(int sel=1);
        void Unselect();
        int Selected();

        long Reccount() const;
        long Current() const;
        short EntryCount() const;
        int eof() const;

        virtual void WriteVersionInfo(ostream&);
        void Create(const char*,const string&,const TSortList&);
};
```

Die Bedeutung der verschiedenen Typen und Elemente wird bei der Erläuterung der Arbeitsweise dieser Klasse deutlich. Die Konstruktoren:

```
TFileTable::TFileTable()
{
   pTableSave = pIndexSave = pHeaderSave = 0;
   pCurrentRecord = 0;
}
TFileTable::TFileTable(const char *fname,openmode om)
{
   pTableSave = pIndexSave = pHeaderSave = 0;
```

```
    pCurrentRecord = 0;
    Open( fname, om );
}
```

Die Elemente *pTableSave*, *pIndexSave* und *pHeaderSave* sind Zeiger auf Objekte des Typs *TSafety* und dienen somit als Repräsentanten der Tabellen-, der Index- und der Header-Datei. Die *TSafety*-Objekte werden durch den Aufruf der Funktion *Open()* erzeugt und durch die Funktion *Close()* vernichtet.

pCurrentRecord ist ein Zeiger auf den aktuellen Datensatz, also vom Typ *TFileTableRecord**. Auch dieser wird durch die Funktion *Open()* erzeugt. Sein Inhalt ist jedoch undefiniert, wenn die Tabelle keine Datensätze enthält.

Der Destruktor muß natürlich die Tabelle schließen:

```
TFileTable::~TFileTable()
{
 Close();
}
```

Dateinamen

Objekte der Klasse *TFileTable* müssen drei vollständige Dateinamen mit sich führen. Sie werden durch die Elementfunktion *SetFileNames()* angelegt:

```
void TFileTable::SetFileNames(const char *fname)
{
    strncpy( TableName, fname, MAXPATH-1 )[MAXPATH-1] = '\0';
    strcpy( IndexName, TableName );
    strcpy( HeaderName, TableName );

    SetDefaultExtension( TableName, "FTA" );
    SetDefaultExtension( IndexName, "FTI" );
    SetDefaultExtension( HeaderName, "FTH" );
}
```

Dabei ersetzt die Funktion *SetDefaultExtension()* (definiert in TOOLS.CPP) die Endung des Dateinamens, d.h. unter DOS die maximal drei Zeichen nach dem Dezimalpunkt, durch die im Parameter gegebene Endung.

Es ist offensichtlich, daß für die Tabellen-Datei die Endung FTA, für die Index-Datei die Endung FTI und für die Header-Datei die Endung FTH gewählt wird.

Die Funktion *SetDefaultExtension()* benutzt *fnsplit()* und *fnmerge()* und ist deshalb i.A. unportabel. Die Portierung durch verschiedene Borland-Compiler ist allerdings möglich.

Datei öffnen und schliessen

Die Funktion *Open()* ruft zunächst *Close()* auf. Das ermöglicht das Öffnen einer anderen Tabelle mit demselben *TFileTable*-Objekt.

```
void TFileTable::Open(const char *fname,openmode om)
{
   Close();
   SetFileNames( fname );
```

Der zweite Parameter dieser Funktion ist eine Kombination der Flags

```
enum openmode {
   readwrite   = 0x00,
   readonly    = 0x01,
   save        = 0x02
};
```

readwrite ist die Default-Einstellung. Aus diesen Flags werden die Flags für die Klasse *ios* gebildet:

```
   OpenMode = om;
   int fom =
      ios::in          |
      ios::nocreate    |
      (!(om&readonly) ? ios::out : 0);
```

Nun werden die Datei-Repräsentanten gemäß der im letzten Abschnitt vorgestellten Sicherheitsmaßnahmen erzeugt:

```
   pTableSave = new TSafety( TableName, fom, (om&save) != 0 );
   pIndexSave = new TSafety( IndexName, fom|ios::binary,
      (om&save) != 0 );
   pHeaderSave = new TSafety( HeaderName, fom, (om&save) != 0 );
```

Die zugehörigen Stream-Objekte werden wie folgt ermittelt:

```
   fstream &ssTable = TSafetyStream( *pTableSave );
   fstream &ssIndex = TSafetyStream( *pIndexSave );
   fstream &ssHeader = TSafetyStream( *pHeaderSave );
```

Dabei wird der Konvertierungsoperator *TSafetyStream::operator rfstream()* aufgerufen.

Mißerfolg löst eine Ausnahme aus.

```
   if ( !ssTable || !ssIndex || !ssHeader )
   {
      throw XOpen();
   }
```

Die erste Zeile der Haeder-Datei wird überlesen, da sie keine relevanten Informationen enthält.

```
char buffer[200];
ssHeader.getline( buffer, sizeof(buffer) );
```

Dann werden Anzahl der Datensätze und Anzahl der Einträge pro Datensatz ermittelt:

```
ssHeader.getline( buffer, sizeof(buffer) );
istrstream( buffer ) >> RCount >> ECount;
```

Jetzt werden die Typen der Einträge gelesen. Die Typen der Einträge werden einfach durch einen String dargestellt.

Hier exisitieren vier verschiedene Typen:

Typ	Kennungszeichen
TEString	S
TEInterger	I
TEFloat	F
TEDate	D

```
ssHeader >> TypeString;
```

Nun wird der Speicher für den aktuellen Datensatz erzeugt und der Datensatz anhand der gelesenen Typeninformationen aufgebaut:

```
pCurrentRecord = new TFileTableRecord( unsigned(ECount) );
BuildRecord();
```

Die Tabellen-Klasse besitzt einen Sortieralgorithmus. Eine Liste (repräsentiert durch SortList) enthält Informationen über die Einträge, die in die Sortierung mit einbezogen werden. Die Liste wird gelöscht und anschließend geladen:

```
SortList.Flush();
for ( ;; )
{
   char c;
   ssHeader >> c;

   if ( c == ';' ) break;
   ssHeader.putback( c );

   TSortInfo si;
```

```
            ssHeader >> si;
            SortList.AddAtTail( si );
        }
```

Damit sind dem TFileTable-Objekt alle notwendigen Daten bekannt. Die Tabelle wird mit dem Aufruf von *Goto()* aktualisiert:

```
        Goto( 0 );
    }
```

Wurde das Flag *TFileTable::save* verwendet, werden durch die Destruktoren von *ssTable*, *ssHeader* und *ssIndex* die Dateien wieder geschlossen.

Die Funktion *Close()* entfernt erwartungsgemäß alle dynamischen Objekte und setzt die Zeiger auf 0:

```
void TFileTable::Close()
{
    delete pCurrentRecord;
    delete pIndexSave;
    delete pTableSave;

    pTableSave = pIndexSave = pHeaderSave = 0;
    pCurrentRecord = 0;
}
```

Datensatz erzeugen

Die Funktion *BuildRecord()* füllt das durch ein Vektor dargestellte Objekt *pCurrentRecord* der Klasse *TFileTableEntry* mit Daten, d.h. mit Zeigern der vier verschiedenen Eintragstypen. Die Wahl des Zeiger-Typs hängt von der gelesene Typeninformation in der Header-Datei ab.

```
void TFileTable::BuildRecord() const
{
    pCurrentRecord->DeleteEntries();

    for ( unsigned i=0; i<unsigned(ECount); i++ )
    {
        char TypeChar = TypeString.c_str()[i];
        PTEB pe;

        switch ( TypeChar )
        {
        case 'S':
            pe = new TEString;
            break;
        case 'I':
            pe = new TEInteger;
```

```
            break;
         case 'D':
            pe = new TEDate;
            break;
         case 'F':
            pe = new TEFloat;
            break;
         }

         pCurrentRecord->AddAt( pe, i );
      }
   }
```

Index verwalten

Der Zugriff auf die Dateipositionen der Datensätze erfolgt über die binäre Index-Datei. Die folgenden (geschützten) Funktionen brauchen nicht weiter kommentiert werden:

```
long TFileTable::GetIndex(long rec)
{
   fstream &ssIndex = TSafetyStream( *pIndexSave );
   if ( !ssIndex ) throw XOpen();

   long x;

   ssIndex.seekg( rec * 4 );
   ssIndex.read( (char *)&x, 4 );

   return x;
}
void TFileTable::SetIndex(long rec,long val)
{
   fstream &ssIndex = TSafetyStream( *pIndexSave );
   if ( !ssIndex ) throw XOpen();

   ssIndex.seekp( rec * 4 );
   ssIndex.write( (char *)&val, 4 );
}
```

Sicherlich wird sich der Leser fragen, warum oben die Konstante 4 statt *sizeof(long)* verwendet wurde. Der Ausdruck *sizeof(long)* liefert nach dem ANSI-Standard einen Wert größer oder gleich 4 zurück. Falls also für einen künftigen C++-Compiler

```
sizeof(long) == 8
```

gilt, würden obige Funktionen nicht mehr für Tabellen funktionieren, die mit einem Programm erzeugt wurden, das mit BC++ 4.0 erstellt worden ist. Die Konstante 4 sichert also zumindest die Portabilität, wenn für binäre Daten das Intel-Format (LSB first) verwendet wurde.

Datensätze auswählen

Es muß bei jeder Tabellen-Implementation die Möglichkeit bestehen, mehrere Datensätze auszuwählen, d.h. zu markieren. Die dafür notwendige Information wird nicht im Datensatz selbst gespeichert, sondern es wird dafür das höchste Bit der *long*-Werte in der Index-Datei verwendet. Das hat zwar den Nachteil, daß die Tabellen-Datei statt 4GB nur noch 2GB groß werden kann[49] , aber den Vorteil, daß ein markierter Datensatz durch die Prüfung

```
IndexWert < 0
```

identifiziert werden kann. Außerdem kann man sich leicht überlegen, daß entsprechende Funktionen viel schneller die Markierung im Index setzen oder aufheben können als im Datensatz.

Für die Markierungen existieren die Funktionen *Select*(), *Unselect*() und *Selected*().

```
void TFileTable::Select(int sel)
{
   if ( !pCurrentRecord ) throw XValid();
   if ( OpenMode&readonly ) throw XWrite();
   if ( EOFState ) throw XEOF();

   FCurrent = GetIndex( RCurrent );

   if ( sel ) FCurrent |= 0x80000000L;
   else FCurrent &= 0x7FFFFFFFL;

   SetIndex( RCurrent, FCurrent );
   IsSelected = sel;
}
int TFileTable::Selected()
{
   if ( !pCurrentRecord ) throw XValid();
   if ( EOFState ) throw XEOF();

   return IsSelected;
}
```

Unselect() ist *inline* durch *Select*(0) definiert.

Aktueller Datensatz und Dateiende

Obige Funktionen benutzen die Elemente *FCurrent* und *RCurrent*. Beide halten die aktuelle Datensatz-Position, *RCurrent* im Sinne der

49 Inzwischen sind Dateien dieser Größenordnung auch auf heimischen PCs nicht mehr utopisch.

Datensatznummer und *FCurrent* bzgl. der Datei-Position via *seekg()*. Sie werden von der Funktion *Goto()* gesetzt, die den aktuellen Datensatz festlegt.

```
void TFileTable::Goto(long rec)
{
   if ( !pCurrentRecord ) throw XValid();
   if ( rec < 0 || rec > RCount ) throw XRange();

   RCurrent = rec;
   EOFState = 0;

   if ( RCurrent == RCount ) EOFState = 1;
   else FCurrent = GetIndex( rec );

   IsSelected = FCurrent < 0;
}
```

Goto() löst keine *XEOF()*-Ausnahme aus, da der Sprung an das Tabellenende sinnvoll sein kann bzw. sich bei einer leeren Tabelle gar nicht vermeiden läßt. Zu diesem Zweck existiert sogar eine eigene Funktion:

```
inline void TFileTable::GotoEOF()
{
   Goto( RCount );
}
```

Anzahl der Datensätze und Nr. des aktuellen Datensatzes werden mit folgenden Funktionen abgefragt:

```
inline long TFileTable::Reccount() const
{
   return RCount;
}
inline long TFileTable::Current() const
{
   return RCurrent;
}
```

Das Tabellenende kann mit

```
inline int TFileTable::eof() const
{
   return EOFState;
}
```

verifiziert werden.

Löschen

Löschen eines Datensatzes ist gleichbedeutend mit dem Entfernen eines Eintrags in der Index-Datei. Die wesentliche Arbeit der Funktion *Delete()* besteht im wesentlichen in der Reduzierung der Index-Datei.

```
void TFileTable::Delete()
{
   if ( !pCurrentRecord ) throw XValid();
   if ( OpenMode&readonly ) throw XWrite();
   if ( EOFState ) throw XEOF();

   fstream &ssIndex = TSafetyStream( *pIndexSave );
   if ( !ssIndex ) throw XOpen();

   ssIndex.seekp( RCurrent * 4 );
   RCount--;
   for ( long r=RCurrent; r<RCount; r++ )
   {
      long x;
      ssIndex.seekg( 4, ios::cur );
      ssIndex.read( (char*)&x, 4 );
      ssIndex.seekp( -8, ios::cur );
      ssIndex.write( (char*)&x, 4 );
   }

   WriteHeader();
   Goto( (RCurrent > 0) ? RCurrent-1 : RCurrent );
}
```

Die Index-Datei wird nicht wirklich reduziert, sondern der Inhalt wird lediglich nach unten verschoben. Das Kürzen von Dateien erlauben nur sehr wenige Betriebssysteme und DOS gehört nicht dazu.

Lesen

Die Funktion *Read()* benutzt den Eingabe-Operator der Klasse *TFileTableRecord*.

```
void TFileTable::Read()
{
   if ( !pCurrentRecord ) throw XValid();
   if ( EOFState ) throw XEOF();

   fstream &ssTable = TSafetyStream( *pTableSave );
   if ( !ssTable ) throw XOpen();

   ssTable.seekg( FilePos(FCurrent) );
   ssTable >> *pCurrentRecord;
}
```

Es existiert noch eine weitere Version von *Read*(), die benutzt werden kann, wenn mit einem anderen Datensatz-Objekt gearbeitet werden soll.

```
void TFileTable::Read(TFileTableRecord& r)
{
   if ( !pCurrentRecord ) throw XValid();
   if ( EOFState ) throw XEOF();

   Read();
   r = *pCurrentRecord;
}
```

Auch die zweite Version ändert den Inhalt von *pCurrentRecord*!

Schreiben

Um Programmierarbeit zu sparen, werden neue und geänderte Datensätze gleichbehandelt. Das wird mit dem Löschen der alten Version des geänderten Datensatzes erreicht. Der Datensatz selbst wird immer ans Ende der Tabellen-Datei angefügt:

```
void TFileTable::Write()
{
   if ( !pCurrentRecord ) throw XValid();
   if ( OpenMode&readonly ) throw XWrite();

   fstream &ssTable = TSafetyStream( *pTableSave );
   fstream &ssIndex = TSafetyStream( *pIndexSave );
   if ( !ssTable || !ssIndex ) throw XOpen();

   int OldSel = (EOFState) ? 0 : (FCurrent < 0);
   ssTable.seekg( 0, ios::end );
   long fpos = ssTable.tellg();
   ssTable << *pCurrentRecord;
```

Den Index-Wert könnte man auch an das Ende der (Index-)Datei hängen, aber es soll ja eine ggf. vorhandene Sortierung berücksichtigt werden. Eine Sortierung impliziert immer mehrere Vergleiche innerhalb der Datensätze. Deshalb wird zunächst eine „Arbeitskopie" des aktuellen Datensatzes erzeugt:

```
   TFileTableRecord *pfr = new TFileTableRecord( *pCurrentRecord );
```

Da die Kopie steht, kann der aktuelle Datensatz (wenn vorhanden) gelöscht werden:

```
   if ( !EOFState ) Delete();
```

Die lokale Variable *NewRec* wird die Nummer des neuen Datensatzes enthalten und somit auch die Einfügeposition innerhalb der Index-Datei.

```
long NewRec = RCount;
```

Die Datensatz-Objekte werden mit der geschützten Funktion *LessThan* der Klasse *TFileTableRecord* verglichen (siehe unten). Datensätze können nicht ohne eine zugrundeliegende Tabelle verglichen werden, da nur die Tabelle die notwendigen Informationen zur Sortierung besitzt.

```
if ( SortList.GetItemsInContainer() )
{
   for ( NewRec=0; NewRec<RCount; NewRec++ )
   {
      Goto( NewRec );
      Read();
      if ( pfr->LessThan( *pCurrentRecord, SortList ) ) break;
   }
```

Nachdem die Einfügeposition *NewRec* gefunden wurde, werden die Werte der Index-Datei hinter *NewRec* nach oben verschoben:

```
   for ( long r=RCount-1; r>=NewRec; r-- )
      SetIndex( r+1, GetIndex( r ) );
}
```

Nun folgen noch gewisse Aufräum- und Initialisierungsarbeiten. Dazu gehört, daß der neue Datensatz der aktuelle wird.

```
   SetIndex( NewRec, fpos );

   delete pfr;
   RCount++;
   WriteHeader();
   Goto( NewRec );
   Select( OldSel );
}
```

Auch für *Write()* existiert eine zweite Version:

```
void TFileTable::Write(const TFileTableRecord& r)
{
   if ( !pCurrentRecord ) throw XValid();
   if ( OpenMode&readonly ) throw XWrite();

   *pCurrentRecord = r;
   Write();
}
```

Datensätze anhängen

Das Anhängen von Datensätzen wird bereits von der Funktion *Write()* erledigt, nämlich genau dann, wenn mit *GotoEOF()* zum Tabellenende gesprungen wird. Der Vollständigkeit halber sind zwei Versionen der Funktion *Append()* definiert:

```
inline void TFileTable::Append()
{
   GotoEOF();
   Write();
}
inline void TFileTable::Append(const TFileTableRecord& r)
{
   GotoEOF();
   Write( r );
}
```

Tabelle erstellen

Die Funktion *Create()* erzeugt eine Tabelle. Sie erwartet als Parameter neben dem Dateinamen den Typen-String und eine Liste, die Informationen zur Sortierung enthält. Diese Informationen geben an, wie Datensätze einer Tabelle untereinander verglichen werden sollen.

```
class TSortInfo
{
   public:
      TSortInfo() : Index( 0 ), Dir( 0 ) {}
      TSortInfo(short i,short d) : Index( i ), Dir( d ) {}
      short Index;
      short Dir;

      int operator == (const TSortInfo& si) const
         { return Index == si.Index; }
};
```

Das Element *Index* enthält die Eintragsnummer und das Element *Dir* die Sortierrichtung. *Dir* ist 1 für aufsteigende und -1 für absteigende Sortierung. Die Anzahl und Reihenfolge der Einträge, die für die Sortierung relevant sind, ist durch ein Objekt der Klasse

```
typedef TDoubleListImp<TSortInfo> TSortList;
```

festgelegt. Es wird hier eine doppelt verkettete Liste benötigt, da mit einer einfach verketteten Liste das FIFO-Prinzip (first in, first out) nicht realisierbar ist.

Die Vergleichfunktion *LessThan()* der Klasse *TFileTableRecord* benutzt ein Objekt der Klasse *TSortList* und natürlich die (virtuellen) Vergleichfunktionen der Objekte, die in dem Datensatz enthalten sind:

```
int TFileTableRecord::LessThan(const TFileTableRecord& r,
   const TSortList& sl) const
{
   TSortIt I( sl );

   while ( I )
   {
      TSortInfo si = I++;
      unsigned i = unsigned( si.Index );

      if ( *(*this)[i] == *r[i] ) continue;

      int c = *(*this)[i] < *r[i];
      if ( si.Dir < 0 ) c = !c;

      return c;
   }

   return 0;
}
```

Die Iterator-Klasse *TSortIt* ist durch

```
typedef TDoubleListIteratorImp<TSortInfo> TSortIt;
```

erklärt.

Die Funktion *Create()* ist die einzige Elementfunktion von *TFileTable*, die den Schutzmechanismus, gegeben durch die Klasse *TSafety*, nicht benutzt.

„Tabelle kreieren" bedeutet: Erzeuge eine leere Tabellen- und eine leere Index-Datei und erstelle eine Header-Datei mit den angegebenen Informationen. Zusätzlich finden noch ein paar Prüfungen statt:

```
void TFileTable::Create(const char* fname,const string& ts,
   const TSortList& sl)
{
   if ( pCurrentRecord ) throw XValid();

   SetFileNames( fname );

   ofstream osTable( TableName );
   ofstream osIndex( IndexName );
   ofstream osHeader( HeaderName );

   if ( !osTable || !osIndex || !osHeader ) throw XCreate();

   for ( unsigned i=0; i<ts.length(); i++ )
      if ( !strchr( "SIDF", ts.c_str()[i] ) ) throw XRange();
```

```
    TypeString = ts;
    ECount = short(ts.length());
    RCount = 0;

    TSortIt I( sl );
    while ( I )
    {
       TSortInfo si = I++;
       if ( si.Index < 0 || si.Index >= ECount ) throw XRange();
    }

    I.Restart();
    while ( I ) SortList.Add( I++ );

    WriteHeader( osHeader );
}
```

6.2.6 Reorganisation

Wenn eine Tabellen-Implementierung derart gestaltet ist, daß beim Ändern eines Datensatzes die Tabellen-Datei um die Größe des Datensatzes anwächst, ist es hin und wieder notwendig, die Tabelle auf ihr Mindestmaß zurechtzustutzen.

Die Funktion *Compress()* übernimmt diese Aufgabe und kürzt außerdem die Index-Datei. Da diese Funktion zeitintensiv ist, kann als Parameter ein Zeiger auf eine Funktion angegeben werden, die in der Anwendung z.B. den Status der Neuorganisation anzeigt. Diese Funktion muß vom Typ

```
typedef void (*ProgressFunc)(long,short);
```

sein. Der erste Parameter wird von *Create()* als Datensatz-Zähler übergeben, wenn der zweite Parameter 0 ist. Ist der zweite Parameter von Null verschieden, dann wurde die Funktion vor einer der vier Schleifen der Funktion *Compress()* aufgerufen. Für diesen Parameter gilt:

short-Parameter	Bedeutung
1	Datensätze werden in temporäre Datei kopiert
2	Datensätze werden von der temporären Datei zurückkopiert
3	Index-Werte werden in temporäre Datei kopiert
4	Index-Werte werden von der temporären Datei zurückkopiert

Eine Funktion, die den Zustand der Reorganisation zeigen soll, könnte z.B. so aussehen:

```
void CompressCount(long n,short m)
{
   switch ( m )
   {
   case 1:
      cout << "\nLese Datensaetze\n";
      break;
   case 2:
      cout << "\nSchreibe Datensaetze\n";
      break;
   case 3:
      cout << "\nLese Index-Datei\n";
      break;
   case 4:
      cout << "\nSchreibe Index-Datei\n";
      break;
   default:
      cout << n << '\t';
      break;
   }
}
```

Der erste Parameter der Funktion *Compress()* ist ein Zeiger auf den vollständigen Pfad einer temporären Datei. Ist dieser Parameter 0, dann wird mit der C-Funktion *tmpnam()* ein gültiger Name für eine temporäre Datei ermittelt.

Die temporäre und die Original-Datei liegen nicht notwendigerweise im selben Verzeichnis. Dieses Vorgehen verbietet leider, daß nach Beendigung des Kopiervorgangs die temporäre Datei in die Original-Datei umbenannt werden kann.

Die Funktion *Compress()*:

```
void TFileTable::Compress(const char *TmpFileName,
   ProgressFunc Progress)
{
   if ( !pCurrentRecord ) throw XValid();
   if ( OpenMode&readonly ) throw XWrite();

   fstream &ssTable = TSafetyStream( *pTableSave );
   fstream &ssIndex = TSafetyStream( *pIndexSave );
   if ( !ssTable || !ssIndex ) throw XOpen();
```

Zunächst wird ggf. der Name der temporären Datei erzeugt:

```
const char *pTmpFileName = TmpFileName;
char tmpbuffer[L_tmpnam+1];

if ( !pTmpFileName )
{
   tmpnam( tmpbuffer );
   pTmpFileName = tmpbuffer;
}
```

Jetzt werden alle Datensätze in die temporäre Datei neu geschrieben. Die Index-Werte werden mit der Funktion *tellp()* neu ermittelt und eine evtl. Markierung der Datensätze wird ebenfalls berücksichtigt.

```
fstream ts( pTmpFileName, ios::out );
if ( !ts ) throw XOpen();

ssIndex.seekg( 0 );
if ( Progress ) Progress( 0, 1 );
for ( long r=0; r<RCount; r++ )
{
   if ( Progress ) Progress( r, 0 );

   ssIndex.read( (char*)&FCurrent, 4 );
   Read();
   FCurrent = ts.tellp() | ((FCurrent<0) ? 0x80000000L : 0);
   ts << *pCurrentRecord;
   if ( ts.fail() ) throw XWrite();
   ssIndex.seekp( -4, ios::cur );
   ssIndex.write( (char*)&FCurrent, 4 );
}

ts.close();
```

Auch die Tabellen-Datei muß nun geschlossen werden. Das ist nur mit

```
delete pTableSave;
```

möglich.

Nun erfolgt das „Rückkopieren“ der Datensätze:

```
ts.open( pTmpFileName, ios::in );
ofstream os( TableName );

if ( Progress ) Progress( 0, 2 );
for ( r=0; r<RCount; r++ )
{
   if ( Progress ) Progress( r, 0 );
```

```
      ts >> *pCurrentRecord;
      os << *pCurrentRecord;
   }

   os.close();
   ts.close();
```

Dasselbe Spiel wird nun mit der Index-Datei vollzogen:

```
   ts.open( pTmpFileName, ios::out | ios::binary );
   if ( Progress ) Progress( 0, 3 );
   for ( r=0; r<RCount; r++ )
   {
      if ( Progress ) Progress( r, 0 );

      long x = GetIndex( r );
      ts.write( (char*)&x, 4 );
   }
   ts.close();
   delete pIndexSave;

   ts.open( pTmpFileName, ios::in | ios::binary );
   os.open( IndexName, ios::out | ios::binary );
   if ( Progress ) Progress( 0, 4 );
   for ( r=0; r<RCount; r++ )
   {
      if ( Progress ) Progress( r, 0 );

      long x;
      ts.read( (char*)&x, 4 );
      os.write( (char*)&x, 4 );
   }
   os.close();
   ts.close();
   remove( pTmpFileName );
```

Die *TSafety*-Objekte müssen erneut erzeugt werden:

```
   pTableSave = new TSafety( TableName, ios::in|ios::out,
      (OpenMode&save) != 0 );
   pIndexSave = new TSafety( IndexName, ios::in|ios::out|ios::binary,
      (OpenMode&save) != 0 );

   Goto( RCurrent );
}
```

6.2.7 Sortieren

Das explizite Sortieren ist nur notwendig, wenn die Sortier-Vorschrift der Tabelle geändert wird. Die Klasse *TFileTable* bietet diese Möglichkeit.

Ähnlich wie die Funktion *Compress()* besitzt die Funktion *Resort()* als Parameter einen Zeiger auf eine Funktion, die den Fortschritt der Sortierung anzeigen kann. Der verwendete Sortieralgorithmus ist das sog. Max-Sort (oder hier besser: Min-Sort). Es wird der kleinste Datensatz im Sinne der neuen Sortier-Informationen gesucht und sein Index-Wert wird an die zugehörige Position geschrieben. Dieser Algorithmus verwendet zwei ineinander verschachtelte Schleifen, weshalb der zweite Parameter der Funktion vom Typ *ProgressFunc* 1 für die äußere Schleife und 2 für die innere Schleife beträgt. Der erste Parameter wird wie bei der Funktion *Compress()* als Datensatz-Zähler benutzt.

Beim Sortieren werden nur die Index-Werte verschoben, daher ist der Einsatz einer temporären Datei nicht notwendig.

```
void TFileTable::Resort(const TSortList& sl,
   ProgressFunc Progress)
{
   if ( !pCurrentRecord ) throw XValid();
   if ( OpenMode&readonly ) throw XWrite();

   fstream &ssTable = TSafetyStream( *pTableSave );
   fstream &ssIndex = TSafetyStream( *pIndexSave );
   if ( !ssTable || !ssIndex ) throw XOpen();

   TSortIt I( sl );
   if ( !I ) return;

   while ( I )
   {
      TSortInfo si = I++;
      if ( si.Index < 0 || si.Index >= ECount )
         throw XRange();
   }

   I.Restart();
   SortList.Flush();
   while ( I ) SortList.Add( I++ );
```

Die äußere Schleife durchläuft *RCount*-1 Datensätze (eine Tabelle mit nur einem Datensatz muß nicht sortiert werden).

```
for ( long r=0; r<RCount-1; r++ )
{
   if ( Progress ) Progress( r, 1 );

   Goto( r );
   Read();
```

Die lokale Datensatz-Variable *fr* hält das Minimum der noch folgenden *RCount-r*-1 Datensätze, die Variable *rmin* die Datensatznummer des kleinsten Datensatzes:

```
   TFileTableRecord fr = TFileTableRecord( *pCurrentRecord );
   long rmin = r;
   for ( long s=r+1; s<RCount; s++ )
   {
      if ( Progress ) Progress( s, 2 );

      DirectRead( ssTable );
```

Ist ein Datensatz noch kleiner, als der durch *fr* repräsentierte, dann müssen *fr* sowie *rmin* neu gesetzt werden

```
      if ( pCurrentRecord->LessThan( fr, SortList ) )
      {
         fr = *pCurrentRecord;
         rmin = s;
      }
   }
```

Der Tausch der Index-Werte:

```
   if ( rmin > r )
   {
      long fpos;

      ssIndex.seekg( rmin*4 );
      ssIndex.read( (char*)&fpos, 4 );
      ssIndex.seekp( -4, ios::cur );
      ssIndex.write( (char*)&FCurrent, 4 );
      ssIndex.seekp( r*4 );
      ssIndex.write( (char*)&fpos, 4 );
   }
}
```

Der aktuelle Datensatz ist durch die Sortierung möglicherweise ein anderer und somit wertlos. Deshalb wird an den Anfang der Tabelle gesprungen:

```
   Goto( 0 );
}
```

6.3 Schnellere ASCII-Tabellen

Das im letzten Kapitel vorgestellte Datenbank-Modell kann zwar nicht wesentlich effizienter gestaltet werden, doch zumindest für die Index-Verwaltung bietet sich eine günstigere Implementation an. Große Tabellen können selten in ihrer Gesamtheit im Speicher gehalten werden, aber für die Index-Werte ist das schon eher möglich. Eine Tabelle von 100000 Datensätzen würde 400KB RAM für die Index-Werte benötigen. Das ist zwar unter DOS oder 16Bit-Windows immer noch ein Problem[50] , aber nicht für die bestehenden und künftigen 32Bit-Windows-Systeme.

6.3.1 Neue Index-Verwaltung

Das überarbeitete Tabellen-Modell ist eigentlich eine Synthese einer dateiorientierten und einer speicherorientierte Tabelle. Auf die Datensätze wird weiterhin dateiorientiert zugegriffen, während die Index-Werte sich zur Lebensdauer des Tabellen-Objekts im Speicher befinden.

Diese Implementation hat den weiteren Vorteil, daß nun die Index-Datei ebenfalls als ASCII-Datei angelegt werden kann. Dies wiederum schafft die Freiheit, die persistente Markierung von Datensätzen lesbar zu gestalten. Zwar wird im Speicher weiterhin das Vorzeichenbit zur Markierung verwendet, aber die Index-Datei verwaltet die Markierung als 0 oder 1, getrennt durch ein Komma hinter dem eigentlichen Index-Wert.

Die Index-Werte werden in Form eines Arrays vom Typ *long* verwaltet. Doch in diesem Fall wird ausnahmsweise keine Container-Klasse für die Verwaltung eingesetzt, sondern aus Geschwindigkeitsgründen eine eigene Klasse verwendet.

Die Klasse *TIndexArray* (deklariert in TFBASE2.H und definiert in TFBASE2.CPP) verbindet ein dynamisches *long*-Array mit dem Dateinamen der Index-Datei. Der Konstruktor

```
TIndexArray(const char *fname,size_t s);
```

erzeugt das Array mit *s*+256 (das ist nötiger Spielraum bis zur Erweiterung des Arrays) Elementen und liest *s* Index-Werte aus der Datei

---

50 Unter Windows 3.x können natürlich auch Speicherblöcke größer 64KB angefordert werden, aber dann nur mit *GlobalAlloc*() und nicht mit *new*.

fname. Dementprechend entfernt der Destruktor das Array und schreibt (falls nötig) die Index-Werte in die Datei zurück.

Unglücklicherweise gefährdet das gemischte Konzept das Sicherheitsniveau, daß wir durch die Klassen *TSafety* und *TSafetyStream* gerade erst gewonnen haben, denn ein geschriebener Datensatz ist unvollständig geschrieben, solange die geänderten Index-Werte nicht gespeichert worden sind.

Deshalb muß die Klasse *TIndexArray* eine Funktion *Save()* zum Sichern der Index-Werte und eine Funktion *IsChanged()*, die die Notwendigkeit dazu überprüft, besitzen.

```
void Save();
int IsChanged() const;
```

Der Konstruktor bzw. die Funktion *Save()* erzeugen eine *XOpen()*-Ausnahme, falls Fehler beim Datei-Zugriff entstehen sollten.

Die Zugriffsfunktionen der Klasse *TIndexArray* sind

```
long Get(size_t) const;
```

zum Auslesen und

```
void Set(size_t,long);
```

zum Setzen eines Index-Wertes an gegebener Position.

Diese beiden Funktionen sowie *Delete()* und *Expand()* lösen eine *XRange*-Ausnahme aus, falls die Index-Position, gegeben durch den *size_t*-Parameter, ungültig ist.

```
void Delete(size_t);
```

Diese Funktion entfernt einen Index-Wert, wobei alle nachfolgenden Werte um eine Position nach unten verschoben werden.

```
void Expand(size_t);
```

Diese Funktion erweitert das interne *long*-Array um eine Position und verschiebt dabei alle nachfolgenden Werte um eine Position nach oben. Gegebenenfalls wird eine „Speicher-Reallozierung" durchgeführt, d.h.:

```
void TIndexArray::Expand(size_t i)
{
   if ( i > Count ) throw XRange();
   if ( Count == Size )
   {
      long *NewArray = new long[Size+=0x100];
      memcpy( NewArray, TheArray, Count * sizeof(long) );
```

```
            delete [] TheArray;
            TheArray = NewArray;
        }
        memmove( &TheArray[i+1], &TheArray[i],
                 (Count++ -i)*sizeof(long) );
        Changed = 1;
    }
```

Die Funktion

```
size_t Find(long) const;
```

sucht nach einem Index-Wert und gibt seine Position im Array oder *size_t*(-1) (bei Mißerfolg) zurück. Diese Funktion ist nötig, wenn die Datensatz-Nr. anhand eines Index-Wertes bestimmt werden soll und findet in dem Beispiel-Programm Media-Manager ihre Anwendung.

6.3.2 Anpassung der Tabellen-Klasse

In dem ersten Modell dateiorientierter Tabellen haben wir versäumt, Binär-Suche zum Schreiben von Datensätzen in sortierten Tabellen einzusetzen. Das wird nun nachgeholt.

Einige Elementfunktionen der Klasse TFileBase müssen wegen der neuen Index-Verwaltung geändert werden, aber das soll hier nicht dokumentiert werden, da die Index-Verwaltung fast keinen Einfluß auf die Funktionsweise der Tabelle besitzt. Lediglich die „Callback"-Funktion der Elementfunktion *Compress()* ist von äußeren Änderungen betroffen. Der *short*-Parameter kann nun nicht mehr die Werte 3 oder 4 annehmen, da die Index-Datei nicht reorganisiert werden muß (siehe letzten Abschnitt, Funktion *Compress*).

Die Funktionen der Index-Klasse *TIndexArray* werden noch auf die Tabellen-Klasse *TFileTable* übertragen. Es sind:

```
long GetIndex(long) const;
void SetIndex(long rec,long val);
long FindIndex(long) const;
void SaveIndex();
```

Sie entsprechen den fast gleichnamigen Elementfunktionen der Klasse *TIndexArray*, mit Ausnahme der Funktion *SaveIndex()*, die durch

```
inline void TFileTable::SaveIndex()
{
    if ( pIndexArray->IsChanged() ) pIndexArray->Save();
}
```

definiert ist und die Index-Werte nur sichert, wenn es notwendig ist.

6.4 Media-Manager

Das letzte Beispiel in diesem Buch demonstriert folgende Aspekte der Datenbank- und OWL-Programmierung:

- Relationale Tabellen
- MDI-Anwendungen, insbesondere die Kommunikation der Fenster untereinander.
- Masken-Gestaltung durch Dialog-Fenster

6.4.1 Die Anwendung

Der Media-Manager ist ein Entwurf einer Anwendung zur Verwaltung von Schallplatten, CDs, Musikkasetten und Videos. Die Datenbank besteht aus zwei Tabellen. Die erste Tabelle ist die Medium-Tabelle und enthält die allgemeinen Daten der Tonträger, also Titel, Interpret, Label und andere Angaben. Die zweite Tabelle enthält den Inhalt eines jeden Mediums, also die Titel, die z.B. auf der Kasette XYZ enthalten sind.

Jeder Datensatz beider Tabellen wird vom Media-Manager durch ein eigenes MDI-Fenster dargestellt.

Anwendung „Media-Manager“

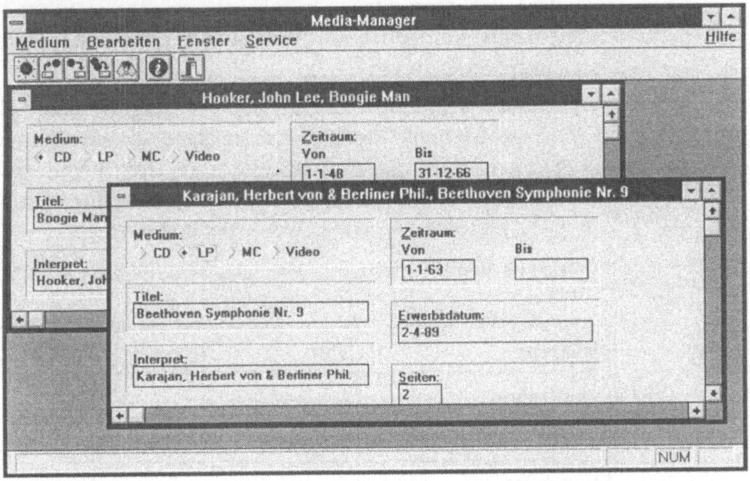

6.4.2 Die Tabellen

Die Anzahl der Titel, die sich auf den Tonträgern befinden können, ist derart unterschiedlich, daß diese Datenbank zwei Tabellen benötigt: Die Medium-Tabelle und die Titel- oder Inhalts-Tabelle.

Die Medium- und die Titel-Tabelle stehen durch ein Identitätsfeld in Relation zueinander. Die Beziehung könnte so dargestellt werden:

Medium-Datensatz	Inhalts-Datensatz
Titel	
Interpret	
Identität	Identität
Label	Titel
Erwerbsdatum	Interpret

Wie man sich leicht vorstellen kann, enthält die Inhalts-Tabelle sehr viel mehr Datensätze als die Medium-Tabelle. Grob geschätzt enthält jede CD oder MC durchschnittlich ca. 15 Titel. Das würde bedeuten, daß eine erfaßte Schallplattensammlung von 1000 Stück (für viele Leute kein Problem) eine Titel-Tabelle mit 15000 Datensätzen mit sich ziehen würde.

Um einen schnellen Zugriff auf die zugehörigen Titel Datensätze eines gegebenen Medium-Datensatzes durch Binär-Suche zu ermöglichen, muß die Titel-Tabelle nach dem Relationsfeld, also nach der Identität sortiert werden. Auch die Medium-Tabelle sollte eine Anordnung besitzen. Diese wird nach den Interpreten sortiert.

Der Datensatz-Aufbau der Medium-Tabelle im einzelnen:

Eintrag	**Typ**	**Sortierschlüssel**
Tonträger	Integer	
Titel	String	2, aufsteigend
Interpret	String	1, aufsteigend
Identität	String	

Eintrag	Typ	Sortierschlüssel
Label	String	
Vertrieb	String	
Titel von	Datum	
Titel bis	Datum	
Erwerbsdatum	Datum	
Anzahl der Seiten	Integer	
Musikrichtung	Integer	

Der Datensatz-Aufbau der Titel-Tabelle:

Eintrag	Typ	Sortierschlüssel
Identität	String	1, aufsteigend
Seite	Integer	2, aufsteigend
Nr.	Integer	3, aufsteigend
Titel	String	
Interpret	String	

6.4.3 Implementierung der Eingabe-Masken

Wenn ein Fenster als Eingabe-Maske arbeiten soll, muß es Eingabefelder und andere Kontrollelemente besitzen. Wir können zwar wie in den ersten Anwendungsbeispielen die Abmessungen der Eingabefelder direkt programmieren, aber es ist einfacher, diese Daten direkt aus den Resourcen zu beziehen.

Die OWL 2.0 ermöglicht, daß Dialog-Fenster als MDI-Kind-Fenster angelegt werden können. Ein Dialog-Fenster dieser Art ist nicht modal und muß folgenden Attribute besitzen:

Standard-Dialog-Stile:

```
DS_MODALFRAME |  WS_VISIBLE | WS_CAPTION |
WS_SYSMENU | WS_THICKFRAME
```

Damit sich ein Dialog-Fenster wie ein „normales“ Fenster „benimmt“:

```
WS_CHILD
```

Andere benötigte Stile:

```
WS_VSCROLL | WS_HSCROLL | WS_MINIMIZEBOX | WS_MAXIMIZEBOX
```

Es ist nicht ratsam, die Dialog-Klasse „BorDlg“ zu wählen, da sonst bei der Verwendung der Scrollbalken unerwünschte Effekte entstehen.

Die Eingabe-Maske der Medium-Tabelle hat mit der Eingabe-Maske der Titel-Tabelle gemeinsam, daß sie Eingabe-Masken sind. Deshalb ist es sinnvoll, die Klassen für die Eingabe-Masken nicht direkt von *TDialog* abzuleiten, sondern eine Zwischen-Klasse einzurichten, die gemeinsame Aufgaben erfüllt.

Das Rahmen-Klient-Konzept der OWL 2.0 zwingt uns dazu, zwei Klassen für ein Datensatz-Fenster-Objekt bereitzustellen. Die gemeinsame Basis der Rahmen-Klasse ist *TRecordChild* und ist direkt von *TMDIChild* abgeleitet. Die gemeinsame Klient-Klasse ist *TRecordWindow* und ist ein Derivat von TDialog. Beide Basis-Klassen sind miteinander befreundet und besitzen Zeiger, um auf den jeweiligen „Partner“ verweisen zu können.

```
class TRecordChild : public TMDIChild
{
   private:
      friend class TRecordWindow;

   public:
      TRecordChild(TMDIClient&,TRecordWindow*);

      TRecordWindow *pClient;
      // weitere Elemente
};

class TRecordWindow : public TDialog
{
   private:
      friend class TRecordChild;

   public:
      TRecordWindow(TWindow*,TResId,TFileTable*,long);
      virtual ~TRecordWindow();

      TRecordChild *pFrame;
      // weitere Elemente
};
```

Die Klasse *TRecordChild* beerbt *TMediumChild* und *TContentsChild*, die Klassen *TMediumWindow* und *TContentsWindow* sind von *TRecordWindow* abgeleitet.

Für die Eingabe-Masken sind die Klient-Klassen zuständig, die Rahmen-Klassen sind reine Botschafts-Empfänger und werden im nächsten Abschnitt detailiert behandelt. Die Implementierung der Klient-Klassen unterscheidet sich wenig von der Programmierung anderer Dialog-Fenster. Der Datensatz-Dialog benötigt neben den üblichen Parametern die Datensatz-Nr. und einen Zeiger auf die zugehörige Tabelle.

```
TRecordWindow::TRecordWindow(TWindow* parent,TResId id,
                             TFileTable *table,long rec) :
   TDialog( parent, id ),
   pTable( table ),
   RecNo( rec )
{
```

Ferner benötigt das Dialog-Objekt ein (leeres) Datensatz-Objekt der Tabelle

```
   pRecord = new TFileTableRecord( pTable->GetEmptyRecord() );
```

und eine Kopie des Datensatzes, um entscheiden zu können, ob der User die Daten im Dialog geändert hat.

```
   pBackup = new TFileTableRecord( *pRecord );
```

Das Öffnen eines Datensatz-Dialogs hat zwei verschiedene Ursachen: Bearbeiten eines vorhandenen Datensatzes und Erzeugen eines neuen Datensatzes. Im zweiten Fall wird die Datensatz-Nr. vom Aufrufer auf –1 gesetzt und im ersten Fall wird der Datensatz gelesen.

```
   if ( RecNo >= 0 )
   {
      pTable->Goto( RecNo );
      pTable->Read( *pRecord );
      Index = pTable->GetIndex( RecNo );
   }
   else Index = -1;
}
```

Der Index-Wert wird zum „Wiederfinden“ der Datensatz-Nr. benötigt (siehe nächsten Abschnitt).

Wenn *RecNo* nicht negativ ist, besteht keine Übereinstimmung zwischen **pRecord* und **pBackup*. Aber von der Klasse *TRecordWindow* wird nie direkt instanziert. Die Konstruktoren der Ableitungen können und müssen die Anweisung

```
*pBackup = *pRecord;
```

enthalten.

Die Klasse TRecordWindow benötigt einen Destruktor:

```
TRecordWindow::~TRecordWindow()
{
   delete pBackup;
   delete pRecord;
}
```

Das Fenster braucht, da es ein MDI-Kind-Fenster ist, horizontale und vertikale Bildlaufleisten. Der Bereich beider Bildlaufleisten hängt von den Maßen der im Dialog vorhandenen Kontrollelementen ab. Die Funktion *SetupWindow()* wird zum Erzeugen eines *TScroller*-Objekts überschrieben. Sie iteriert per API-Funktionen über die Liste der Kind-Fenster und ermittelt den Bereich der Bildlaufleisten durch das Kontrollelement, dessen rechte untere Ecke am weitesten vom Ursprung des Dialog-Fensters entfernt ist.

```
void TRecordWindow::SetupWindow()
{
   TDialog::SetupWindow();

   BuildTitle();

   HWND hwnd = ::GetWindow( *this, GW_CHILD );
   if ( !hwnd ) return;

   RECT r;
   ::GetWindowRect( *this, &r );
   int x0 = r.left;
   int y0 = r.top;

   hwnd = ::GetWindow( hwnd, GW_HWNDFIRST );
   int xmax = 0;
   int ymax = 0;

   do
   {
      ::GetWindowRect( hwnd, &r );
      int xs = r.right - x0;
```

```
            int ys = r.bottom - y0;

            if ( xs > xmax ) xmax = xs;
            if ( ys > ymax ) ymax = ys;

            hwnd = ::GetWindow( hwnd, GW_HWNDNEXT );
        }
        while ( hwnd );

        Scroller = new TScroller( this, 16, 8, xmax/16, ymax/8 );
        Scroller->HasHScrollBar = Scroller->HasVScrollBar = TRUE;
    }
```

Die Funktion *SetupWindow*() setzt überdies den Titel des Dialog-Fensters durch den Aufruf der virtuellen Funktion *BuildTitle*().

Wenn ein Fenster durch den Empfang der Botschaft WM_CLOSE nicht bedingungslos geschlossen werden darf, muß die Funktion *CanClose*() überschrieben werden. Im Fall von *TRecordWindow* hängt diese Funktion von **pBackup* ab.

```
    BOOL TRecordWindow::CanClose()
    {
```

CanClose() ruft zunächst die virtuelle Funktion

```
        LoadMaskData();
```

auf, die bewirkt, daß die Daten der Kontrollelemente nach **pRecord* geschrieben werden. Der Aufruf von

```
        BuildTitle();
```

ist notwendig, da der Titel des Dialogs von **pRecord* abhängen soll.

Nun werden **pRecord* und **pBackup* miteinander verglichen. Da wir für die Klasse *TFileTableRecord* keinen Gleichheits-Operator definiert haben, müssen die Objekte komponentenweise verglichen werden:

```
        BOOL Changed = FALSE;
        for ( short i=0; i<pTable->EntryCount(); i++ )
            if ( !(*pRecord->Entry(i) == *pBackup->Entry(i)) )
            {
                Changed = TRUE;
                break;
            }
        if ( !Changed ) return TRUE;
```

Ist das Programm hier angelangt, dann hat der Anwender Änderungen vollzogen und es erfolgt eine entsprechende Abfrage:

```
        int r = BWCCMessageBox(
           *this,
           string( *pApp, IDS_QUERY_RECORDCHANGE ).c_str(),
           pFrame->Title,
           MB_ICONQUESTION | MB_YESNOCANCEL
        );

        if ( r == IDCANCEL ) return FALSE;
        if ( r == IDYES ) WriteRecord();

        return TRUE;
    }
```

Ein Design-Fehler von Microsoft führt dazu, daß die Betätigung der ↵-Taste in einem Dialog-Fenster gleichbedeutend mit dem Aktivieren eines vorhandenen OK-Schalters ist. Der User beendet also mit der ↵-Taste den Dialog, anstatt mit dieser Taste ein Eingabefeld weiterzugelangen, wie man es eigentlich erwarten würde und gewisse Standards es auch vorschreiben. Stattdessen wirkt die ⇆-Taste so, wie die ↵-Taste arbeiten sollte.

Leider können unter Windows Tasten nicht so einfach simuliert werden, auch nicht durch Senden einer WM_CHAR- oder einer WM_KEYDOWN-Botschaft. Der sog. Fokus muß manuell von einem Kontrollelement an das nächste, das den Fokus besitzen darf, transportiert werden. Unser Dialog reagiert auf die ↵-Taste durch die Beantwortungsfunktion *IdOk*().

```
void TRecordWindow::IdOk()
{
   HWND hFocus = ::GetFocus();
   if ( !hFocus ) return;

   ::SetFocus( GetNextFocusableWindow( hFocus ) );
}
```

Die Funktion *GetNextFocusableWindow*() ist in OWLTOOLS.CPP durch

```
HWND GetNextFocusableWindow(HWND hwnd)
{
   HWND hNext = hwnd;

   for (;;)
   {
```

```
         hNext = ::GetWindow( hNext, GW_HWNDNEXT );
         if ( !hNext ) hNext = ::GetWindow( hwnd, GW_HWNDFIRST );
         if ( hNext == hwnd ) return hwnd;
         if ( GetWindowLong(hNext,GWL_STYLE) & WS_TABSTOP )
            return hNext;
      }
   }
```

definiert und man sieht, daß man recht tief in die Trickkiste von Windows greifen muß, um ein Standard-Verhalten zu ändern.

Das Betätigen der Esc-Taste würde das Datensatz-Fenster ohne wenn und aber schließen. Deshalb muß auch diese Aktion abgefangen und durch

```
void TRecordWindow::IdCancel()
{
   if ( CanClose() ) CmCancel();
}
```

ersetzt werden.

IdOk() und *IdCancel()* wirken natürlich nur, wenn sie in der Beantwortungs-Tabelle der Klasse eingetragen sind.

```
DEFINE_RESPONSE_TABLE1( TRecordWindow, TDialog )
   EV_COMMAND( IDOK, IdOk ),
   EV_COMMAND( IDCANCEL, IdCancel ),
END_RESPONSE_TABLE;
```

Die Implementation der Klassen *TMediumWindow* und *TContentsWindow* ist Knochenarbeit. Insbesondere beim Transfer der Daten von **pRecord* zu den Kontrollelementen müssen wir die Tatsache, daß die eingesetzte Tabellen-Implementation strukturunabhängig ist, teuer bezahlen.

An dieser Stelle wird nur die Implementation der Klasse *TMediumWindow* erläutert, die Realisierung von *TContentsWindow* verläuft entsprechend. Ein Medium-Datensatz besitzt 11 Einträge, aber die Einträge sind nur durch nichtnegative Integer ansprechbar. Um die Übersicht zu behalten, wird die *enum*-Liste

```
enum {
   MET_MED,
   MET_TITLE,
   MET_INTERPRET,
   MET_ID,
   MET_LABEL,
   MET_COMPANY,
   MET_DATEFROM,
```

```
      MET_DATETO,
      MET_DATEGET,
      MET_PAGES,
      MET_ART
   };
```

eingeführt.

Die Maske der Medium-Datensätze besteht nicht nur aus Eingabe-Feldern. Der Tonträger (CD, LP, MC, Video) kann viel besser durch Radio-Buttons dargestellt werden. Für die Musik-Richtung (Rock, Klassik etc.) eignen sich Markierungsfelder.

Ferner enthält die Maske drei Datums-Felder, die ganz normal durch Eingabe-Felder dargestellt werden. Bis auf das Identitäts-Feld darf jedes Feld auch leer sein. Ein leeres Datums-Feld erfordert aber ein leeres Datums-Objekt, das wir aber noch gar nicht implementiert haben. Wir verwenden hierzu das erste mögliche Datum der Klasse *TDate*:

```
const TDate NullDate = TDate( 0, 0 );
```

Jetzt besitzen wir die Möglichkeit, durch den Konstruktor ein wirklich leeres Objekt zu erzeugen.

```
TMediumWindow::TMediumWindow(TWindow *parent,long rec) :
   TRecordWindow( parent, MSK_MEDIUM,
                  pApp->GetMainTable(), rec )
{
   unsigned i;

   if ( rec < 0 )
   {
      for ( i=0; i<3; i++ )
         pRecord->Assign(new TEDate(NullDate),i+MET_DATEFROM);
      pRecord->Assign( new TEInteger( 1 ), MET_PAGES );
   }
   *pBackup = *pRecord;

   for ( i=0; i<4; i++ )
      pRb[i] = new TRadioButton( this, IMC_RB1+i );
   for ( i=0; i<9; i++ )
      pEd[i] = new TEdit( this, IMC_ED1+i, GetEdLen(i) );
   for ( i=0; i<7; i++ )
      pCb[i] = new TCheckBox( this, IMC_CB1+i );
}
```

Die verwendete strukturunabhängige Tabelle läßt praktisch Strings beliebiger Länge zu. Aber für die Maske benötigen wir eine Beschränkung der Eingabefelder. Die statische Elementfunktion *GetEdLen()* liefert die zulässige Länge der Eingabefelder.

Die Funktion *SetupWindow()* wird hier wie in anderen Dialogen überschrieben, um die Kontrollelemente mit Daten zu füllen. Dabei leidet das OOP-Konzept, denn die Konvertierung eines allgemeinen Objektes der Klasse *TEB* in das Objekt, was den Inhalt eines Eintrags repräsentiert, ist eigentlich nur durch den Ausgabe-Operator „<<" sauber möglich. Der direkte Zugriff auf den Inhalt erfordert teilweise mehrfaches Casting. Der Vorteil gegenüber strukturabhängigen Tabellen ist hier aber die Möglichkeit des sequentiellen Zugriffs, d.h. mehrere Eingabefelder können in einer Schleife beschrieben werden.

```
void TMediumWindow::SetupWindow()
{
   TRecordWindow::SetupWindow();

   char buffer[12];

   for ( unsigned i=0; i<4; i++ )
      pRb[i]->SetCheck( BF_UNCHECKED );

   pRb[size_t( *((TEInteger*)pRecord->Entry( MET_MED )) )]->
      SetCheck( BF_CHECKED );

   for ( i=0; i<5; i++ )
      pEd[i]->SetText(
         ((cstring&)(*((TEString*)pRecord->
            Entry( i+MET_TITLE )))).c_str() );

   for ( i=0; i<3; i++ )
   {
      TDate d = (TDate&) *((TEDate*)pRecord->
                     Entry( i+MET_DATEFROM ));
      DateToString( buffer, d );
      pEd[i+5]->SetText( buffer );
   }

   wsprintf(
      buffer,
      "%ld",
      long( *(TEInteger*)pRecord->Entry( MET_PAGES ) )
   );
   pEd[8]->SetText( buffer );

   long x = *(TEInteger*)pRecord->Entry( MET_ART );
```

```
      for ( i=0; i<7; i++ )
         pCb[i]->SetCheck( ((x&(1<<i))!=0)
            ? BF_CHECKED : BF_UNCHECKED );
}
```

Die virtuelle Funktion *LoadMaskData()* übernimmt den Gegenpart zu *SetupWindow()*.

```
void TMediumWindow::LoadMaskData()
{
   for ( unsigned i=0; i<4; i++ )
      if ( pRb[i]->GetCheck() == BF_CHECKED )
      {
         pRecord->Assign( new TEInteger( i ), MET_MED );
         break;
      }

   for ( i=0; i<9; i++ )
   {
      char buffer[80];

      pEd[i]->GetText( buffer, GetEdLen( i ) );
      RemoveWS( buffer );

      if ( i < 5 )
         pRecord->Assign( new TEString( string( buffer ) ),
                          MET_TITLE+i );
      else if ( i < 8 )
      {
         TDate d;
         if ( !*buffer ) d - NullDate;
         else StringToDate( d, buffer, i==6 );
         pRecord->Assign( new TEDate( d ), MET_TITLE+i );
      }
      else
      {
         int x = atoi( buffer );
         if ( x < 1 ) x = 1;
         pRecord->Assign( new TEInteger( x ), MET_PAGES );
      }
   }

   int x = 0;
   for ( i=0; i<7; i++ )
      if ( pCb[i]->GetCheck() == BF_CHECKED ) x |= (1 << i);
   pRecord->Assign( new TEInteger( x ), MET_ART );
}
```

Sie ruft *StringToDate()* auf, die nicht nur einen String in einen Datums-Wert konvertiert, sondern fehlende Angaben selbständig ergänzt.

```
static void StringToDate(TDate& d,const char *s,BOOL dir)
{...}
```

StringToDate() interpretiert eine Zahlenangabe als Jahr, zwei Angaben als Monat-Jahr und drei Angaben als vollständiges Datum. Der Parameter *dir* gibt an, auf welche Art fehlende Angaben ergänzt werden sollen. Ist *dir* von Null verschieden, dann wird ein fehlender Monat als 12 angenommen, sonst als 1. Entsprechend wird ein fehlender Tag als der letzte im Monat oder als 1 angenommen.

Die Funktion *BuildTitle()* der Klasse *TMediumWindow()* setzt den Titel aus Titel und Interpreten zusammen:

```
void TMediumWindow::BuildTitle()
{
   cstring sTitle = (cstring&)*(TEString*)pRecord->Entry( 1 );
   cstring sInter = (cstring&)*(TEString*)pRecord->Entry( 2 );
   string s = sInter + ", " + sTitle;

   pFrame->SetCaption( s.c_str() );
}
```

Das Medium-Datensatz-Fenster enthält noch zwei Schalter. Ein Schalter zum Schließen des Fensters, der einfach mit

```
void TMediumWindow::IdClose()
{
   pFrame->PostMessage( WM_CLOSE, 0, 0 );
}
```

beantwortet wird. Der zweite Schalter öffnet einen Dialog für die zugehörigen Inhalts-Datensätze.

```
void TMediumWindow::IdContents()
{
   char buffer[80];

   pEd[2]->GetText( buffer, GetEdLen( 2 ) );        // ID
   RemoveWS( buffer );

   if ( !*buffer )
      BWCCMessageBox(
         *this,
         string( *pApp, IDS_NOID ).c_str(),
         0,
         MB_ICONEXCLAMATION | MB_OK
      );
```

```
      else
         TContentsDialog( this ).Execute();
   }
```

Es ist klar, daß *IdClose()* sowie *IdContents()* in der Beantwortungs-Tabelle dieser Klasse eingetragen werden müssen.

6.4.4 Kommunikation

Soll jedes MDI-Kind-Fenster einen Datensatz beherbergen, dann müssen zwischen den Fenstern Relationen geschaffen werden, denn die Standard-Vorgänge in den Tabellen haben Konsequenzen:

- Medium-Datensatz öffnen
  Der Datensatz wird aus einer Liste aller vorhandenen Datensätze gewählt. Damit nicht alle Datensätze geladen werden müssen und die Liste nicht zu sehr anwächst, enthält die Liste nur einen Ausschnitt aus der Gesamtheit aller Datensätze.
- Inhalts-Datensatz öffnen
  Diese Möglichkeit darf nur dann bestehen, wenn das aktive Kind-Fenster ein Medium-Datensatz-Fenster ist, das eine gültige (nicht leere) Identität enthält.
- Datensatz bearbeiten
  Das Fenster muß als Objekt die Nummer des Datensatzes mit sich führen, damit bei Änderungen der richtige Datensatz gespeichert (alten Datensatz löschen, neuen Datensatz anfügen) wird.
- Datensatz speichern
  Da beide Tabellen selbstsortierend sind, ändert sich möglicherweise nicht nur die Datensatz-Nr. des betreffenden Datensatzes, sondern auch die aller anderen offenen Datensatz-Fenster. Jedes Datensatz-Fenster benötigt daher neben der Datensatz-Nr. einen weiteren Bezug zur Tabelle. Dieser Bezugspunkt ist der Index-Wert, denn anhand des Index-Wertes kann die Datensatz-Nr. bestimmt werden. Der Index-Wert ändert sich nur für den Datensatz, der gerade gespeichert wird. Alle anderen Datensatz-Fenster der selben Tabelle müssen benachrichtigt werden, daß ein Datensatz gespeichert wurde.
- Datensatz neu erstellen (anfügen)
  In diesem Fall besitzt der (noch leere) Datensatz weder eine Datensatz-Nr. noch einen Index-Wert. Datensatz-Nr. und Index-Wert werden deshalb auf -1 gesetzt. Erst beim Speichern werden Datensatz-Nr. und Index-Wert gültige Werte zugewiesen.

- Datensatz-Fenster schließen

  Das Fenster muß erkennen, ob der Datensatz durch die Eingabe-Maske geändert wurde. Deshalb wird für jeden Datensatz eine Kopie benötigt. Wurde der Datensatz geändert, muß der User die Möglichkeit haben, die Änderungen zu speichern. Erst dann darf das Fenster geschlossen werden.

  Die Medium-Tabelle ist der Inhalts-Tabelle sozusagen übergeordnet. Es wäre daher sinnvoll, wenn beim Schließen eines Medium-Datensatzes auch alle zugehörigen Inhalts-Datensatz-Fenster geschlossen werden. Deshalb müssen alle entsprechenden Fenster von diesem Vorhaben benachrichtigt werden.

- Datensatz löschen

  In diesem Fall wird das betreffende Fenster bedingungslos, d.h. ohne Abfrage nach Speichern geschlossen, bevor bei gültiger Datensatz-Nr. der Datensatz in der Tabelle entfernt wird. Das Löschen des Datensatzes aus der Tabelle kann wieder die Datensatz-Nr. der anderen offenen Datensatz-Fenster der Tabelle beeinflußen. Deshalb muß hier ähnlich wie beim Speichern verfahren werden.

  Auch hier müssen alle Inhalts-Datensatz-Fenster eines Medium-Datensatz-Fensters geschlossen werden, was mit einer entsprechenden Benachrichtigung erreicht werden kann. Davon unabhängig müssen alle Inhalts-Datensätze, die zu dem Medium-Datensatz gehören, aus der Tabelle gelöscht werden.

Die Benachrichtigungscodes sind nun keine Windows-Botschaften, sondern für diesen Zweck eigens konstruierte. Windows bietet hierfür das Makro WM_USER an und wir können mit *enum* folgende Code definieren:

```
enum {
   UM_WRITERECORD = WM_USER,
   UM_FINDRECNO,
   UM_GETRECNO,
   UM_DELETERECORD,
   UM_NEWCONTENTSRECORD,
   UM_OPENCONTENTSRECORD,
   UM_DELCONTENTSRECORD,
   UM_CLOSECONTENTSRECORD
};
```

Ein MDI-Kind-Fenster weiß nicht, ob und wieviele Geschwister es hat. Alle Anfragen und Benachrichtigungen von einem Kind-Fenster an ein oder mehrere andere Kind-Fenster laufen über das Eltern-Fenster ab. Die Nachrichten von einem Kind-Fenster an das Eltern-Fenster gehen über das Klient-Objekt des Kind-Fensters an das Applikations-Objekt. Das Eltern-Fenster leitet über das Klient-Objekt die Nachrichten an die Rahmen-Objekte der entsprechenden Kind-Fenster weiter.

Schreiben

Ein Datensatz wird geschrieben, wenn der Anwender beim Schließen des Datensatz-Fensters dazu aufgefordert wird oder wenn der entsprechende Menu-Punkt oder Schalter-Gadget gewählt wird. In beiden Fällen wird *TRecordWindow::WriteRecord()* aufgerufen.

```
void TRecordWindow::WriteRecord()
{
   TWriteRecordInfo wri( pTable, pRecord, &RecNo, &Index );
   pApp->GetMainWindow()->
     SendMessage( UM_WRITERECORD, 0, LPARAM( &wri ) );
}
```

Die Struktur *TWriteRecordInfo* enthält Zeiger auf die Tabelle, auf den Datensatz, auf die Datensatz-Nr. und einen Zeiger auf den Index-Wert. Das Hauptfenster verarbeitet die Botschaft UM_WRITERECORD durch:

```
LRESULT TMyApp::UmWriteRecord(WPARAM,LPARAM lParam)
{
   TWriteRecordInfo *pwri = (TWriteRecordInfo *)LPVOID(lParam);
   TFileTable *pTable = pwri->pTable;

   if ( *pwri->pRecNo < 0 )
   {
      *pwri->pRecNo = pTable->Reccount();
      *pwri->pIndex = pTable->Append( *pwri->pRecord );
   }
   else
   {
      pTable->Goto( *pwri->pRecNo );
      *pwri->pIndex = pTable->Write( *pwri->pRecord );
   }

   pClient->ChildBroadcastMessage( UM_FINDRECNO, 0,
                                   LPARAM( pTable ) );

   return 0;
}
```

Diese Funktion verändert die Daten des Datensatz-Fensters und sendet über *ChildBroadcastMessage()* an alle Datensatz-Fenster die Botschaft UM_FINDRECNO. Dadurch werden die betreffenden Datensatz-Fenster angewiesen, sich ihre ggf. neue Datensatz-Nr. aus dem Index-Wert zu ermitteln. Die Botschaft UM_FINDRECNO wird durch

```
LRESULT TRecordChild::UmFindRecNo(WPARAM,LPARAM lp)
{
   pClient->FindRecNo( (TFileTable *)LPVOID( lp ) );
   return 0;
}
```

beantwortet.

Schließen

Wenn ein Medium-Datensatz geschlossen werden soll, wirken die zugehörigen Inhalts-Datensatz-Fenster als Kind-Fenster, d.h., das Medium-Datensatz-Fenster muß zunächst ermitteln, ob alle zugehörigen Inhalts-Datensatz-Fenster geschlossen werden können. Diese Information erhält das Medium-Fenster durch den Rückgabewert von *SendMessage()*.

```
void TMediumChild::CloseWindow(int retval)
{
   static string s;

   s = ((TMediumWindow *)pClient)->GetID();
   if ( pApp->GetMainWindow()->
      SendMessage( UM_CLOSECONTENTSRECORD, 0, LPARAM(&s) ) )
         TRecordChild::CloseWindow( retval );
}
```

Das Applikations-Objekt iteriert die Liste der Kind-Fenster manuell, wobei RTTI von BC++ 4.0 wertvolle Dienste leistet.

```
LRESULT TMyApp::UmCloseContentsRecord(WPARAM,LPARAM lParam)
{
   const string *ps = (const string*) LPVOID( lParam );
   TWindow *pw0 = pClient->GetFirstChild();
```

Wenn aus einer aktiven Liste von Kind-Fenstern ein Fenster geschlossen wird, dann wird ein Element der Liste entfernt und der Zustand der Liste möglicherweise inkonsistent. Deshalb verwendet diese Funktion eine zweite Liste, die die zu schließenden Fenster aufnimmt.

```
   TListImp<TContentsWindow*> CloseList;
```

Die Funktion wird vorzeitig verlassen, wenn kein Kind-Fenster existiert[51] .

```
if ( !pw0 ) return 1;

for ( TWindow *pw=pw0;; )
{
```

Typenidentifikation zur Laufzeit macht es möglich, das Rahmen-Objekt des Kind-Fensters genau zu identifizieren.

```
   if ( typeid( *pw ) == typeid( TContentsChild ) )
   {
```

Das Schlüsselwort *dynamic_cast* erlaubt das Casten einer Basis-Klasse in eine abgeleitete Klasse auch durch die Wege virtueller Basis-Klassen.

```
      TContentsChild *pcc = dynamic_cast<TContentsChild*>( pw );
      TContentsWindow *pcw = dynamic_cast<TContentsWindow*>
         (pcc->GetClientWindow());
```

Nun kann die Funktion die Identität vergleichen und ggf. die Funktion *CanClose*() des Inhalts-Fensters aufrufen.

```
      if ( pcw->GetID() == *ps )
      {
         if ( !pcw->CanClose() ) return 0;
         CloseList.Add( pcw );
      }
   }
```

Die Liste der Kind-Fenster ist eine Ring-Liste und besitzt daher kein Ende. Die Schleife wird unterbrochen, wenn der Anfang der Liste wieder erreicht worden ist.

```
   pw = pw->Next();
   if ( pw == pw0 ) break;
}
```

Die Liste der zu schließenden Fenster wird von einem Iterator abgearbeitet:

51 Diese Situation kann in dem Programm nicht auftreten, da diese Funktion von einem offenen Kind-Fenster durch *SendMessage*() aufgerufen wird. Trotzdem sollte man auf diesen Test nicht verzichten, denn die äußere Situation (die des Aufrufers) kann sich ändern und ein solcher Fehler ist schwer zu finden.

```
        TListIteratorImp<TContentsWindow*> CloseListIt( CloseList );
        while ( CloseListIt ) (CloseListIt++)->CmCancel();

        return 1;
    }
```

Löschen

Das Löschen von Datensätzen erfordert sowohl die Kommunikation, die beim Schreiben eines Datensatzes nötig ist, als auch die Botschaftsübermittlung, die beim Schließen von Datensätzen beachtet werden muß. Es kann der Datensatz eines offenen Fensters gelöscht werden (dann wird das Fenster geschlossen) oder es können mehrere Datensätze gleichzeitig gelöscht werden (bei der Auswahl der Inhalts-Datensätze über einen modalen Dialog).

Die virtuelle Funktion *TRecordWindow::DeleteRecord()* wird aufgerufen, wenn der Datensatz eines offenen Fensters gelöscht werden soll.

```
    void TRecordWindow::DeleteRecord()
    {
        if ( RecNo < 0 ) CmCancel();
```

In diesem Fall ist der Datensatz ohnehin nicht in der Tabelle, d.h. das Fenster wird nur (bedingungslos) geschlossen.

```
        else if ( BWCCMessageBox(
            *this,
            string( *pApp, IDS_QUERY_DELRECORD ).c_str(),
            AppName,
            MB_ICONQUESTION | MB_YESNO ) == IDYES )
        {
            pTable->Goto( RecNo );
            pTable->Delete();
            CmCancel();
```

Ab hier ist der *this*-Zeiger nicht mehr gültig, da daß Fenster-Objekt nach dem Aufruf von *CmCancel()* nicht mehr existiert. Aber dennoch kann (und muß) die Elementfunktion weiterarbeiten, sofern höchstens auf statische Elemente zugegriffen wird. Da wie beim Schreiben das Löschen eines Datensatzes Konsequenzen auf die Datensatz-Nr. anderer offener Datensatz-Fenster haben kann, muß eine Meldung an das Hauptfenster geschickt werden.

```
            pApp->GetMainWindow()->
                SendMessage( UM_DELETERECORD, 0, LPARAM(pTable) );
        }
    }
```

Die Funktion *DeleteRecord()* wurde für die Klasse *TMediumWindow* überschrieben, da in diesem Fall auch alle zugehörigen Inhalts-Datensätze gelöscht werden müssen.

```
void TMediumWindow::DeleteRecord()
{
   if ( RecNo < 0 ) CmCancel();
   else if ( BWCCMessageBox(
      *this,
      string( *pApp, IDS_QUERY_DELMEDRECORD ).c_str(),
      AppName,
      MB_ICONQUESTION | MB_YESNO ) == IDYES )
```

Wenn die (hier etwas andere) Anfrage auf Löschen positiv beantwortet wurde, wird zunächst die Identität des offenen Medium-Datensatzes und dann der (stets zusammenhängende) Bereich zugehöriger Inhalts-Datensätze bestimmt.

```
   {
      long r1,r2;
      string ids = GetID();
      if ( pApp->FindIDRecordRange( r1, r2, ids ) )
```

Beim Löschen mehrerer Datensätze ist es sehr wichtig, daß „von oben nach unten" gelöscht wird, da in der Tabelle niemals Lücken entstehen, sondern nach jedem Löschen die Tabelle in sich zusammenfällt.

```
         for ( long r=r2; r>=r1; r-- )
            pApp->GetMainWindow()->
               SendMessage( UM_DELCONTENTSRECORD, 0, LPARAM(r) );
```

Den Rest kennen wir bereits:

```
      pTable->Goto( RecNo );
      pTable->Delete();
      CmCancel();
      pApp->GetMainWindow()->
         SendMessage( UM_DELETERECORD, 0, LPARAM(pTable) );
   }
}
```

Das Hauptfenster reagiert auf die Meldung UM_DELETERECORD ähnlich wie auf das Ändern eines Datensatzes:

```
LRESULT TMyApp::UmDeleteRecord(WPARAM,LPARAM lParam)
{
   pClient->ChildBroadcastMessage( UM_FINDRECNO, 0, lParam );

   return 0;
}
```

Bei der Beantwortung von UM_DELETECONTENTSRECORD prüft die Anwendung zunächst, ob der durch die Nr. gegebene Datensatz als MDI-Fenster existiert und schließt in diesem Fall das Datensatz-Fenster. Der Datensatz wird in jedem Fall gelöscht.

```
LRESULT TMyApp::UmDeleteContentsRecord(WPARAM,LPARAM lParam)
{
   long RecNo = long( lParam );

   TWindow *wp = pClient->FirstThat( IsContentsChildn, &RecNo );
   if ( wp )
      dynamic_cast<TRecordChild*>( wp )->pClient->CmCancel();

   pTitleTable->Goto( RecNo );
   pTitleTable->Delete();

   return 0;
}
```

Die Funktion *TWindow::FirstThat()* ist für obige Situationen wie geschaffen. Der erste Parameter ist ein Zeiger auf die statische Funktion

```
static BOOL IsContentsChildn(TWindow *p,void *pParam)
{
   return typeid( *p ) == typeid( TContentsChild ) &&
    p->SendMessage( UM_GETRECNO, 0, 0 ) == *(LRESULT *)pParam;
}
```

die den zweiten Parameter als Zeiger auf eine Datensatz-Nr. interpretiert. Diese Callback-Funktion holt sich (wieder per Botschaft) die Datensatz-Nr. des durch *p* gegebenen Fensters.

Inhalte

Die verbleibenden Botschaften UM_NEWCONTENTSRECORD und UM_OPENCONTENTSRECORD werden nicht von den MDI-Kind-Fenstern gesendet, sondern von einem modalen Dialog, der durch das Aktivieren der Inhalts-Taste eines Medium-Datensatzes geöffnet wird.

Dieser Dialog der Klasse *TContentsDialog* listet die zugehörigen Inhalts-Datensätze eines offenen Medium-Datensatzes.

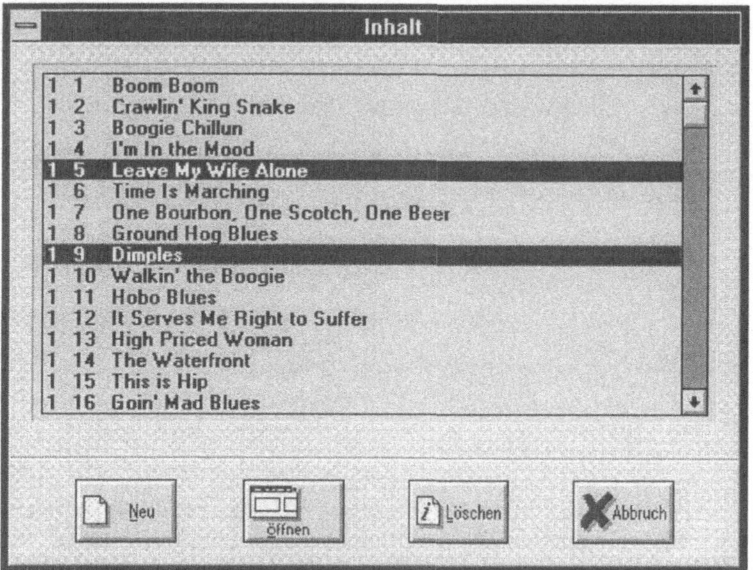

Das Dialog-Fenster ermöglicht

- Erstellen eines neuen (Inhalts-)Datensatzes
- Öffnen eines oder mehrerer Datensätze
- Löschen eines oder mehrerer Datensätze

Die Betätigung eines der vier Schalter („Neu", „Öffnen", „Löschen" und „Abbruch") führt immer zur Beendigung des Dialogs.

Die Klasse *TContentsDialog* beantwortet die Betätigung des Schalters „Neu" durch:

```
void TContentsDialog::IdNew()
{
   static string s;
   static TNewContents nc = { &s, 0, 0 };
```

Die Struktur *TNewContents* beinhaltet ID, Seite und Nr. des neuen Datensatzes. Die statische Instanz *nc* dieser Struktur dient dabei als ein Parameter für *SendMessage*().

```
   s = pMedium->GetID();
```

Damit Seitenzahl und Nr. des Inhalts-Datensatzes nicht immer eingegeben werden müssen, werden die Eingabefelder des Inhalts-Fensters mit Daten gefüllt. Im Klartext bedeutet das: Trage die Seitenzahl und die Nr. +1 des letzten existierenden Datensatzes mit obiger ID in die zugehörige Eingabefelder ein.

```
if ( !ListSize )
   nc.Page = nc.No = 1;
else
{
   TFileTable *pTable = pApp->GetTitleTable();
   TFileTableRecord r = pTable->GetEmptyRecord();

   pTable->Goto( r2 );
   pTable->Read();
   r = pTable->GetCurrentRecord();

   nc.Page = short( *(TEInteger*)r.Entry( 1 ) );
   nc.No = short( *(TEInteger*)r.Entry( 2 ) ) + 1;
}
```

Dem Hauptfenster wird nun mitgeteilt, daß es ein MDI-Kind-Fenster mit gegebenen Daten erzeugen soll.

```
pApp->GetMainWindow()->
   PostMessage( UM_NEWCONTENTSRECORD, 0, LPARAM(&nc) );
CmOk();
}
```

Schließen und Ende: Das Element *ListSize* enthält die Anzahl der Einträge in der Liste, d.h. die Anzahl der Inhalts-Datensätze mit gegebener Identität. Das Element *r1* repräsentiert die Datensatz-Nr. des ersten Eintrags und *r2* die des letzten Eintrags der Liste.

Die Elementfunktionen *IdOpen()* und *IdDelete()* reagieren entsprechend auf die anderen Schalter; sie sind im Modul LP_DLG.CPP implementiert.

Sichern Der Medium-Manager bietet die Möglichkeit, den Inhalt des aktuellen Datensatz-Fensters oder den von allen Datensatz-Fenstern zu speichern. Wie zu erwarten ist, impliziert das Sichern eines Medium-Datensatzes das Sichern aller zugehörigen offenen Inhalts-Datensätze. Diese Relation wird unter der Verwendung der Callback-Funktion *IsRecordChild()* realisiert:

```
static BOOL IsRecordChild(TWindow *p,void *)
{
   return
      typeid( *p ) == typeid( TMediumChild ) ||
      typeid( *p ) == typeid( TContentsChild );
}
```

Man könnte annehmen, daß alternativ zur obigen Lösung folgende Zeile die gleiche Funktion erfüllt:

```
return
   typeid( *p ) == typeid( TRecordChild );
```

Schließlich ist ja die Klasse *TRecordChild* die gemeinsame Basis von *TMediumChild* und *TContentsChild*. Aber diese Annahme ist falsch!

Zwar kann man mit typeid nur Objekte vergleichen, deren Klassen auf derselben Linie des Hierarchiediagramms angesiedelt sind, aber *typeid* orientiert sich an der Instanz und nicht am Typ des Objekts. Anders würde *typeid* auch keinen Sinn ergeben, denn würde

```
typeid( TRecordChild ) == typeid( TMediumChild )
```

gelten, dann müßte auch

```
typeid( TRecordChild ) == typeid( TContentsChild )
```

richtig sein und somit schließlich auch:

```
typeid( TContentsChild ) == typeid( TMediumChild )
```

Damit wäre aber das Ergebnis *typeid* wertlos.

6.4.5 Die Applikations-Klasse

Einige Elementfunktionen der Klasse *TMyApp*[52] haben wir eben kennengelernt. Andere Methoden, wie z.B. InitMainWindow() sind Standard und bedürfen keiner näheren Erläuterung. Deshalb beschränkt sich dieser Abschnitt im wesentlichen auf die Initialisierung der Tabellen und auf die Erzeugung eindeutiger MDI-Kind-Fenster.

Initialisierung

Die Funktion *InitTables*() wird von *IdleAction*() aufgerufen, da *IdleAction*() die Funktion ist, die unmittelbar nach dem vollständigen Aufbau des Hauptfensters von der OWL aufgerufen wird (siehe auch Beispiel COMPULIB).

```
BOOL TMyApp::IdleAction(long count)
{
   static BOOL FirstCall = TRUE;

   if ( FirstCall )
   {
      FirstCall = FALSE;
      InitTables();
   }
```

52 Sie wird immer *TMyApp* heißen

```
    return TApplication::IdleAction( count );
}
```

InitTables() hat die Aufgabe, die beiden Tabellen zu öffnen oder bei Bedarf zu erstellen.

```
void TMyApp::InitTables()
{
   TSortList sl;
   string ts( "ISSSSSDDDII" );

   sl.Add( TSortInfo( 2, 1 ) );
   sl.Add( TSortInfo( 1, 1 ) );

   InitTable( MainTableName, pMainTable, ts, sl );

   ts = "SIISSI";

   sl.Flush();
   for ( short i=0; i<3; i++ )
      sl.Add( TSortInfo( i, 1 ) );

   InitTable( TitleTableName, pTitleTable, ts, sl );
}
```

Sie liefert die Daten, die für die Erzeugung der entsprechenden Tabelle benötigt werden an *InitTable()*, die mittels Ausnahmebedingungen entscheidet, ob die Tabelle erzeugt werden muß.

```
void TMyApp::InitTable(const char *name,TFileTable *pft,
   const string& ts,const TSortList& sl)
{
   try
   {
      pft->Open( name, TFileTable::save );
   }
```

Kann die durch *name* gegebene Tabelle nicht geöffnet werden, wird eine Ausnahme erzeugt, die von dem folgenden Block abgefangen wird:

```
   catch ( TFileTable::XOpen )
   {
```

Speicher für Fehlermeldung reservieren und Meldung ausgeben:

```
      char buffer[MAXPATH+200];

      wsprintf(
         buffer,
```

```
            string( *this, IDS_FS_OPENFAIL ).c_str(),
            name
         );
         BWCCMessageBox( *MainWindow, buffer, 0,
                         MB_ICONEXCLAMATION | MB_OK );
```

Nun wird versucht, die Tabelle mit den gegebenen Daten zu erzeugen und die Tabelle erneut zu öffnen:

```
         try
         {
            pft->Close();
            pft->Create( name, ts, sl );
            pft->Open( name, TFileTable::save );
         }
```

Schlägt dieser Versuch wider Erwarten auch fehl, dann ist die Anwendung nicht lauffähig!

```
         catch ( TFileTable::XCreate )
         {
            wsprintf(
               buffer,
               string( *this, IDS_FS_CREATEFAIL ).c_str(),
               name
            );
            BWCCMessageBox( *MainWindow, buffer, 0,
                            MB_ICONSTOP | MB_OK );
            ::PostQuitMessage( 1 );
         }
      }
   }
```

MDI-Fenster erzeugen

Es gibt vier Elementfunktionen der Klasse *TMyApp*, die MDI-Kind-Fenster erzeugen. Eine davon ist *CmMedOpen*() und für das Öffnen eines Medium-Datensatz-Fensters verantwortlich.

```
void TMyApp::CmMedOpen()
{
   long RecNo;
```

Der zu öffnende Datensatz wird aus einem Dialog ausgewählt:

```
   if ( TMediumOpenDialog( MainWindow, RecNo ).Execute() == IDOK )
   {
```

Ein Datensatz-Fenster soll für einen bestehenden Datensatz nicht mehrmals geöffnet werden können. Daher prüft diese Funktion, ob dieser Datensatz bereits durch ein Fenster dargestellt wird.

```
TWindow *wp = pClient->FirstThat( IsMediumChildn, &RecNo );
```

Ist das der Fall, dann wird mit folgender Sequenz das gefundene Datensatz-Fenster in den Vordergrund geschoben und aktiviert:

```
    if ( wp )
    {
       wp->Show( SW_SHOWNORMAL );
       HWND hwnd = *wp;
       wp->SendMessage( WM_ACTIVATE, WA_ACTIVE, LPARAM(hwnd) );
    }
```

Andernfalls wird ein Rahmen-Klient-Paar für das MDI-Fenster erzeugt.

```
    else
    {
       TRecordWindow *prw = new TMediumWindow( MainWindow, RecNo );
       TRecordChild *pChild = new TMediumChild( *pClient, prw );

       prw->SetFrame( pChild );
       pChild->SetIcon( this, ICON_MEDIUM );
       pChild->Create();
    }
  }
}
```

6.4.6 Prozesse anzeigen

In vielen Windows-Anwendungen werden laufende Prozesse durch Dialog-Fenster angezeigt. Der Status des Prozesses wird durch eine Prozent-Anzeige, einem Balken oder durch ähnliche Formen dargestellt. Man findet solche Prozeß-Dialoge z.B. beim Compiler-Vorgang von Borland, aber auch bei diversen Setup-Programmen oder beim Drucken.

Wenn eine Prozeß-Anzeige „gut“ sein soll, dann muß sie alle Funktionen des eigenen Programms (bis auf die eines ggf. vorhandenen Abbruchs-Schalters) sperren, aber den Task-Wechsel (Umschalten in eine andere laufende Anwendung) jederzeit ermöglichen. Im Hinblick auf die mißlungende Architektur von Windows 3.x fragt man sich nicht zu unrecht: „Wie ist so etwas zu realisieren?“.

Borland C++ 4.0 unterstützt zwar sog. Multi-Threading durch Klassen, aber mit dem Einsatz dieser Klassen verspielen wir die Portabilität zu Windows 3.x und Win32s.

Der Grundstein für eine vernünftige Prozeßverwaltung unter Windows 3.x ist ein modales Dialogfenster. Es hat schon die gewünschte Eigenschaft, die laufende Anwendung, aber nicht die anderen Anwendungen zu blockieren. Allerdings fehlt bei einem modalen Dialog die Eigendynamik, da jegliche Aktion vom Anwender ausgeht.

Ein modaler Dialog besitzt wie ein Menu einen sog. Idle-Status. Das Dialogfenster tritt in den Idle-Status, wenn es vollständig aufgebaut ist. Es informiert das Hauptfenster über diesen Zustand durch eine entsprechende Botschaft (WM_ENTERIDLE). Die Anwendung beginnt ihren Thread, wenn sie die Botschaft WM_ENTERIDLE empfängt. Sie kann zur Kontrolle anhand der Botschafts-Parameter prüfen, ob ein Menu oder ein Dialog in den Idle-Zustand getreten ist.

Die Thread-Funktion nimmt nun ihre Arbeit auf und zeigt je nach Bedarf ihren Zustand (z.B. wieviel Prozent sind erledigt?) über den modalen Dialog an. Damit es aber tatsächlich zur Anzeige kommen kann und andere Anwendungen nicht gesperrt bleiben, muß die Meldungs-Schlange in regelmäßigen Abständen bearbeitet werden.

Die Dichte dieser Abstände simuliert Prioritäten unter Windows 3.x: Je dichter die Abstände, desto langsamer wird der Prozeß und desto schneller werden die anderen Anwendungen ausgeführt. Wenn der Thread beendet ist, muß das Dialogfenster von der Anwendung geschlossen werden.

Reorganisation anzeigen

Soviel nun zur Theorie. Der Media-Manager verwendet eine Prozeß-Anzeige für die Reorganisation der Tabellen.

Der Prozeß-Dialog zeigt den Fortschritt der Reorganisation unter der Verwendung der Callback-Funktion für die Elementfunktion *TFileTable::Compress()* an. Die Implementierung der verwendeten Dialog-Klasse *TThreadDialog* ist simpel.

```
class TThreadDialog : public TDialog
{
   public:
      TThreadDialog(TWindow*);
      TStatic *pText;


   protected:
```

```
        void SetupWindow();

        void CmOk() {}
        void CmCancel() {}

        DECLARE_RESPONSE_TABLE( TThreadDialog );
};
```

Sie stellt dem Thread das Element *pText* zur Anzeige bereit und verhindert durch „leere" Funktionen *CmOk()* und *CmCancel()*, daß der Dialog vom Anwender abgebrochen werden kann (die Reorganisation darf nicht unterbrochen werden).

```
DEFINE_RESPONSE_TABLE1( TThreadDialog, TDialog )
   EV_COMMAND( IDOK, CmOk ),
   EV_COMMAND( IDCANCEL, CmCancel ),
END_RESPONSE_TABLE;

TThreadDialog::TThreadDialog(TWindow *parent) :
   TDialog( parent, DLG_THREAD )
{
   pText = new TStatic( this, IDC_THREAD_TEXT, 41 );
}
void TThreadDialog::SetupWindow()
{
   TDialog::SetupWindow();

   CenterWindow( *this );
}
```

Die Funktion SetupWindow() verändert durch den Aufruf von *CenterWindow()* (definiert in OWLTOOLS.CPP) die Koordinaten des Dialogs so, daß es stets in der Bildschirmmitte erscheint.

Die Reorganisation wird von

```
void TMyApp::CmTableReorg()
{
   TableReorg( pMainTable );
   TableReorg( pTitleTable );
}
```

aufgerufen. Sie kann nur aufgerufen werden, wenn kein MDI-Fenster existiert, was durch folgende Funktion gewährleistet ist:

```
void TMyApp::CmTableReorgEnabler(TCommandEnabler& ce)
{
   ce.Enable( pClient->GetActiveMDIChild() == 0 );
}
```

TableReorg() verwendet zur sicheren Kennung des Idle-Status die folgenen Konstanten:

```
enum IDLE_MODE {
   IM_NOIDLE,
   IM_REORG
};
```

Sie erzeugt das Dialog-Fenster und teilt dem Rahmen-Objekt des Hauptfensters die nötigen Informationen mit:

```
void TMyApp::TableReorg(TFileTable *pTable)
{
   TThreadDialog td( MainWindow );
```

Das Rahmen-Objekt benötigt einen Zeiger auf das Dialog-Objekt und einen Zeiger auf die Tabelle:

```
   pThreadDlg = &td;
   pFrame->pReorgTable = pTable;
```

Das Element *IdleMode* wird gesetzt, damit die Beantwortungs-Funktion von WM_ENTERIDLE weiß, daß ein Dialog zur Reorganisation der Tabellen besteht.

```
   IdleMode = IM_REORG;
```

Nun ist alles bereit, d.h. der Dialog kann ausgeführt werden.

```
   td.Execute();
}
```

Bevor *Execute()* zurückkehrt, ist der Thread, d.h. die Reorganisation der Tabelle beendet.

Der Thread ist Bestandteil der Rahmen-Klasse *TMyFrame*.

```
class TMyFrame : public TDecoratedMDIFrame
{
   private:
      static TThreadDialog *pThreadDlg;
      static void CompressFunc(long,short);
      static TFileTable *pReorgTable;

      friend class TMyApp;

   public:
      TMyFrame(const char* title,TResId& id,TMDIClient& cl,BOOL tms);

   protected:
      void EvEnterIdle(UINT source,HWND hWndDlg);
```

```
        DECLARE_RESPONSE_TABLE( TMyFrame );
};
```

Die Funktion *CompressFunc()* wird von *TFileTable::Compress()* aufgerufen und muß deshalb statisch sein. Da eine statische Elementfunktion keinen *this*-Zeiger besitzt, müssen alle benötigten Elemente ebenfalls statisch sein (oder es muß eine statische Kopie des *this*-Zeigers existieren).

Wir erinnern uns, daß die Funktion *EvEnterIdle()* durch ein Makro in die Beantwortungs-Tabelle eingetragen werden muß, obwohl sie als virtuelle Funktion der Basisklasse bereits existiert.

```
DEFINE_RESPONSE_TABLE1( TMyFrame, TDecoratedMDIFrame )
   EV_WM_ENTERIDLE,
END_RESPONSE_TABLE;
```

EvEnterIdle() startet nach Überprüfung der Parameter den Thread und entfernt dann den Dialog:

```
void TMyFrame::EvEnterIdle(UINT source,HWND hWndDlg)
{
   if ( source == MSGF_DIALOGBOX && pApp->IdleMode == IM_REORG )
   {
      pApp->IdleMode = IM_NOIDLE;
      pThreadDlg = pApp->pThreadDlg;
      pReorgTable->Compress( 0, CompressFunc );
      pThreadDlg->Destroy();
   }
   TDecoratedMDIFrame::EvEnterIdle( source, hWndDlg );
}
```

Der Thread ist durch die Funktion *Compress()* bereits programmiert, nicht aber die Anzeige. Und hätten wir die Funktion *Compress()* ohne Bereitstellung einer Callback-Funktion implementiert, würde eine Prozeß-Anzeige der Tabellen-Reorganisation unter Windows nicht mehr möglich sein. Die Callback-Funktion muß die Bearbeitung der Botschafts-Schlange übernehmen:

```
void TMyFrame::CompressFunc(long n,short m)
{
   MSG Msg;
```

Der folgende Part wird solange ausgeführt, bis keine Meldung mehr für die Anwendung in der Schlange bereitsteht[53] .

---

53 Dieser Part ist direkt aus der MS Online-Dokumentation der Windows 16/32-API übernommen worden.

```
while ( PeekMessage( &Msg, NULL, 0, 0, PM_REMOVE ) )
{
   TranslateMessage( &Msg );
   DispatchMessage( &Msg );
}
```

Jetzt kann der Status angezeigt werden:

```
switch ( m )
{
case 1:
   pThreadDlg->SetCaption(
      string( *pApp, IDS_COMPRESS_READ ).c_str() );
   break;
case 2:
   pThreadDlg->SetCaption(
      string( *pApp, IDS_COMPRESS_WRITE ).c_str() );
   break;
```

Anzeigen der Prozent-Angabe:

```
default:
   {
      char buffer[40];
      wsprintf(
         buffer,
         string( *pApp, IDS_FS_TABLEREORG ).c_str(),
         int( n * 100 / pReorgTable->Reccount() )
      );
      pThreadDlg->pText->SetText( buffer );
   }
   break;
}
```

```
}
```

A Anhang

A.1 Bugs

Leider finden sich auch nach der Installation offizieller „Patches" von Borland immer wieder Bugs an. Fehler aus den Header-Dateien und Bibliotheks-Fehler, deren Source-Pendanten existieren, können wir selbst korrigieren.

Die Korrektur der Bibliotheken kann nur vorgenommen werden, wenn die entsprechenden Sourcen und die Kommandozeilenprogramme von BC 4.0 installiert wurden!

Beachten Sie bitte auch die (c)-Hinweise von Borland!

A.1.1 Korrektur der Klassenbibliothek

Die Datei DATEIO.CPP der Borland-Klassenbibliothek ist (wie wir bereits feststellen mußten) ziemlich fehlerhaft. Auf der beiliegenden Diskette finden sie eine korrigierte Version dieser Datei.

A.1.2 Neukompilierung

Damit die Beispiel-Programme vernünftig laufen, müssen Sie die neue Datei DATEIO.CPP dem Projekt hinzufügen. Sie können aber auch die Klassenbibliotheken neu erstellen. Hierzu einige Hinweise:

Die MAKE-Datei des Verzeichnisses SOURCE\CLASSLIB erwartet diverses Parameter. Verlassen Sie Windows oder benutzen Sie die DOS-Eingabeaufforderung und wechseln Sie in das obige Verzeichnis.

Erzeugen der DOS/WIN16-Bibliotheken

Geben Sie

```
MAKER -DDOS -DMODEL=s -DNAME=bidss
```

ein, wenn Sie die Bibliothek für das SMALL-Speichermodell erzeugen wollen. Entsprechend erzeugen Sie die Bibliotheken für alle anderen Modelle, indem Sie den kleinen Buchstaben s, durch c,h,l oder m ersetzen.

```
MAKER -DDOS -DDLL -DMODEL=1 -DNAME=bids
```

Erzeugen der WIN16-DLL

Verschieben Sie anschließend die Datei BIDS40.DLL in Ihr BIN-Verzeichnis.

Erzeugen der WIN32-Bibliothek

```
MAKER -DWIN32 -DNAME=bidsf
```

Erzeugen der WIN32-DLL

```
MAKER -DWIN32 -DDLL -DNAME=bidsf
```

Verschieben Sie anschließend die Datei BIDS40F.DLL in Ihr BIN-Verzeichnis.

MAKE erzeugt einige Unterverzeichnisse, die Sie anschließend löschen sollten.

1.3 Application-Expert Bugs

In diesem Abschnitt geht es nicht um mögliche Bugs des Application-Experts an sich[54], sondern um Fehler in den Dateien, die von dem Application-Expert verwendet werden.

In der deutschen Version von Borland C++ 4.0 befinden sich im Verzeichnis EXPERT zwei Unterverzeichnisse, nämlich OWL und ENGLISH. Die dort enthaltenen Dateien sind weitgehend identisch, die Dateien im Unterverzeichnis OWL repräsentieren sozusagen die deutsche Version und werden vom Application-Expert benutzt. Änderungen müssen sie daher im Unterverzeichnis OWL vollziehen, um die Bugs auszuräumen.

Eine Neu-Compilierung ist nicht erforderlich, aber die Änderungen sind erst dann wirksam, wenn Sie die entsprechenden Projekte mit dem Application-Expert neu generieren.

Die Datei TDIALOG.OWL enthält einen Bug, der erst durch die 16Bit-Compiler-Option „Konstante Strings in Code-Segment speichern“ auftritt. Ohne Korrektur und eingeschalteter Option erzeugen Anwendungen beim Aufruf des Info-Dialogs eine Schutzverletzung (siehe auch Abschnitt 16Bit-Compiler-Optionen).

Ersetzen Sie die Zeilen 98-102 dieser Datei

```
if (GetFileVersionInfo(appFName, fvHandle, dwSize, FVData))
   if (!VerQueryValue(FVData, "\\VarFileInfo\\Translation",
      (void FAR* FAR*)&TransBlock, &vSize))
   {
      delete FVData;
```

54 Dem Autor sind jedenfalls keine Bugs bekannt.

```
        FVData = 0;
    }
```

durch

```
if (GetFileVersionInfo(appFName, fvHandle, dwSize, FVData))
{
   char tmp[] = "\\VarFileInfo\\Translation";
   if (!VerQueryValue(FVData, tmp, (void FAR* FAR*)&TransBlock,
      &vSize))
   {
      delete FVData;
      FVData = 0;
   }
}
```

1.5 Der „Cursor-Blink"-Bug

Übereifriges Übersetzen ist die Ursache, daß nach dem Betrieb von Borland C++ 4.0 (deutsche Version) der Cursor in allen Windows-Anwendungen heftig blinkt.

Dieser Bug kann wie folgt behoben werden.

– Resource-Workshop starten
– Das Projekt BCWRES.DLL öffnen
– Warten
– String-Tabelle 800 öffnen
– Eintrag 805 „Fenster" in „Windows" ändern
– Projekt speichern

A.2 Textsuche

Normalerweise braucht die Textsuche in C/C++ nicht diskutiert zu werden, denn dafür steht uns in C die Funktionen-Familie der Stringfunktionen zur Verfügung, zu der die Funktionen *strcmp*(), *strncmp*(), *strchr*(), *strstr*(), etc. gehören. Doch wenn wir die Textsuche für Datenbanken verwenden, werden i. allg. Algorithmen benötigt, die einen Datensatz durch wenige Angaben lokalisieren können. Dies führt zur Textsuche durch sog. „Wildcards" (oder auch „Jokerzeichen" oder „Metazeichen" genannt).

A.2.1 Jokerzeichen in DOS

Wir kennen den Einsatz von Jokerzeichen hauptsächlich durch DOS-Behehle wie z.B. DIR oder COPY. Die Anweisung

```
DIR *.exe
```

listet alle ausführbaren Dateien aus dem aktuellen Verzeichnis auf. Mit

```
COPY *.* D:\
```

werden alle Dateien aus dem aktuellen Verzeichnis in das Stammverzeichnis des Laufwerks D kopiert[55] .

Wir kennen von DOS noch das Jokerzeichen „?“ und vielleicht durch UNIX den „[]“-Ausdruck. Der folgende Abschnitt soll zeigen, wie in C++ (durch Einsatz der Containerklassen) Textsuche mit Metazeichen programmiert werden kann. Die Algorithmen sind nicht optimal (d.h. es gibt schnellere), aber das Rad soll hier nicht neu erfunden werden; Sourcen[56] zu sog. „regulären Ausdrücken" sind überwiegend frei verfügbar und auf allen guten Shareware-CDROMs erhältlich.

A.2.2 Jokerzeichen

Das Zeichen *:

Das Zeichen * repräsentiert eine beliebige (also auch leere) Zeichenfolge. Beispiele:

```
*
alle Zeichenfolgen

*abc
alle Zeichenfolgen, die mit "abc" enden

abc*
alle Zeichenfolgen, die mit "abc" beginnen

*abc*
alle Zeichenfolgen, die "abc" enthalten
```

---

55 Dieses Beispiel zeigt, wie unterentwickelt das Betriebsystem MS-DOS ist, denn die Anweisung `COPY * D:\` sollte nach den Regeln der Joker-Zeichen äquivalent mit der Anweisung `COPY *.* D:\` sein. DOS (5.0) jedoch findet mit der ersten Alternative keine Dateien.

56 Siehe grep, egrep, fgrep.

```
*abc*xyz*
alle Zeichenfolgen, die "abc" und darauf "xyz" enthalten
```

Das Zeichen ?:

Das Fragezeichen repräsentiert genau ein beliebiges Zeichen. Beispiele:

```
a?c
"aac", "abc", "axc", "a c", etc.

?????
alle Zeichenfolgen, die genau 5 Zeichen enthalten

???*
oder
*???
alle Zeichenfolgen, die mind. 3 Zeichen enthalten
```

Der [ ]-Ausdruck:

Dieser Ausdruck enthält ein oder mehrere Zeichen, wobei auch das „–"-Zeichen als Bereichszeichen akzeptiert wird, die genau ein Zeichen repräsentieren. Beispiele:

```
[abc]
Zeichen ist "a", "b" oder "c"

[aX&]
Zeichen ist "a", "X" oder "&"

[a-z]
Zeichen ist eines der Zeichen zwischen "a" und "z"

[-a]
Zeichen ist "a" oder kleiner

[a-]
Zeichen ist "a" oder größer

[a-zA-ZäöüÄÖÜß]
Zeichen ist Buchstabe inkl. deutscher Umlaute

M[ae]ier
"Maier" oder "Meier"
```

Damit die Metazeichen selbst als Suchzeichen verwendet werden können, benutzt man den Backslash „\". Beispiele:

```
[+\-\*/]
Zeichen ist "+", "-", "*" oder "/"

\\
Das Zeichen "\"
```

A.2.3 Implementierung

Die Interpretation des Joker-Strings ist mit einem Syntax-Check verbunden, da nicht jeder Joker-String eine gültige Folge von Zeichen enthalten muß. Z.B. liefert

```
[a-z
```

keine sinnvolle Bedingung, da das abschließende „]" fehlt. Überhaupt ist es sinnvoll, den Joker-String in Substrings zu zerlegen, damit der Gesamtvergleich in kleinere Einzelvergleiche aufgeteilt werden kann. Die Textsuche mit Jokerzeichen (oder besser: Textvergleich mit Jokerzeichen) wird nun in zwei Phasen realisiert :

1. Phase Syntax-Check und Zerlegung des Joker-Strings *js*:

Jeder Substring von *js* enthält entweder eines der Jokerzeichen „*" oder „?", einen „[]"-Ausdruck oder einen „echten" Teilstring, der keine Jokerzeichen enthält. Ein Substring in diesem Sinne bedeutet eine Klasse, deren Elemente aus der Interpretation der Jokerzeichen resultieren. Sie enthält zunächst den Modus (welches Jokerzeichen?) *JokerMode*:

```
class TSubJoker
{
   public:
      enum JokerMode {
         JM_STRING,        // Ausdruck ist gewoehnlicher String
         JM_ASTERISK,      // Ausdruck ist '*'
         JM_QUESTIONMARK,  // Ausdruck ist '?'
         JM_BRACKETS       // Ausdruck steht in '[]'
      };
      JokerMode jm;
...
```

Interpretation von *

Da die Ausdrücke

```
*
```

und

```
**
```

identisch sind, werden nachfolgende Sterne ignoriert. Es muß also nur notiert werden, daß ein * gefunden wurde.

Interpretation von ?

Hier muß gezählt werden, wieviele „?“ aufeinander folgen, dazu dient das Element count.

```
size_t count;
```

Interpretation von echten Substrings

Echte Substrings sind genau die Substrings, die keine Jokerzeichen enthalten. Es wäre nun günstig, das evtl. auftretende Zeichen „\“ zu elimieren, da wir nun genau wissen, daß die hier vorhandenen Zeichen keine Jokerzeichen sind.

Der resultierende String muß gespeichert werden, also benötigen wir

```
char *exp;
```

Interpretation von []-Ausdrücken

Auch hier werden alle Backslashs entfernt. Die eckigen Klammern werden selbst nicht mehr gespeichert und andere Jokerzeichen sind ohnehin nicht erlaubt. Der resultierende String *exp* enthält alle Zeichen, die durch den [ ]-Ausdruck repräsentiert werden. Später kann so durch die C-Funktion *strchr*() nach dem Zeichen gesucht werden.

Klassen-Deklaration

Die erste Phase erzeugt also *n* Instanzen der Klasse *TSubJoker*, wobei *n* unbekannt ist. Der verwaltende Container sollte dabei über einen Iterator verfügen, der in beiden Richtungen durchlaufen werden kann. Wir entscheiden uns hier für eine doppelt verkettete Liste.

Auch die Größe des Strings in *exp* ist unbekannt, d.h., er muß dynamisch angelegt werden. In diesem Fall aber ist der Kopier-Konstruktor von TSubJoker nicht mehr trivial. Die vollständige Klassendeklaration von *TSubJoker*:

```
class TSubJoker
{
   public:
      enum JokerMode {
         JM_STRING,          // Ausdruck ist gewoehnlicher String
         JM_ASTERISK,        // Ausdruck ist '*'
         JM_QUESTIONMARK,    // Ausdruck ist '?'
         JM_BRACKETS         // Ausdruck steht in '[]'
      };
```

```
        JokerMode jm;
        size_t count;
        char *exp;

        TSubJoker() { jm = JM_STRING; count = 0; exp = 0; }
        TSubJoker(const TSubJoker&);
        ~TSubJoker() { delete [] exp; }

        int operator == (const TSubJoker&) const { return 1; }
};

TSubJoker::TSubJoker(const TSubJoker& sj)
{
    jm = sj.jm;
    count = sj.count;
    if ( sj.exp )
    {
        size_t n = strlen( sj.exp );
        exp = new char[n+1];
        strcpy( exp, sj.exp );
    }
    else exp = 0;
}
```

Implementierung der Liste

Die Klasse *TJoker* enthält viele private Elementfunktionen, die einzelne Teilaufgaben der Interpretation übernehmen. Der Jokerstring wird durch den Konstruktor geparst und für den Zugriff steht der Iterator *TJokerIt* zur Verfügung, der durch

```
typedef TDoubleListIteratorImp<TSubJoker> TJokerIt;
```

deklariert ist.

Deklaration von TJoker:

```
class TJoker : public TDoubleListImp<TSubJoker>
{
    private:
        int ec,epos;
        size_t CharSkip,CharCount;
        int IsJoker;

        const char *ScanChar(const char*,char);
        char GetRegChar(const char *s);

        const char *ParseAsterisk(TSubJoker& sj,const char *p);
        const char *ParseQuestionmark
                (TSubJoker& sj,const char *p);
```

```
      const char *ParseBrackets
                 (TSubJoker& sj,const char *p,const char *js);
      const char *ParseString
                 (TSubJoker& sj,const char *p,const char *js);

   public:
      enum
      {
         ET_OK,
         ET_NOMEM,   // Speicherallozierung schlug fehl
         ET_NORB,    // keine ']'-Klammer
         ET_EB,      // leerer []-Ausdruck
         ET_JIB,     // Jokerzeichen im []-Ausdruck
         ET_CEAS,    // Zeichen nach '\' erwartet
         ET_RBBLB,   // ']' vor '['
         ET_DM       // doppelte '-'-Zeichen im []-Ausdruck
      };

      TJoker(const char *js);

      operator int() const { return ec == ET_OK; }
      int GetErrorPosition() const { return epos; }
      int GetError() const { return ec; }
      static const char *GetErrorString(int);
};
```

Wie bereits erwähnt, erfolgt das „Parsen" durch den Konstruktor. Der Erfolg (Syntax-Fehler oder nicht) kann dann mittels des *int*-Operators durch einen Aufruf von

```
TJoker J( js );
if ( !J )        // Fehler
```

ermittelt werden.

Bei Mißerfolg helfen die Elementfunktionen *GetErrorPosition*(), *GetError*() und *GetErrorString*() bei der Auswertung des Fehlers. Die Funktion *GetErrorString*() ist statisch, damit sie unabhängig jeder Instanz von *TJoker* aufgerufen werden kann. Sie ist durch

```
const char *TJoker::GetErrorString(int e)
{
   static const char *et[] = {
      "Kein Fehler",
      "Zu wenig freier Speicher vorhanden",
      "\']\' fehlt",
      "Leerer \"[]\"-Ausdruck",
      "Unerlaubtes Jokerzeichen im \"[]\"-Ausdruck",
      "Zeichen nach \'\\\' erwartet",
      "\']\' vor \'[\'",
```

```
          "Doppeltes \'-\'-Zeichen nicht erlaubt"
      };

      return et[e];
   }
```

implementiert und wertet die ET_-Konstanten aus.

Der Konstruktor:

```
   TJoker::TJoker(const char *js) :
      TDoubleListImp<TSubJoker>()
   {
      ec = ET_OK;
      epos = -1;

      for ( const char *p=js; *p; )
      {
         TSubJoker sj;

         switch ( *p++ )
         {
         case '*':
            p = ParseAsterisk( sj, p );
            break;
         case '?':
            p = ParseQuestionmark( sj, p );
            break;
         case '[':
            p = ParseBrackets( sj, p, js );
            break;
         case ']':
            ec = ET_RBBLB;
            epos = size_t( p - js ) - 1;
            break;
         default:
            p = ParseString( sj, p, js );
            break;
         }
         if ( ec != ET_OK ) return;
         AddAtTail( sj );
      }
   }
```

Wie man sieht, werden die eigentlichen Aufgaben an andere Funktionen abgegeben. Der Aufruf von *AddAtTail()* statt von *Add()* ist notwendig, damit der Iterator die Objekte in der Reihenfolge ermittelt, in der sie in den Container gelangen.

Zunächst definieren wir die folgenden Funktionen:

```
const char *TJoker::ParseAsterisk(TSubJoker& sj,const char *p)
{
   for ( ; *p=='*'; p++ );
   sj.jm = TSubJoker::JM_ASTERISK;

   return p;
}
const char *TJoker::ParseQuestionmark
                    (TSubJoker& sj,const char *p)
{
   for ( size_t n=1; *p=='?'; p++,n++ );
   sj.jm = TSubJoker::JM_QUESTIONMARK;
   sj.count = n;

   return p;
}
```

Ein wenig aufwendiger gestaltet sich:

```
const char *TJoker::ParseString
   (TSubJoker& sj,const char *p,const char *js)
{
   const char *q = p - 1;

   for ( size_t n=0; GetRegChar(q) != '\0' && !IsJoker; n++ )
      q += CharSkip;
   if ( ec )
   {
      epos = size_t( p - js );
      return p-1;
   }

   sj.exp = new char[n+1];
   if ( !sj.exp )
   {
      epos = size_t( p - js );
      ec = ET_NOMEM;
      return p-1;
   }

   q = p - 1;
   for ( size_t i=0; i<n; i++ )
   {
      sj.exp[i] = GetRegChar( q );
      q += CharSkip;
   }
   sj.exp[n] = '\0';
   p = q;

   return p;
}
```

Die Funktion *GetRegChar(p)* interpretiert das Zeichen, auf das *p* zeigt. Dabei kann bereits ein Fehler auftreten, nämlich genau dann, wenn auf einen Backslash kein weiteres Zeichen folgt. Das Element *IsJoker* indiziert, daß das zuletzt gelesene Zeichen ein Jokerzeichen ist. *CharSkip* gibt an, um wieviel der Parameter p erhöht werden muß (1 oder 2), damit *p* auf das nächste Zeichen zeigt.

```
char TJoker::GetRegChar(const char *s)
{
   char c;

   CharSkip = IsJoker = 0;
   if ( (c = *s++) == '\0' ) return '\0';

   CharSkip = 1;
   if ( strchr( "[]?*-", c ) != 0 ) IsJoker = 1;

   if ( c == '\\' )
   {
      if ( *s == '\0' )
      {
         ec = ET_CEAS;
         return '\0';
      }
      CharSkip = 2;
      c = *s;
   }

   return c;
}
```

Die Funktion *GetRegChar()* wird auch von *ScanChar()* aufgerufen, die ähnlich der C-Funktion *strchr()* arbeitet, d.h. ein Zeichen aufsucht, wobei aber eben Jokerzeichen berücksichtigt werden.

```
const char *TJoker::ScanChar(const char *s,char c)
{
   char x;

   for ( CharCount=0; (x=GetRegChar(s)) != '\0'; CharCount++ )
   {
      if ( x == c ) return s;
      s += CharSkip;
   }
   return 0;
}
```

Das Element *CharCount* wird von *ParseBrackets*() benötigt, die als einzige Elementfunktion wirklich etwas tun muß.

```
const char *TJoker::ParseBrackets
   (TSubJoker& sj,const char *p,const char *js)
{
   const char *q = p - 1;
   while ( (q=ScanChar( q+1, ']' )) != 0 && !IsJoker );
   if ( ec )
   {
      epos = size_t( p - js );
      return p-1;
   }

   if ( !q )
   {
      epos = strlen( js );
      ec = ET_NORB;
      return p;
   }

   if ( !CharCount )
   {
      epos = size_t( p - js );
      ec = ET_EB;
      return p;
   }

   char tmpbuf[UCHAR_MAX+1];
   memset( tmpbuf, 0, UCHAR_MAX+1 );

   size_t i;
   unsigned char oc = '\0';

   for ( i=0,q=p; i<CharCount; i++ )
   {
      unsigned char c = (unsigned char)GetRegChar( q );
      if ( IsJoker )
      {
         if ( c != '-' )
         {
            epos = size_t( q - js );
            ec = ET_JIB;
            return p;
         }

         unsigned char fc = (i==0) ? '\0' : oc;
         size_t oSkip = CharSkip;
         unsigned char nc = (unsigned char)
```

```
                                GetRegChar( q+CharSkip );
            if ( IsJoker && nc == '-' )
            {
               epos = size_t( q - js ) + oSkip;
               ec = ET_DM;
               return p;
            }
            unsigned char lc = (nc == ']' && IsJoker)
                               ? UCHAR_MAX : nc;

            if ( lc >= fc ) memset( &tmpbuf[fc], 1, lc-fc+1 );
            CharSkip = oSkip;
         }  // endif IsJoker
         else tmpbuf[c] = 1;
         oc = c;
         q += CharSkip;
      } // endfor

      size_t k,n;
      for ( i=1,n=0; i<=UCHAR_MAX; i++ )
         if ( tmpbuf[i] ) n++;

      sj.jm = TSubJoker::JM_BRACKETS;
      sj.exp = new char[n+1];
      if ( !sj.exp )
      {
         epos = size_t( p - js );
         ec = ET_NOMEM;
      }

      for ( i=1,k=0; i<=UCHAR_MAX; i++ )
         if ( tmpbuf[i] ) sj.exp[k++] = i;
      sj.exp[k++] = '\0';

      return (p = q + 1);
   }
```

ParseBrackets() erkennt folgende Fehler:

- fehlendes „]“
- leerer Inhalt
- Jokerzeichen innerhalb der Klammern
- „\“-Fehler (kein Zeichen folgt)

Die Funktion *ParseBrackets*() verwendet ein *char*-Array der Größe UCHAR_MAX, um die Zeichen zu markieren, die durch den gegebenen Ausdruck repräsentiert werden. Bei Erfolg wird ein String erzeugt, der genau die markierten Zeichen enthält.

2. Phase Nachdem der Jokerstring sozusagen erfolgreich kompiliert wurde (denn obige Zerlegung ist quasi schon ein Compiler), ist der zweite Schritt beinahe ein Kinderspiel. Nur das Jokerzeichen „*" macht gewisse Schwierigkeiten, zumindest sorgt es dafür, daß der Algorithmus nicht gerade schnell arbeitet.

Der Ausdruck

```
* [i-n][ +\-=;]*
```

soll z.B. aus einem Quelltext die Definitionen von Variablen *i* bis *n* und deren Zuweisungen lokalisieren. Das Problem ist, den Ausdruck

```
[i-n][ +\-=;]
```

„irgendwo" im betreffenen String zu ermitteln.

Alle anderen „Joker-Modi" sind einfach zu behandeln und werden daher in Gruppen zusammengefaßt. Die Funktion

```
int JokerEqual(const char *cs,const TJoker& J)
{
   if ( !J.GetItemsInContainer() ) return 0;

   const char *p = cs;
   TJokerIt JI( J );

   while ( JI )
   {
      TSubJoker sj = JI++;

      if ( !*p )
         return !JI && sj.jm == TSubJoker::JM_ASTERISK;

      if ( sj.jm == TSubJoker::JM_ASTERISK )
      {
         if ( !JokerCompareA( cs, JI ) ) return 0;
      }
      else
      {
         JI--;
         if ( !JokerCompareNA( cs, JI ) ) return 0;
      }
   }

   return 1;
}
```

gibt bei Erfolg 1 zurück, sonst 0, wobei ein leerer Jokerstring (repräsentiert durch die doppelte Liste *J*) als Mißerfolg gewertet wird.

Kernstück dieser Funktion ist *JokerCompareNA()* („no asterisk"), die auch von JokerCompareA() aufgerufen wird.

```
static int JokerCompareNA(const char *& cs,TJokerIt& JI)
{
   for ( ;; )
   {
      if ( !JI ) break;

      TSubJoker sj = JI++;
      if ( sj.jm == TSubJoker::JM_ASTERISK )
      {
         JI--;
         break;
      }

      if ( !*cs ) return 0;

      switch ( sj.jm )
      {
      case TSubJoker::JM_STRING:
         {
            size_t m = strlen( sj.exp );
            if ( strncmp( cs, sj.exp, m ) ) return 0;
            cs += m;
         }
         break;
      case TSubJoker::JM_QUESTIONMARK:
         if ( strlen(cs) < sj.count ) return 0;
         cs += sj.count;
         break;
      case TSubJoker::JM_BRACKETS:
         if ( !strchr( sj.exp, *cs++ ) ) return 0;
         break;
      }
   }

   return 1;
}

static int JokerCompareA(const char *& cs,TJokerIt& JI)
{
   if ( !JI ) return 1;

   const char *p = cs;
```

```
    TJokerIt JI0 = JI;

    for ( ; *p; p++ )
    {
       const char *q = p;
       if ( JokerCompareNA( q, JI ) )
       {
          cs = q;
          return 1;
       }
       JI = JI0;
    }
    return 0;
}
```

Beide Funktionen sind lokal und ändern sowohl den Iterator als auch den Zeiger auf den Vergleichsstring.

A.2.4 Anwendung

Natürlich ist es möglich, beide Phasen des Vergleichs in eine Funktion zu packen, die dann z.B. durch

```
int JokerCompare(const char *cs,const char *js);
```

deklariert ist und so implementiert ist, daß sie 1 bei Erfolg und 0 sonst zurückliefert. Aber wenn der String *js* mehmals mit verschiedenen Strings *cs* verglichen werden soll, ist diese Methode unnötig langsam. Das folgende Beispiel zeigt eine etwas günstigere Anwendung:

```
void JokerFileCheck(istream& is,const char *js)
{
   TJoker J( js );
   if ( !J )
   {
      int ec = J.GetError();
      int epos = J.GetErrorPosition();

      cerr << js << endl;
      for ( size_t k=0; k<epos; k++ ) cerr << ' ';
      cerr << "^\nFehler: " << TJoker::GetErrorString( ec )
           << endl;

      return;
   }

   for ( long i=1L;; i++ )
   {
```

```
      char buffer[1000];
      is.getline( buffer, sizeof(buffer) );

      if ( is.eof() ) break;
      if ( JokerEqual( buffer, J ) )
         cout << "Zeile " << i << ":\n" << buffer << endl;
   }
}

int main()
{
   char FileName[MAXPATH];

   cerr << "Test fuer Suche durch UNIX Joker-Zeichen.\n\n";

   for ( ;; )
   {
      cerr << "Eingabe-Datei >";
      cin.getline( FileName, sizeof(FileName) );
      if ( cin.eof() ) break;

      ifstream is( FileName );
      if ( !is )
      {
         cerr << "Datei \"" << FileName
              << "\" nicht gefunden!\n\n";
         continue;
      }

      for (;;)
      {
         cerr << "Joker-Ausdruck >";
         char buffer[300];
         cin.getline( buffer, sizeof(buffer) );
         if ( !*buffer ) break;

         is.clear();
         is.seekg( 0 );
         JokerFileCheck( is, buffer );
      }
   }

   return 0;
}
```

Sachwortverzeichnis

—E—

—F—

—I—

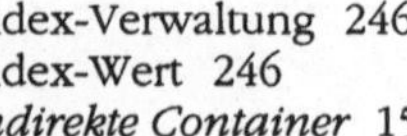

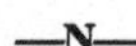

—W—

—Z—

C/C++ Werkzeugkasten

von Arno Damberger

1994. XVI, 651 Seiten mit CD-ROM. Gebunden.
ISBN 3-528-05394-1

Aus dem Inhalt: Programmtechnische Handhabung von Eingabegeräten (Tastatur und Maus) – Laufwerks- und Verzeichnisoperationen – Speicherbearbeitung mit Speichereditor – Datum und Uhrzeit – PC-Konfiguration – Interrupt-handling – Druckertest – Sprachausgabe über den PC-Lautsprecher – Sprachausgabe über die Soundblasterkarte – VGA-Grafikkartenanwendung – Ausgabe von PC-Grafikdateien – TSR-Programme – Zahlreiche Tools und Beispielapplikationen.

Dieses Buch liefert das erforderliche Know-how zur Programmierung von modernen Personal-Computern und peripheren Geräten auf Maschinenebene, um somit professionelle Applikationen erstellen zu können. Neben der Softwareschnittstelle zu allen PC-Hardwarekomponenten werden auch brandaktuelle Themen, wie Sprachausgabe und Grafikbearbeitung in vollem Umfang erläutert. Die vorgestellten Programme werden auf Modulebene ausführlich dokumentiert und mit Ablaufdiagrammen illustriert. Besonderen Wert legt das Buch auf die objektorientierte Realisierung von Anwendungen, so daß dem Leser vielfach die OOP-Varianten herkömmlicher C-Programme vorgestellt werden. Als besonderes Highlight liegt dem Buch ein komplettes PC-Spiel im Grafikmodus bei, dessen Quellcode vollständig offengelegt ist. Zahlreiche der im Buch vorgestellten Routinen finden innerhalb dieser Anwendung Berücksichtigung, so daß der Leser die „Mächtigkeit" dieser Routinen in einer konkreten Anwendung überprüfen kann.

Über den Autor: Arno Damberger ist in der Industrie im Software-Projektmanagement tätig. Er verfügt über hochkarätige Kenntnisse und Erfahrungen in der Softwareentwicklung mit C, C++ und Assembler.

Verlag Vieweg · Postfach 58 29 · 65048 Wiesbaden

vieweg

Objektorientierte Netzwerkprogrammierung

von Reiner Backer und Thomas Kregeloh

1995. XII, 270 Seiten. Gebunden.
ISBN 3-528-05429-8

Aus dem Inhalt: Objektorientierte Programmierung in C++ – MS-Windows Programmierung in C/C++ – Entwurf relationaler Datenbanken in C/C++ – Erstellung eigener Datenbankroutinen in C/C++ – Netzwerkprogrammierung in C/C++ mit dem Schwerpunkt Novell NetWare – Profi-Work-Shop – Entwicklung einer netzwerkfähigen Datenbank mit C++ für MS-Windows.

Dieses Buch ist als Standardwerk für C/C++-Datenbankprogrammierer konzipiert. Viele Beispiele, die Schritt für Schritt in die Programmierung und Anwendung mit Datenbanken einführen, sollen bereits dem Anfänger einen leichten Einstieg in dieses komplexe Thema bieten. Beispiele und zahlreiche Praxistips zum Programmieren im Netzwerk machen das Buch für professionelle Entwickler interessant. Eine für Windows entwickelte netzwerkfähige Artikel- und Stammdatenverwaltung rundet das Buch ab.

Verlag Vieweg · Postfach 58 29 · 65048 Wiesbaden